EUROPA FACHBUCHREIHE
für Chemieberufe

Rohrsystemtechnik

... eine Einführung

3. Auflage

Autoren:
Dr. Hans Jürgen Metternich
Antonius Kappe
Ralf Ißleib
Michael Dopheide

Unter Mitwirkung von Marc Babic, Karsten Fierke, Bernd Huesmann und Guido Scholz

VERLAG EUROPA-LEHRMITTEL · Nourney, Vollmer GmbH & Co. KG
Düsselberger Straße 23 · 42781 Haan-Gruiten

Europa-Nr.: 70777

Autoren:
Dr. Hans Jürgen Metternich
Antonius Kappe
Ralf Ißleib
Michael Dopheide

Unter Mitwirkung von Marc Babic, Karsten Fierke, Bernd Huesmann und Guido Scholz.

Förderer:

Bundesministerium für Bildung und Forschung

ESF Europäischer Sozialfonds für Deutschland

DLR Projektträger im DLR

Projektpartner:

CREOS
Lernideen und Beratung GmbH

EVONIK
Degussa GmbH

Infracor
GmbH

Provadis
Partner für Bildung & Beratung

Chemie-Stiftung
Sozialpartner-Akademie

3. Auflage 2014, korrigierter Nachdruck 2017
Druck 7 – keine Änderungen seit der 3. Druckquote

Alle Drucke derselben Auflage sind parallel einsetzbar, da sie bis auf die Behebung von Druckfehlern identisch sind.

ISBN 978-3-8085-7079-1

Bei Fragen zur Produktsicherheit wenden Sie sich bitte an produktsicherheit@europa-lehrmittel.de

Umschlaggestaltung: CREOS Lernideen und Beratung GmbH, 33602 Bielefeld, unter Verwendung technischer Zeichnungen der Autoren.

Satz: Typework Layoutsatz & Grafik GmbH, 86153 Augsburg
Druck: UAB BALTO print, 08217 Vilnius (LT)

Inhalt

Vorwort

E-Learning für Chemieberufe

Viele Themenbereiche aus der Rohrsystemtechnik lassen sich mit klassischen medialen Elementen wie Fotos, Graphiken und Texten nur zu einem gewissen Anteil plakativ beschreiben. Das Zusammenspiel von funktionalen Zusammenhängen oder Prozessen erfordert mit zunehmender Komplexität der zu vermittelnden Lerninhalte ein hohes Abstraktionsvermögen, bleibt also letztlich der Vorstellungskraft des Lernenden überlassen. Da diese Fähigkeit nicht allgemein vorausgesetzt werden kann, sind neue Konzepte und didaktische Ansätze gefragt, die die Leistungsfähigkeit eines Buches in der Wissensvermittlung durch den Einsatz moderner Medien ergänzen und so ein weitergehendes Verständnis erzeugen sowie die Nachhaltigkeit des Lernprozesses verbessern können.

Das vorliegende Lehrbuch ist Bestandteil eines solchen medienübergreifenden Wissenstransfers. Der Lernstoff orientiert sich eng an den Ausbildungsordnungen typischer Berufsbilder der Branche, wie Chemikant, Pharmakant oder Produktionsfachkraft, aber auch der Instandhaltungsberufe in der Chemischen Industrie (Industriemechaniker und Anlagenmechaniker) sowie auch anteilig der Laborberufe. Das Konzept besticht durch eine sinnvolle Ergänzung des Lernstoffes mit interaktiven Lernmedien. Diese optionalen, interaktiven Softwaremodule unterstützen den Lernprozess durch das Überwinden genau jener „Verständnisgrenze“, die ein weitreichendes Abstrahierungsvermögen voraussetzt. Prozesse und Apparaturen aus dem chemischen Betriebs- und Laboralltag werden durch Animationen geschickt in Szene gesetzt beziehungsweise dem Verstehen zuträglich visualisiert.

Dieses sehr praxisnahe Lehrbuch umfasst alle Teilbereiche der Rohrsystemtechnik, die im Rahmen des Projektes **E-Learning für Chemieberufe** (ELCH) erarbeitet wurden. Die wissenschaftliche Begleitung, die den Projektverlauf und die Erstellung der Inhalte unterstützte, sichert die Qualität der Lösungen in Hinblick auf Mediendidaktik und Ergonomie. In der dritten Auflage wurden die Regelungen in der Normung und Kennzeichnung, beispielsweise von graphischen Symbolen aktualisiert und als zusätzliche Themengebiete Isometrien von Rohrleitungssystemen und Leistungskennzahlen bei Pumpen eingefügt.

Das mit Unterstützung des Bundesministeriums für Bildung und Forschung sowie Mitteln des Europäischen Sozialfonds geförderte Projekt ELCH ist der erfolgreiche Versuch, ein umfassendes Lernszenario zu schaffen, das bewährte Medien mit ansprechenden, digitalen Lernmedien kombiniert.

Die Autoren des Konsortiums ELCH Sommer 2014

1 Rohrleitungen und Rohrleitungssysteme

1.1 Allgemeines

Rohrleitungen sind rohrförmige Bauteile, die einzelne Anlagenteile miteinander verbinden. Ihre Aufgabe besteht darin, das Medium zu führen und fortzuleiten. Rohrleitungen werden in zwei Hauptgruppen unterteilt: die Produktionsleitungen und die Transportleitungen. Produktionsleitungen sind Rohrleitungen, die innerhalb des Produktionsbetriebes benötigt werden. Als Transportleitungen werden die Rohrleitungen bezeichnet, die für die Weiterleitung des Mediums über größere Entfernung eingesetzt werden (Pipelines).

Da es sich bei Rohrleitungen in Chemieanlagen um geschlossene Systeme handelt, werden diese Rohrleitungen auch als Rohrleitungssysteme oder Rohrnetze bezeichnet.

In der chemischen Produktionsanlage werden Rohrleitungen bestimmten betrieblichen Anforderungen ausgesetzt, wie z. B.

- den chemischen Einflüssen des zu fördernden Mediums
- der Temperatur des zu fördernden Mediums
- dem Druck des zu fördernden Mediums
- der Strömungsgeschwindigkeit des zu fördernden des Mediums.

Abbildung 1-1 Rohrleitungen im Chemiepark Marl

Die betrieblichen Anforderungen haben Einfluss auf die Auswahl von

- Werkstoff
- Wandstärke und
- Nennweite der erforderlichen Rohrleitung.

Die konstruktive Auslegung einer Rohrleitung, wie z. B. Wandstärke und Werkstoff, wird ggf. in einer firmenspezifischen Rohrklassenauswahl definiert.

1.1.1 Werkstoff

Die Auswahl des Werkstoffes (z. B. Stahl, Edelstahl, Kupfer, PVC, Glas) für eine Rohrleitung richtet sich nach folgenden Anforderungen:

- statische und dynamische Belastungen
  z. B. maximaler Betriebsdruck, wechselnde Druckbelastung

  beispielsweise ist geeignet:

Material	Eigenschaft	Einsatz
Edelstahl	hohe Zugfestigkeit	produktführende Rohrleitungen im Betrieb

- mechanische Belastungen
  z. B. Fließgeschwindigkeit, Abriebfestigkeit

  beispielsweise ist geeignet:

Material	Eigenschaft	Einsatz
Stahl	abriebfeste Oberfläche	Rohrleitung für Flüssigkeiten, die feste Partikel enthalten

- Korrosionsbeständigkeit

  beispielsweise ist geeignet:

Material	Eigenschaft	Einsatz
Glas	beständig gegen konzentrierte Säuren	Reaktionsbehälter

- Wärmeleitfähigkeit

  beispielsweise ist geeignet:

Material	Eigenschaft	Einsatz
Aluminium	gute Wärmeleitfähigkeit	Wärmetauscher

- elektrische Leitfähigkeit

  beispielsweise **nicht** geeignet ist:

Material	Eigenschaft	Einsatz
PVC	statische Aufladung	**kein** Einsatz in explosionsgeschützten Anlagen

1.1.2 Nenndruck

Der Nenndruck (PN, Pressure Nominal) ist das Kennzeichen für eine Nenndruckstufe und gibt an, bis zu welchem inneren Überdruck das Rohrleitungssystem maximal belastet werden darf. Der Nenndruck wird ohne Einheit angegeben, die Zahl bezieht sich dabei auf die Einheit bar. Die Nenndruckangabe gilt immer für eine Betriebstemperatur von 20 °C.

Die Nenndruckstufen sind auf eine in der betrieblichen Praxis sinnvolle Anzahl festgelegt worden. In der DIN EN 1333 ist die Definition und Auswahl des Nenndrucks (PN) beschrieben. Folgende Nenndruckstufen können gewählt werden:

PN 2,5	PN 25	PN 160
PN 6	PN 40	PN 250
PN 10	PN 63	PN 320
PN 16	PN 100	PN 400

1.1.3 Nennweite

Rohrleitungen werden in Durchmessern von wenigen Millimetern bis zu einigen Metern ausgeführt. Die Rohrleitungen aus Stahl lassen sich in zwei Gruppen einteilen:

- Rohre für allgemeine Verwendung und
- Präzisionsrohre.

Die **Rohre für die allgemeine Verwendung** werden durch die Nennweite (DN, Diameter Nominal) charakterisiert. Sie ist eine Kenngröße und hat keine Einheit. In der Rohrbezeichnung wird die Kenngröße als dimensionslose ganze Zahl hinter das Kurzzeichen DN geschrieben. Jeder Nennweite ist eine definierte Anschlussgröße zugeordnet. Die Nennweiten sind so abgestuft, dass sich die Förderkapazität der Rohrleitung von Nennweite zu Nennweite um etwa 60–100 % erhöht.

Tabelle 1-1 Nennweiten und Durchmesser

Nennweite **DN**	Ø-Außen	Nennweite **DN**	Ø-Außen
10	17,2	150	168,3
15	21,3	200	219,1
20	26,9	250	273
25	33,7	300	323,9
32	42,4	350	355,6
40	48,3	400	406,4
50	60,3	450	457
65	76,1	500	508
80	88,9	600	610
100	114,3	700	711
125	139,7	800	813

Je nach Wandstärke der Rohrleitung verringert sich ausgehend vom Außendurchmesser einer bestimmten Nennweite der Rohrleitungsquerschnitt. Für Rohre der allgemeinen Verwendung gibt es unterschiedliche Rohrformstücke. Für Trinkwasserleitungen werden auch verzinkte Stahlrohre mit Gewindeanschlüssen angeboten.

Bei **Präzisionsrohren** wird der Rohraußendurchmesser in ganzen Millimetern angegeben, z. B. Ø6, Ø8, Ø10, Ø12, Ø14, Ø16 usw. Auch diese Rohre werden mit verschiedenen Wandstärken gefertigt.

1.1.4 Temperatur

Die Temperatur, mit der das Fluid durch das Rohrleitungssystem fließt, hat Einfluss auf die Festigkeit des Werkstoffs. Dies wirkt sich in der Folge auf den zulässigen Betriebsüberdruck, mit dem das System betrieben werden darf, aus.

Die Betriebstemperatur, für die der Nenndruck (PN) gilt, ist mit 20 °C festgelegt. Erhöht sich die Temperatur, verringert sich die Festigkeit des Werkstoffes und damit auch die maximal zulässige Druckbelastung der Rohrleitung. Dieser Zusammenhang muss vom Konstrukteur eines Rohrleitungssystems beachtet werden.

In der Abbildung 1-2 ist die Abhängigkeit des zulässigen Betriebsüberdrucks von der Temperatur dargestellt. Verglichen werden zwei Materialien, die für Rohrleitungen häufig verwendet werden. Bei dem

Werkstoff mit der Nummer 1.0038 handelt es sich um Baustahl, die Werkstoffnummer 1.4571 steht für einen nichtrostenden Chrom-Nickel-Stahl (X6CrNiMoTi17-12-Z).

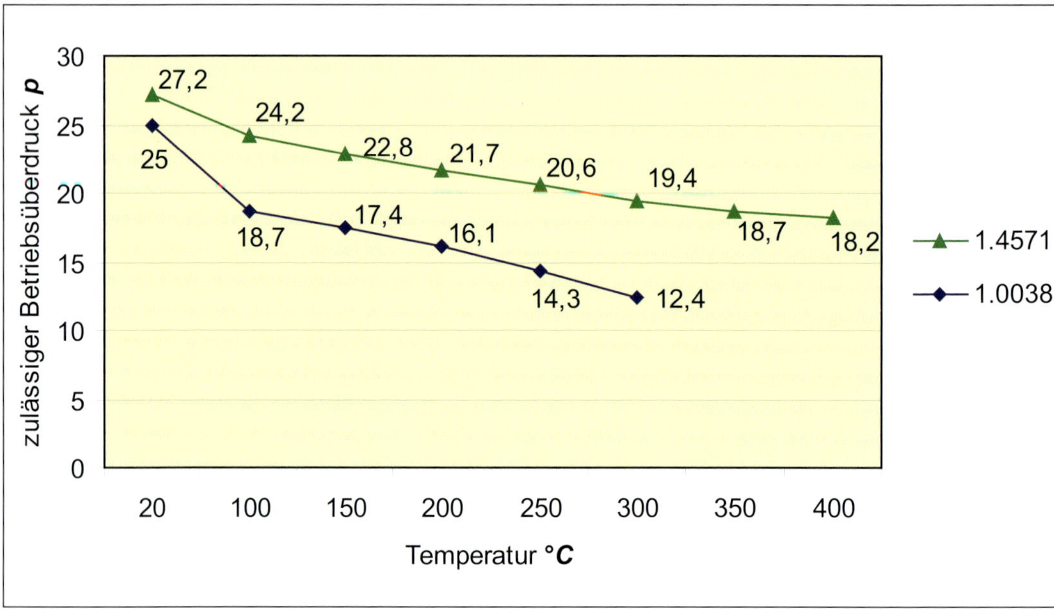

Abbildung 1-2 Abhängigkeit des zulässigen Betriebsüberdrucks von der Temperatur

1.1.5 Strömungsvorgänge

Bei den Strömungsvorgängen in Rohrleitungen werden zwei Strömungsarten unterschieden:

- laminare Strömungen und
- turbulente Strömungen.

Bei der **laminaren Strömung** bewegen sich die Flüssigkeitsteilchen in gleichmäßigem Abstand von der Rohrwandung in axialer Richtung. Laminare Strömung entsteht, wenn sowohl die Widerstände als auch die Strömungsgeschwindigkeiten entlang der Rohrleitung klein sind.

Abbildung 1-3 laminare Strömung

Abbildung 1-4 turbulente Strömung

Bei der **turbulenten Strömung** bewegen sich die Flüssigkeitsteilchen mit ständig unterschiedlichen Abständen von der Rohrwandung in axialer Richtung. Die turbulente Strömung entsteht bei großer Strömungsgeschwindigkeit und wird durch Widerstände in der Rohrleitung (raue Wandung, Einbauten wie Absperrorgane, Messungen usw.) begünstigt.

Geschwindigkeit

Die Geschwindigkeit, mit der sich eine Flüssigkeit oder ein Gas durch eine Rohrleitung bewegt, wird als Strömungsgeschwindigkeit bezeichnet. Sie ist innerhalb eines Rohrleitungssystems an großen Querschnitten klein und an kleinen Querschnitten groß. Die Strömungsgeschwindigkeit wird gemessen in m/s und hat das Formelzeichen v.

$$\text{Geschwindigkeit, } v = \frac{s}{t}$$

mit s = *Weg (zurückgelegte Strecke)*
t = *Zeit*

Volumenstrom

Der Volumenstrom beschreibt das Volumen, welches in einer bestimmten Zeit durch eine Rohrleitung strömt. Der Volumenstrom ist an jeder Stelle innerhalb eines Rohrleitungssystems gleich groß. Er wird gemessen in Volumeneinheit pro Zeit (L/s oder m³/h) und hat das Formelzeichen $\dot{V}$.

$$\textit{Volumenstrom, } \dot{V} = A \cdot v$$

mit A = *Fläche des Rohrquerschnitts an der Betrachtungsstelle*
v = *Strömungsgeschwindigkeit*

Massenstrom

Die Masse, die in einer bestimmten Zeit eine Rohrleitung durchströmt, wird als Massenstrom bezeichnet. Der Massenstrom ist an jeder Stelle innerhalb eines Rohrleitungssystems gleich groß. Er wird gemessen in Masse pro Zeit (kg/s oder t/h) und hat das Formelzeichen $\dot{m}$.

$$\textit{Massenstrom, } \dot{m} = \dot{V} \cdot \rho$$

mit ρ = *Dichte der Flüssigkeiten*

Kontinuitätsgleichung

In den Teilabschnitten einer Rohrleitung ist der Volumenstrom $\dot{V} = A \cdot v$ immer gleich. Ändert sich der Querschnitt einer Rohrleitung, so ändert sich auch die Strömungsgeschwindigkeit v.

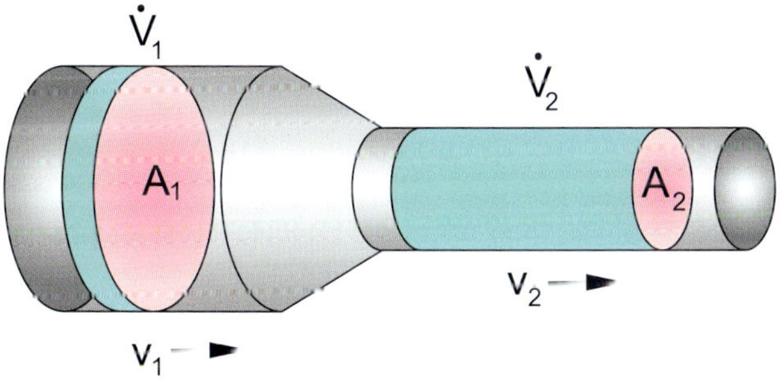

$$\dot{V}_1 = \dot{V}_2$$

$$A_1 \cdot v_1 = A_2 \cdot v_2$$

$$\frac{v_1}{v_2} = \frac{A_2}{A_1}$$

Abbildung 1-5 Kontinuitätsgleichung

Die Strömungsgeschwindigkeiten verhalten sich also umgekehrt proportional zu den entsprechenden Leitungsquerschnittsflächen (A).

Beispiel Berechnung der Strömungsgeschwindigkeit

In einer Rohrleitung mit der Nennweite DN 50 strömt ein Medium mit einer Geschwindigkeit von v_1 = 1,56 [m/s]. Welche Strömungsgeschwindigkeit hat der Stoff, wenn die Rohrleitung sich auf DN 25 verengt?

v_1 = 1,56 [m/s] d_1 = 54,5 [mm]
(DN 50: d = 60,3 [mm] – 2 · 2,9 [mm] Wandstärke)

v_2 = ? [m/s] d_2 = 27,9 [mm]
(DN 25: d = 33,7 [mm] – 2 · 2,9 [mm] Wandstärke)

Es gilt:

$$\dot{V}_1 = \dot{V}_2 \quad \text{und} \quad A_1 \cdot v_1 = A_2 \cdot v_2$$

damit folgt:

$$A_1 \cdot v_1 = A_2 \cdot v_2 \qquad \left| A = \frac{d^2 \cdot \pi}{4} \right. \text{ in die Formel einsetzen}$$

$$\frac{d_1^2 \cdot \pi}{4} \cdot v_1 = \frac{d_2^2 \cdot \pi}{4} \cdot v_2 \qquad \text{nach der gesuchten Größe umstellen } (v_2)$$

$$v_2 = \frac{d_1^2 \cdot v_1}{d_2^2}$$

Nach Einsetzen der Zahlenwerte v_1 = 1,56 [m/s]; d_1 = 54,5 [mm] und d_2 = 27,9 [mm] folgt

$$v_2 = \frac{(54{,}5\,[\text{mm}])^2 \cdot 1{,}56\,[\text{m} \cdot \text{s}^{-1}]}{(27{,}9\,[\text{mm}])^2}$$

$$v_2 = \frac{2.970\,[\text{mm}^2] \cdot 1{,}56\,[\text{m} \cdot \text{s}^{-1}]}{778\,[\text{mm}^2]}$$

$$\text{also } v_2 = 6{,}0 \left[\frac{\text{m}}{\text{s}}\right].$$

Die Leitung DN 25 ist im Durchmesser nur etwa halb so groß (um das Zweifache kleiner) wie die Leitung DN 50. Die Strömungsgeschwindigkeit erhöht sich jedoch fast um das Vierfache, weil sich die Querschnittsfläche der Rohrleitung auf annähernd ein Viertel verkleinert.

1.1.6 Rohrnetzkennlinie

Der Stoffstrom in einem Rohrnetz wird durch Reibungsvorgänge nachteilig beeinflusst. Erkennbar ist dies am Druckverlust entlang einer Rohrleitung. Die Höhe des Druckverlustes ist unter anderem abhängig von:

- der Rauigkeit der Rohrwandung,
- den Einbauten, z. B. Absperrorgane, Sicherheitsorgane, Thermometerstutzen,
- der Viskosität und der Dichte des Fördermediums und
- der Fließgeschwindigkeit bzw. dem Volumenstrom.

Diese „Behinderungen“ des Stoffstromes finden Ausdruck in der Rohrnetzkennlinie (oder Anlagenkennlinie, Abbildung 1-6).

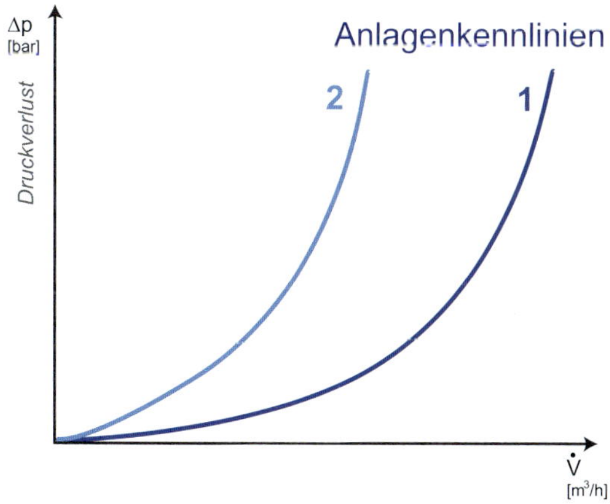

Abbildung 1-6 Anlagenkennlinien

Die Rohrnetzkennlinie stellt den Zusammenhang zwischen dem Druckverlust in der Rohrleitung und dem Volumenstrom dar.

Abbildung 1-6 lässt folgende Schlussfolgerungen zu:

- Rohrnetz 2 hat einen höheren Druckverlust als Rohrnetz 1
- Rohrnetz 2 hat einen höheren Widerstand als Rohrnetz 1
  (z. B. mehr Ventile, kleinerer Durchmesser)

1.2 Rohrverbindungen

Um einzelne Rohrleitungen miteinander zu verbinden, sind viele verschiedene Verbindungsarten in Gebrauch, wobei von allen Verbindungsarten möglichst gute Dichtheit gefordert wird.

Es werden aber nicht nur die Rohrleitungen miteinander verbunden, sondern in der gleichen Weise auch die zu den Rohrsystemen gehörenden Einbauten (z. B. Armaturen).

1.2.1 Allgemeine Unterteilung

Die Rohrleitungsverbindungen werden in zwei verschiedene Hauptgruppen unterteilt: lösbare und nicht lösbare Verbindungen.

Tabelle 1-2 Rohrverbindungen

Rohrverbindung	Grafische Darstellung	lösbar / nicht lösbar
Schweißverbindung	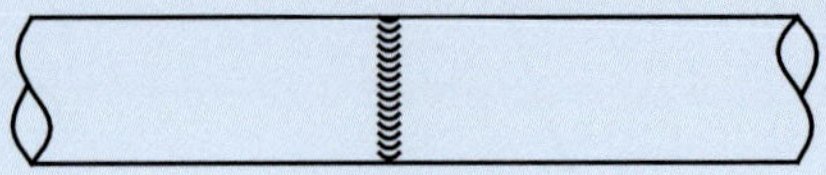	nicht lösbar
Flanschverbindung	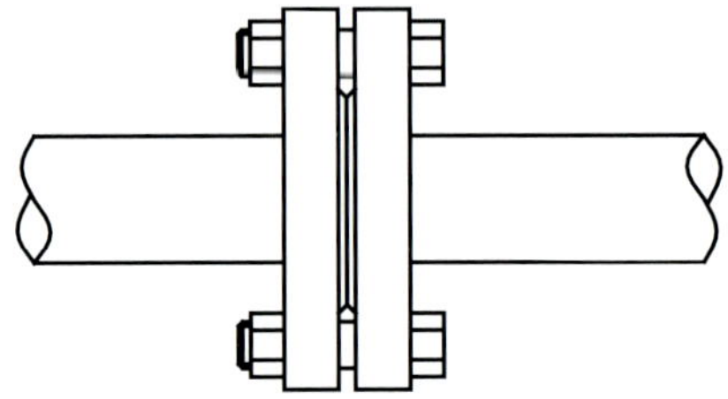	lösbar
Muffenverbindung	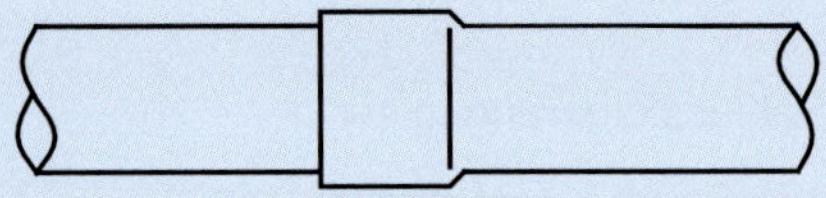	lösbar
Klebeverbindung		nicht lösbar
Schraubverbindung mit Abdichtung im Gewinde	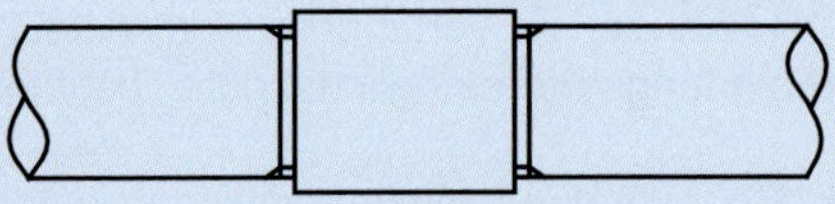	lösbar
Rohrverschraubung	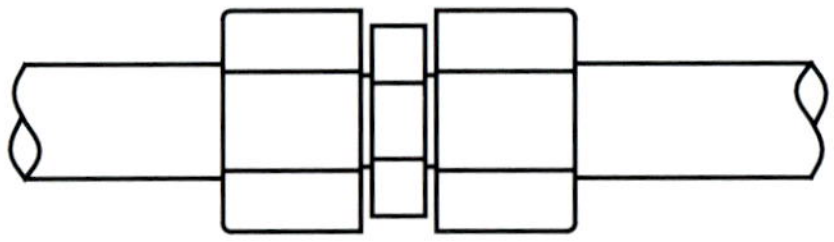	lösbar
Pressverbindung	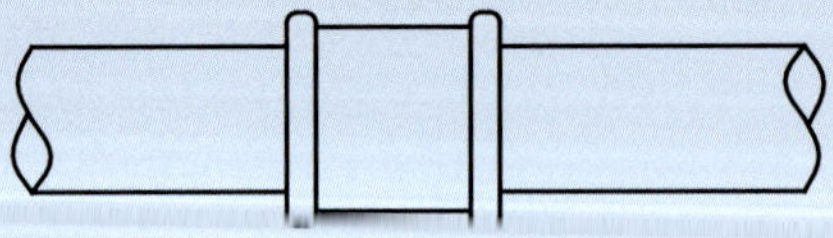	nicht lösbar

1.2.2 Lösbare Verbindungen

Die Muffenverbindung findet in der chemischen Anlage fast keine Verwendung. Sie findet Anwendung im Bereich der Abwasserleitungen, z. B. aus Kunststoff oder Beton. Muffenverbindungen dürfen nur geringem Druck (wenige mbar Überdruck) ausgesetzt werden.

Flanschverbindungen, als eine weitere Form der lösbaren Verbindungen, werden gesondert in Kapitel 1.3 beschrieben.

Rohrverschraubung

Die Rohrverschraubung besteht aus einer Überwurfmutter, einem Schneidring bzw. Klemmringen und dem Verbindungskörper. Die Dichtheit wird durch das Anziehen der Überwurfmutter auf den Körper erzielt, wobei der Schneidring oder die Klemmringe als Dichtelement dienen. Diese Rohrverbindungen zeichnen sich dadurch aus, dass sie oft wiederverwendet werden können.

Beispiel Schneidringverbindung

Beim Anziehen der Verschraubung dringt der Schneidring begrenzt in das Rohr ein und verformt es geringfügig. Die Abdichtung der Rohrverschraubung erfolgt durch die Einschnürung und durch die konischen Flächen zwischen Verschraubung und Schneidring.

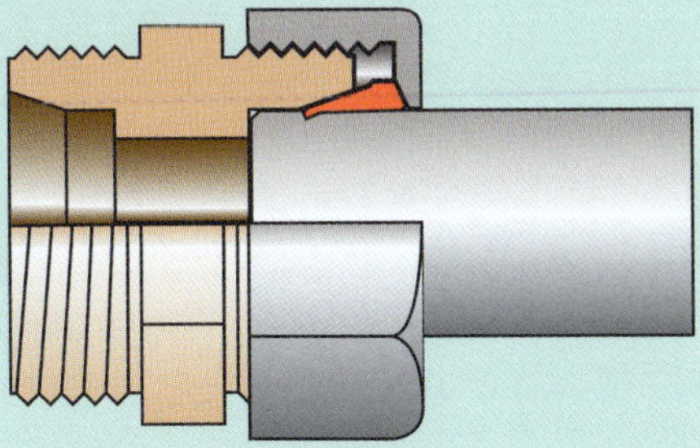

Abbildung 1-7 Schema einer Schneidringverbindung

Beispiel Klemmringverbindung

Beim Anziehen der Verschraubung wird der vordere Klemmring elastisch verformt, während er sich beim Abdichten in die Oberflächen des Rohres einprägt. Der hintere Ring klemmt das Rohr in einem Bereich kurz außerhalb des Punkts ein, an dem die Nase des Klemmrings das Rohr hält. Durch den hinteren Ring steigt die Beständigkeit der Verbindung gegen Vibrationen.

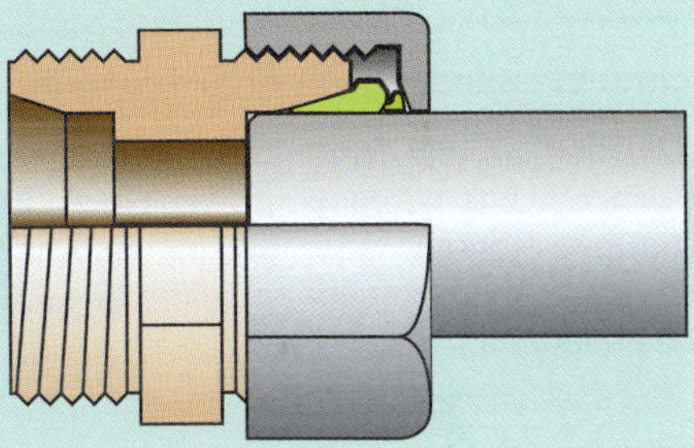

Abbildung 1-8 Schema einer Klemmringverbindung

Bei der Erstmontage wird das Rohrende bis zum Anschlag in die Rohrverschraubung geschoben und die Überwurfmutter fingerfest angezogen. Danach wird mit dem Maulschlüssel die Überwurfmutter angezogen. Bei der Montage der Rohrverschraubung oder der wiederholten Montage ist auf die Herstellerangaben in Bezug auf die Umdrehungszahl beim Anziehen der Überwurfmutter zu achten. Weiterhin darf das Rohr im Bereich der Verschraubung keine Beschädigungen aufweisen, denn diese können zu einer Undichtigkeit führen.

Tabelle 1-3 Schneidring und Klemmring im Vergleich

Verbindung	Vorteile	Nachteile
Schneidring	• geringe Anschaffungskosten in unlegierter Stahlausführung • keine Querschnittsänderung im Innendurchmesser • für hohe Drücke geeignet	• nicht selbstsichernd • Einsatz nur bis zu mittleren Rohrdurchmessern möglich
Klemmring	• selbstsichernd • kein „Fressen“ des Gewindes, da Oberfläche versilbert • für hohe Drücke geeignet	• höhere Anschaffungskosten gegenüber der Schneidringverbindung • leichte Einwölbung im Innendurchmesser • Einsatz nur bis zu mittleren Rohrdurchmessern möglich

Die Rohrdurchmesser (Außen – Ø in mm) für sämtliche Verschraubungen sind in einer DIN-Norm geregelt, in der die bevorzugten Rohrdurchmesser mit Ø3, Ø4, Ø5, Ø6, Ø8, Ø10, Ø12, Ø14, Ø16, Ø20, Ø25, Ø30 und Ø38 angegeben werden.

Schraubverbindung mit Abdichtung im Gewinde

Rohrleitungen, die Trinkwasser, Brauchwasser oder Heizgas führen, werden häufig mit sogenannten Gewindefittings verbunden. Das Gewinde am Ende der Rohrleitung und der Gewindefittings ist ein Whitworth-Rohrgewinde. Das Innengewinde ist zylindrisch und je nach Ausführung kann das Außengewinde zylindrisch oder kegelförmig sein. Die Abmessungen des Whitworth-Rohrgewindes werden in Zoll angegeben.

Beispiel Schraubverbindung mit Abdichtung im Gewinde

Bei dem Zusammenbau von Rohrteilen wird ein Dichtungsmittel benutzt, das aus Hanf oder PTFE-Band besteht. Das Außengewinde wird vor dem Eindrehen in das Innengewinde mit dem Dichtungsmittel umwickelt. Das Dichtungsmittel sollte nicht zu dick aufgetragen werden, da sonst das Fitting platzen kann.

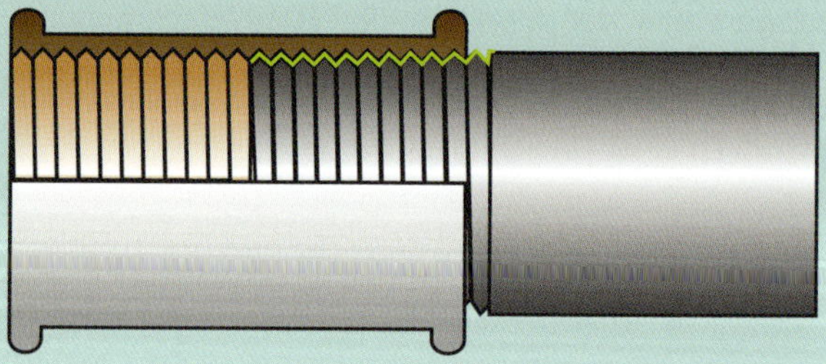

Abbildung 1-9 Schema einer Abdichtung

Exkurs Merksätze beim Eindichten

- Falls erforderlich, sollte das glatte Gewinde mit einem Metallsägeblatt leicht angekratzt werden, ohne dass die Gewindefunktion beeinträchtigt wird. Bei Messing ist dies immer notwendig.
- Beim Abdichten mit Hanf werden vom Zopf mehrere Fäden genommen und nicht miteinander verdreht, sondern breit und dünn belassen.
- Der Hanf oder das PTFE-Band wird vom Rohrende bzw. dem Gewindeanfang im Drehsinn des Gewindes auf das Rohr gewickelt. Der Hanf wird vorher einmal längs über das Gewinde gelegt.

  Achtung: Wird der Hanf oder das PTFE-Band andersherum als beschrieben auf das Gewinde gewickelt, kann es sich beim Verschrauben aus dem Gewinde schieben! Zur besseren Dichtheit wird der Hanf (nicht das PTFE-Band) mit einer fetthaltigen Paste bestrichen.
- Das Gewinde darf nie zu weit eingedreht werden, da sonst das Außenteil beschädigt werden kann. Nach dem Verschrauben sollte immer noch der nicht voll ausgeschnittene Gewindeauslauf sichtbar bleiben.
- Mit PTFE-Band abgedichtete Gewinde dürfen überhaupt nicht, mit Hanf abgedichtete Gewinde höchstens eine Vierteldrehung zurückgedreht werden, da sonst die Dichtheit der Verbindung nicht gewährleistet ist.

1.2.3 Nichtlösbare Verbindungen

Schweißverbindung

In der Verbindungstechnik von Rohrleitungen werden Schweißverbindungen bevorzugt verwendet, da sie die kostengünstigste Variante darstellen. Es sind stoffschlüssige Verbindungen und gewährleisten eine absolute Dichtheit. Die thermische und mechanische Belastung von Schweißverbindungen ist vom Schweißwerkstoff, dem Schweißverfahren und den einwandfreien Vorbereitungen der Schweißarbeiten abhängig.

In der Industrie werden Schweißnähte an Rohrleitungen, die für den Transport von gefährlichen Medien vorgesehen sind, mehreren Prüfverfahren unterzogen (z. B. Druckprobe, Röntgen, Lecktest).

Klebeverbindung (Muffe)

Klebeverbindungen in Rohrleitungssystemen werden mit der Hilfe von PVC-Klebemuffen oder PVC-Klebefittings und dem geeigneten Klebstoff hergestellt. Es lassen sich nicht alle Kunststoffe gleich gut und damit einheitlich verbinden. Ursache dafür ist der vielfältige chemische Aufbau der Kunststoffe und die daraus entstehende unterschiedlich hohe Verformung bei mechanischen Spannungen.

Wird mit PVC-Rohr gearbeitet, ist es von Vorteil, einen Kleber mit Lösemittel zu verwenden. Das Lösemittel diffundiert in die Oberfläche der Dichtstelle und begünstigt dadurch die Wechselwirkung zwischen dem Klebstoff und den zu verbindenden Teilen. Diese Art der Klebeverbindung ist mit dem Kunststoffschweißen vergleichbar, da sie aber im kalten Zustand erfolgt, wird von Kleben gesprochen.

Pressverbindung (Muffe)

Die Verbindung von Rohren mit der Hilfe von Pressfittings nimmt in den Bereichen von Trinkwasser, Regenwasser, Heizungstechnik, Druckluft- und Gasleitungen einen immer größeren Stellenwert ein. Mit dem Presswerkzeug (hydraulische Zange) kann die Installation der Rohrleitungen schnell und sauber durchgeführt werden. Die Rohrverbindung wird ohne thermische Belastung des Rohrwerkstoffs hergestellt. Wichtig ist bei Pressverbindungen, dass, entsprechend der zu fördernden Medien, Fitting und O-Ringdichtung richtig gewählt werden. Das Rohr wird bis zum Anschlag in den Fitting (z. B. Muffe) geschoben und dann mit dem Presswerkzeug verpresst. Das Rohr darf keinen scharfen Außengrat besitzen, weil sonst der O-Ring beschädigt wird.

Lötverbindung (Muffe)

Bei der Verbindung von Rohrleitungen durch Löten lassen sich gleiche oder verschiedenartige metallische Werkstoffe miteinander zusammenfügen. Dieses Verfahren wird hauptsächlich bei Kupferrohren eingesetzt. Der Einsatzbereich ist vergleichbar mit dem der Pressverbindungen. Um zu löten, wird immer eine Wärmequelle benötigt, welche das Lot zum Schmelzen bringt.

1.3 Flanschverbindung

Flansche sind mit Löchern versehene Scheiben am Ende des Rohres. Sie unterliegen Maßnormen, welche unabhängig von der Bauart der Flansche sind. So können sie bei gleicher Nennweite und gleichem Nenndruck untereinander ausgetauscht werden. Jeder Flansch besitzt eine durch vier teilbare Anzahl von Schraubenlöchern, die gleichmäßig auf dem Flansch verteilt sind.

1.3.1 Bauarten

Je nach Verwendungszweck werden verschiedene Bauarten eingesetzt, die in Tabelle 1-4 aufgeführt sind.

Tabelle 1-4 Flanschverbindungen

Flanschart	Grafische Darstellung	Beschreibung
Vorschweißflansch (Typ 11)	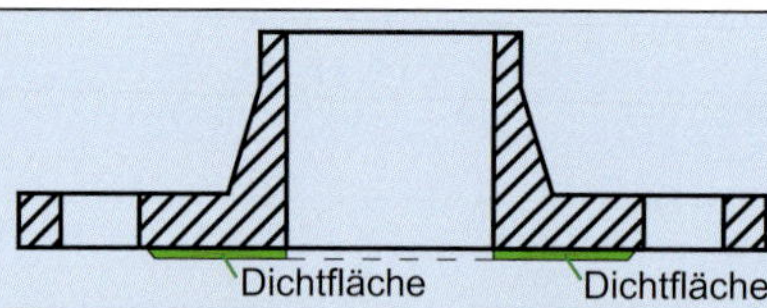	hat einen Ansatz zum Anschweißen und wird am Rohrende angesetzt
glatter Flansch (Typ 01)	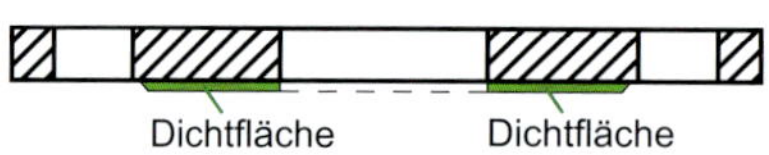	hat keinen Ansatz zum Anschweißen; wird zum Verschweißen über das Rohr geschoben
Blindflansch (Typ 05)	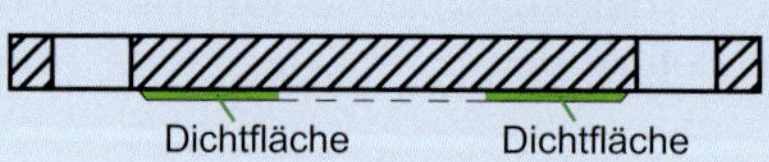	so werden Blattflansche bezeichnet, die keine Durchgangsbohrung besitzen und das Rohrende verschließen
Gewindeflansch (Typ 13)	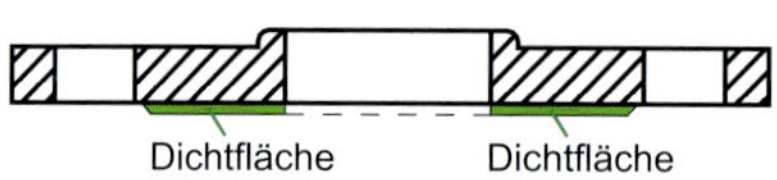	besitzt in der Regel ein Innengewinde (Whitworth), womit er auf das Rohrende geschraubt werden kann
loser Flansch (Bördelflansch; Typ 14)	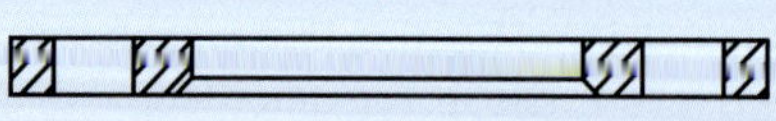	wird lose über das Rohr geschoben und benötigt zur Befestigung am Rohrende einen Anschweißbördel; bleibt beweglich (drehbar)
Apparateflansch	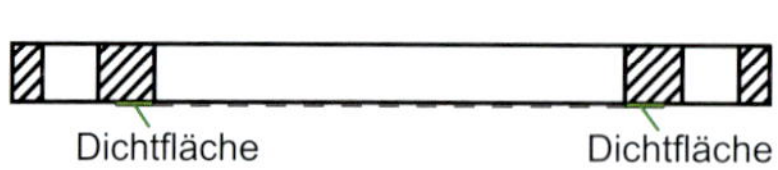	wird vorzugsweise an Kesseln, Behältern und ähnlichen Bauteilen eingesetzt; besitzt andere Abmessungen

Weiterhin werden Flansche nach der Form ihrer Dichtflächen unterschieden. Die unterschiedlichen Formen der Dichtflächen werden mit Kennbuchstaben versehen. Als Basis für die Maße der Dichtflächen dient immer die Flanschblattdicke. Davon ausgehend werden die entsprechenden Ein- und Ausdrehungen für beispielsweise Nut- und Federausführungen der Dichtfläche vorgenommen.

Tabelle 1-5 Anwendungsbereiche verschiedener Flansche (Druck)

Form	Kenn-buch-stabe	Anwendbar für Nenndruck											
		1	6	10	16	25	40	64	100	160	250	320	400
glatte Dichtleiste	B1	X	X	X	X	X	X						
	B1					X	X						
	B2							X	X	X	X	(X)	(X)
Feder und Nut	C			X	X	X	X	X	X				
	D			X	X	X	X	X	X				
Linsendichtung								X	X	X	X	X	X

Die Anzahl der Schraubenbolzen für eine Flanschverbindung in Abhängigkeit von Druck und Nennweite wird in Tabelle 1-6 angegeben.

Tabelle 1-6 Anzahl von Schraubbolzen in Abhängigkeit von Druck und Nennweite

<table>
<tr><th>PN / DN</th><th>16</th><th>25</th><th>40</th><th>64</th><th>100</th><th>160</th><th>250</th></tr>
<tr><td>10-40</td><td rowspan="2">4</td><td rowspan="2">4</td><td rowspan="2">4</td><td rowspan="2">4</td><td rowspan="2">4</td><td rowspan="2">4</td><td>4</td></tr>
<tr><td>50</td><td rowspan="3">8</td></tr>
<tr><td>65</td><td rowspan="4">8</td><td rowspan="4">8</td><td rowspan="4">8</td><td rowspan="4">8</td><td rowspan="3">8</td><td rowspan="3">8</td></tr>
<tr><td>80-100</td></tr>
<tr><td>125</td><td rowspan="3">12</td></tr>
<tr><td>150</td><td rowspan="3">12</td><td rowspan="3">12</td></tr>
<tr><td>200</td><td rowspan="3">12</td><td rowspan="2">12</td><td rowspan="2">12</td><td rowspan="2">12</td></tr>
<tr><td>250</td><td>16</td></tr>
<tr><td>300</td><td>16</td><td>16</td><td>16</td><td>16</td><td>16</td><td>X</td></tr>
</table>

1.3.2 Schrauben

Der größte Teil der im Anlagenbau verwendeten lösbaren Verbindungen wird durch Schrauben hergestellt (Abbildung 1-10). Die dabei zu verbindenden Teile besitzen entweder Durchgangslöcher oder eines ist mit einem Innengewinde versehen. Die Schraubenverbindungen werden mit Durchsteckschrauben, Einziehschrauben und Stiftschrauben ausgeführt.

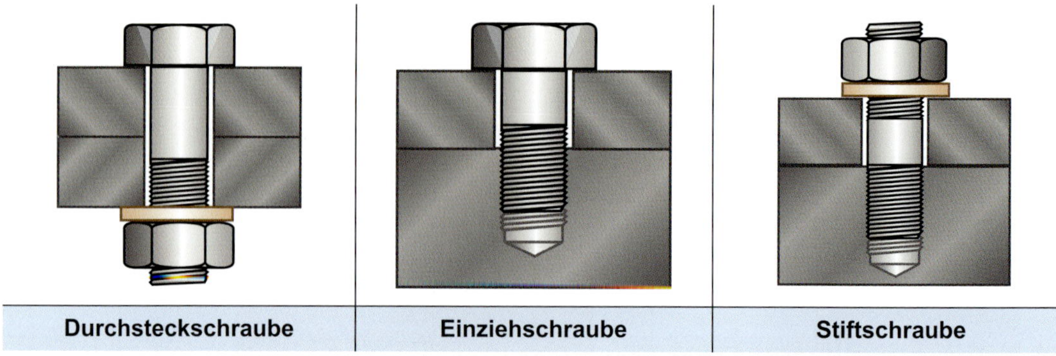

Abbildung 1-10 Schrauben

Statische und dynamische Beanspruchung

Wird bei der in Abbildung 1-11 skizzierten Schraubverbindung die Mutter angezogen, so wirkt auf die beiden Werkstücke eine **Klemmkraft** F_K. Diese wird durch die Zugkraft der Schraube erzeugt, die der Streckung des Schraubenschaftes entgegenwirkt.

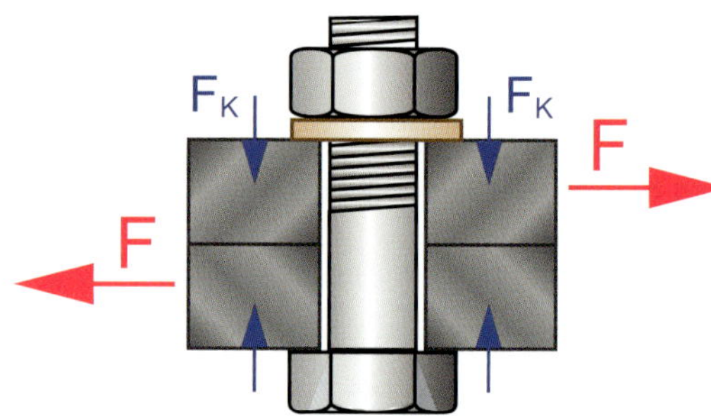

Abbildung 1-11 Schraubverbindung statisch (ruhend) beansprucht

Die Werkstücke können ihre Lage zueinander nicht mehr ändern, wenn die **Klemmkraft** F_K größer als die **Querkraft** F ist. In diesem Beispiel handelt es sich um statische Beanspruchung, weil die Klemmkraft durch die Querkraft nicht beeinflusst wird.

Bei unter Druck stehenden Rohrleitungen werden die Schrauben der Flanschverbindungen dynamisch (wechselnd) beansprucht, weil ein Teil der **Klemmkraft** F_K durch die **Betriebskraft** F_B aufgehoben wird (Abbildung 1-12). Aufgrund der geringeren Klemmkraft kann sich die Dichtung geringfügig ausdehnen. Wenn die Klemmkraft jedoch Null wird, können die Flanschflächen voneinander abheben, was zum Ausreißen der Dichtung führt.

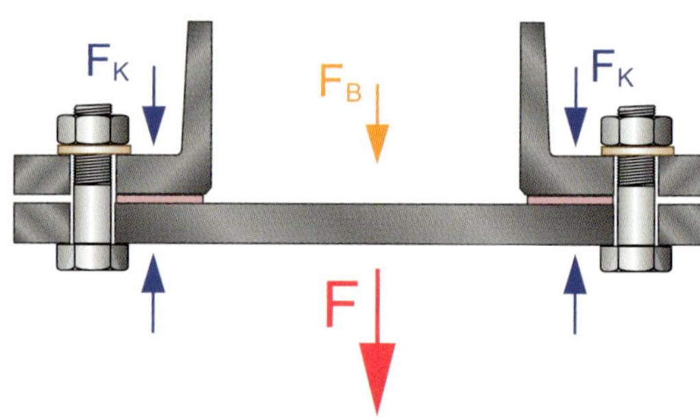

Abbildung 1-12 Schraubverbindung dynamisch (wechselnd) beansprucht

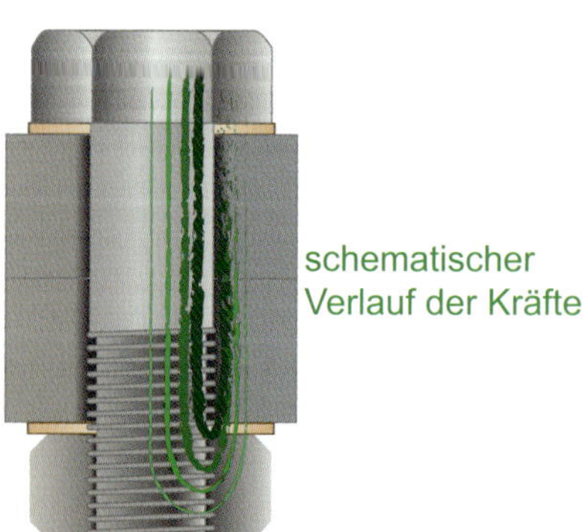

Abbildung 1-13 Kräfteverteilung

Achtung

Schrauben dürfen nur auf Zug belastet werden, niemals auf Scherung

Die Abbildung zeigt schematisch den Verlauf der Kräfte in der Schraube. Es lässt sich gut erkennen, dass der überstehende Teil des Gewindes keinerlei Kräfte überträgt. Deshalb sollte die Schraube auch nicht zu weit über die Mutter hinausragen.

Schraubenüberlänge (DIN 2510)

bis	DN 200	max. 5 mm
ab	DN 250	max. 10 mm

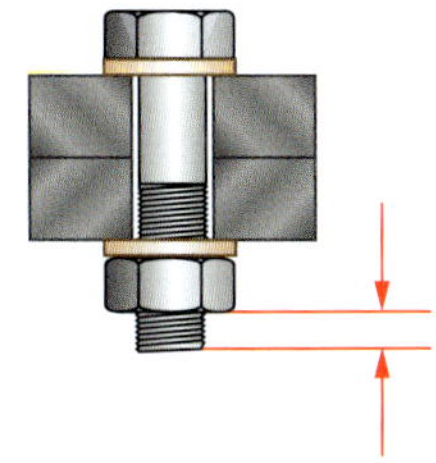

Abbildung 1-14 Kräfteverteilung

Schraubensicherungen

Schraubensicherungen sollen dem selbsttätigen Lösen von Schraubverbindungen entgegenwirken. Es wird zwischen kraft-, form- und stoffschlüssigen Schraubensicherungen unterschieden.

Kraftschlüssige Schraubensicherungen sind nur für statisch (ruhend) beanspruchte Schraubenverbindungen geeignet. Beispiele sind hierfür sind Federring, Zahnscheibe, Federscheibe, Fächerscheibe und Gegenmutter (Kontermutter).

Formschlüssige Schraubensicherungen sind geeignet für Schraubenverbindungen mit dynamischer Belastung (z. B. bewegte, vibrierende Maschinen), formschlüssig sind z. B. Drahtsicherung, Kronenmutter mit Splint und Sicherungsblech.

Stoffschlüssige Schraubensicherungen finden nur sehr selten Anwendung. Vor dem Anziehen der Schraubenverbindung wird Klebstoff zwischen die Gewindeflanken gebracht, der nach dem Anziehen aushärtet.

Festigkeitsklassen für Schrauben und Muttern

Schrauben werden nach der Zugfestigkeit in Festigkeitsklassen eingeteilt.
Unterschieden werden 12 Festigkeitsklassen, die in Abbildung 1-15 aufgeführt werden.

3.6	4.6	4.8	5.6	5.8	6.6
6.8	6.9	8.8	10.9	12.9	14.9

Abbildung 1-15
Festigkeitsklassen für Schrauben und Muttern

Aus den Festigkeitsklassen lassen sich die folgenden Werte ableiten:

- Multiplikation der ersten Zahl mit 100 ergibt die **Mindestzugfestigkeit** R_m in [N/mm²].
- Multiplikation der beiden durch einen Punkt getrennten Zahlen miteinander und außerdem noch mit 10, führt zur **Mindeststreckgrenze** R_e in [N/mm²].

Beispiel Festigkeitsklasse 12.9

Berechnung von Mindestzugfestigkeit R_m und Mindeststreckgrenze R_e:

$R_m = 100 \cdot 12$ [N/mm²] $= 1.200$ [N/mm²]

$R_e = 12 \cdot 10 \cdot 9$ [N/mm²] $= 1.080$ [N/mm²]

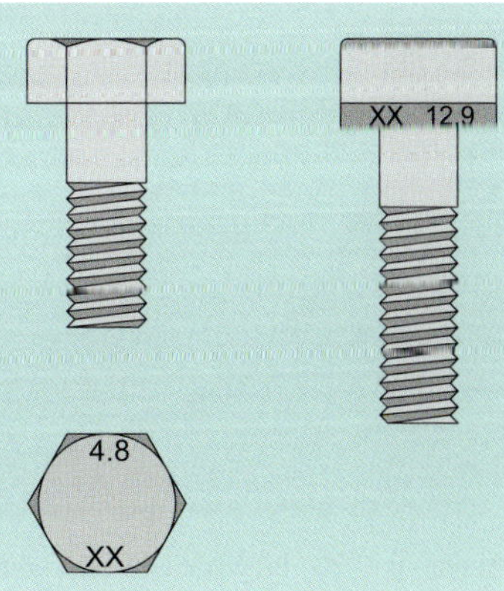

Abbildung 1-16 Schema der Kennzeichnung einer Schraube

Bei Muttern wird die Festigkeitsklasse durch eine Zahl, z. B. 12, angegeben.

Beispiel Sechskantmutter M16-12

Berechnung von Mindestzugfestigkeit R_m:

$R_m = 100 \cdot 12\ [N/mm^2] = 1.200\ [N/mm^2]$

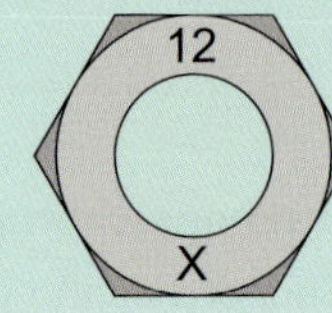

Abbildung 1-17 Schema der Kennzeichnung einer Mutter

Muttern und Schrauben sind aufeinander abgestimmt. Sie werden in 7 Festigkeitsklassen (Abbildung 1-18) angegeben.

4	5	6	8	9	10	12

Abbildung 1 - 18 Festigkeitsklassen für Schrauben und Muttern

1.3.3 Montage

Die Flanschverbindung besteht in der Regel aus zwei Flanschen, zwischen denen sich eine Dichtung befindet. Diese Verbindung wird durch Schraubenkräfte zusammengehalten. Bei der Montage muss sichergestellt werden, dass weder falsche noch beschädigte Teile verwendet werden. Die Dichtung muss beim Zusammenbau zentriert und durch das gleichmäßige (symmetrische) Anziehen der Schrauben gleichmäßig verpresst werden.

Kontrolle der Flansche

Das Flanschenpaar ist in einem ordnungsgemäßen Zustand, wenn keine Rückstände wie Verschmutzungen, Produktanbackungen, Reste von alten Dichtungen und Korrosionsrückstände auf der Dichtfläche vorhanden sind. Flansche, die durch mechanische oder thermische Einflüsse sichtbare Schäden aufweisen, dürfen nicht verwendet werden.

Abbildung 1-19 Kontrolle der Flansche

Abbildung 1-20 beschädigte oder verunreinigte Flansche

Das Reinigen der Dichtflächen muss mit einem weichen Werkzeug erfolgen, da sonst die Dichtfläche beschädigt werden könnte. Dazu eignen sich die in Abbildung 1-21 gezeigten Werkzeuge.

Abbildung 1-21 Reinigungswerkzeug

Ausrichtung der Flansche

Es ist wichtig, dass die Schraubenkräfte gleichmäßig auf die Dichtung wirken. Dies wird durch optimale parallele Ausrichtung der Flansche zueinander erreicht. Eine mangelhafte Ausrichtung (Abbildung 1-22) äußert sich durch zu großen Abstand und Versatz oder Verdrehung der zu verbindenden Flansche.

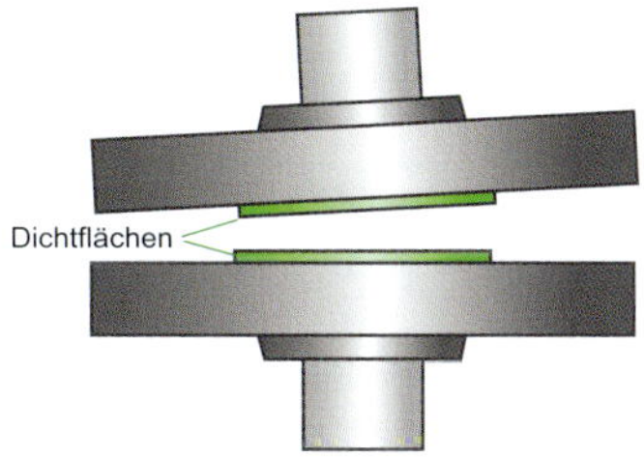

Abbildung 1-22 falsche Ausrichtung der Flansche

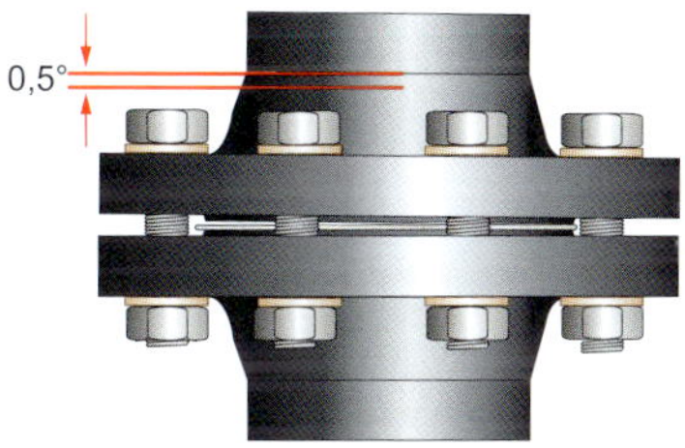

Planparallelität mit max. 0,5° (Klaffung)

DN 10 bis DN 25	max. 0,4 mm
DN 32 bis DN 150	max. 0,6 mm
DN 200 bis DN 300	max. 0,8 mm
DN 300 bis DN 500	max. 1,0 mm

Abbildung 1-23 Planparallelität

Seitlicher Versatz der Flansche

bis DN 100	max. 1 mm
DN 150 bis 300	max. 2 mm
DN 350 bis 500	max. 3 mm
DN 600 und größer	max. 4 mm

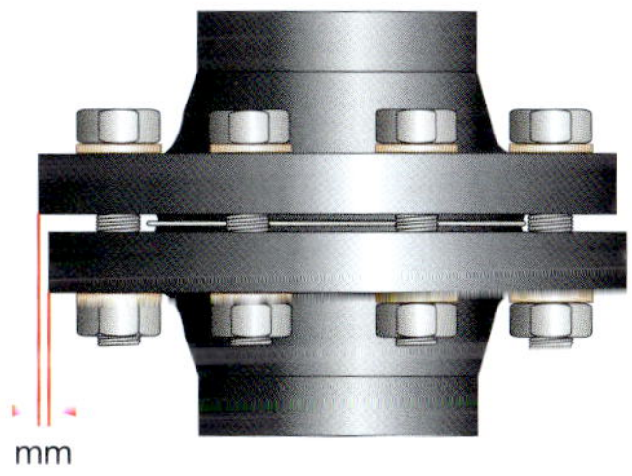

Abbildung 1-24 seitlicher Versatz

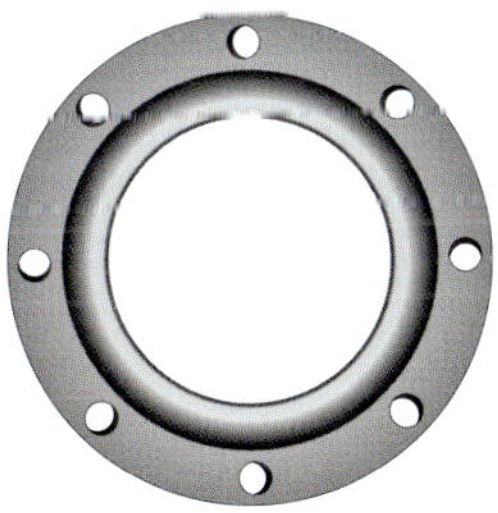

Verdrehter Lochkreis

bis DN 500	max. 2 mm
DN 600 und größer	max. 3 mm

Abbildung 1-25 verdrehter Lochkreis

Vormontage

Die Flanschverbindung wird zunächst mit der entsprechenden Anzahl von gefetteten Schrauben versehen, sodass danach die Dichtung unbeschädigt eingelegt werden kann (Abbildung 1-26). Notfalls muss ein Flanschentreiber (s. Tabelle 1-7) benutzt werden. Die Muttern sind so auf die Schrauben zu drehen, dass die Kennzeichnung sichtbar bleibt. Ist die Dichtung zentriert, werden die restlichen Schrauben und Muttern montiert. Wichtig ist, dass die Schrauben so fest angezogen sind, dass sich die Dichtung nicht mehr zwischen den Dichtflächen bewegen kann.

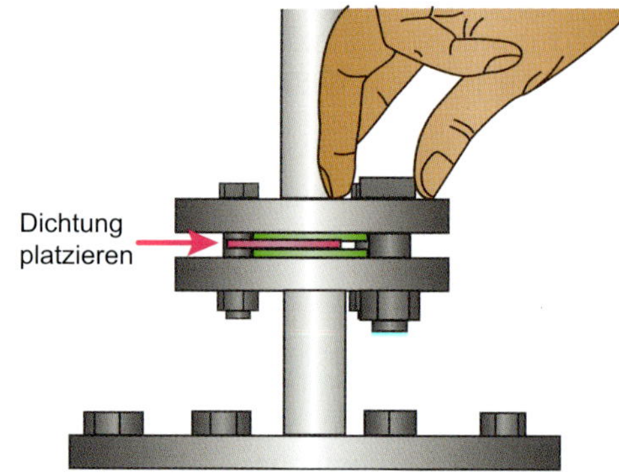

Abbildung 1-26 Vormontage der Flansche

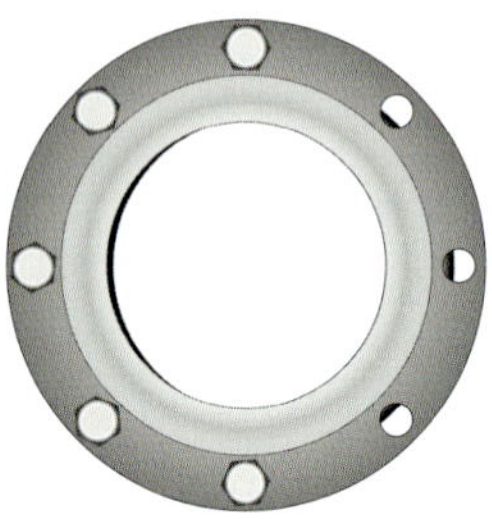

Dichtung nicht zentriert	
bis DN 100	max. 1mm
DN 150 bis 300	max. 2mm
DN 350 bis 500	max. 3mm
DN 600 und größer	max. 4mm

Abbildung 1-27 verdrehter Lochkreis

Anziehen der Verschraubung

Eine gleichmäßige Dichtungspressung kann nur durch ein mehrstufiges Anziehen über Kreuz sichergestellt werden. Wird reihum angezogen, so kann sich die Dichtung nicht gleichmäßig anpassen, was bis zur Faltenbildung an der Dichtung führen kann. Mehrstufiges Anziehen bedeutet, dass jede Schraube systematisch mehrfach mit wachsendem Drehmoment angezogen und abschließend kontrolliert wird. In der Regel sind zwei Stufen ausreichend, wobei im ersten Durchgang das Moment auf etwa die Hälfte bis zwei Drittel des endgültigen Momentes zu begrenzen ist.

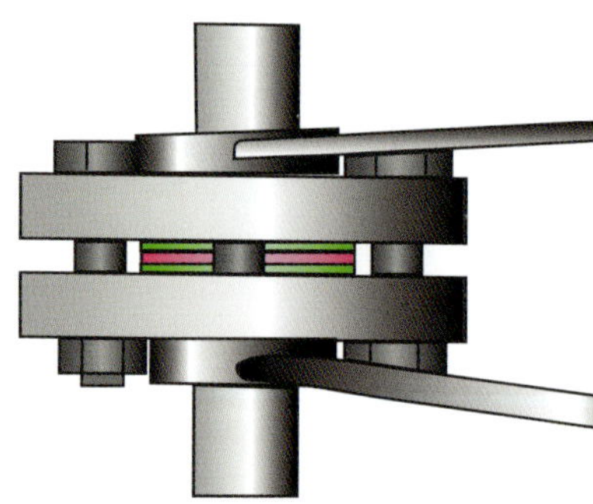

Abbildung 1-28 Montage der Flansche

Über Kreuz anziehen bedeutet, dass nach dem handfesten Andrehen der Muttern immer für eine Vierergruppe kreuzweise angeordneter Schrauben jeweils von der ersten Schraube aus zunächst die gegenüberliegende folgt, anschließend in gleicher Weise das dazu senkrecht stehende Schraubenpaar.

Für Flanschverbindungen, die der Druckbehälterverordnung unterliegen, werden zwei unterschiedliche Anzugsverfahren (Abbildung 1-29 und 1-30) vorgeschlagen, damit die Verbindung sicher dicht ist.

Beim Anziehen der Schrauben wird das Drehmoment in folgenden Stufen aufgebracht:

- Durchgang 1 mit 30% des vollen Anziehdrehmomentes
- Durchgang 2 mit 60% des vollen Anziehdrehmomentes
- Durchgang 3 mit 100% des vollen Anziehdrehmomentes
- Durchgang 4 umlaufend mit vollem Anziehdrehmoment

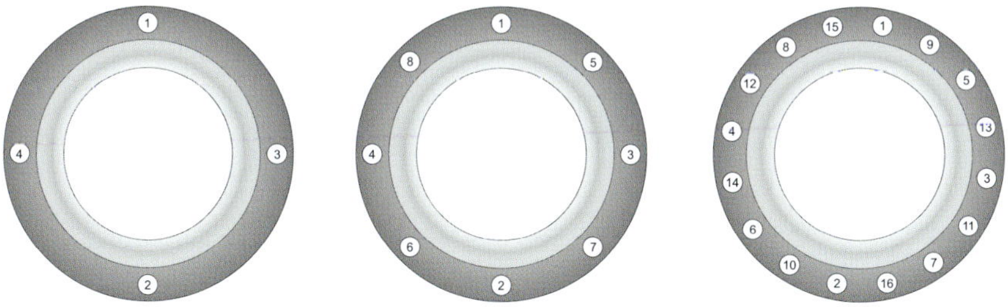

Abbildung 1-29 Anziehen der Flansche über Kreuz (Verfahren 1)

- Durchgang 1 4 Schrauben über Kreuz mit 20% des vollen Anziehdrehmomentes
- Durchgang 2 4 Schrauben über Kreuz mit 60% des vollen Anziehdrehmomentes
- Durchgang 3 4 Schrauben über Kreuz mit 110% des vollen Anziehdrehmomentes
- Durchgang 4 umlaufend die restlichen Schrauben mit 110% des vollen Anziehdrehmomentes
- Durchgang 5 umlaufend alle Schrauben mit 110% des vollen Anziehdrehmomentes

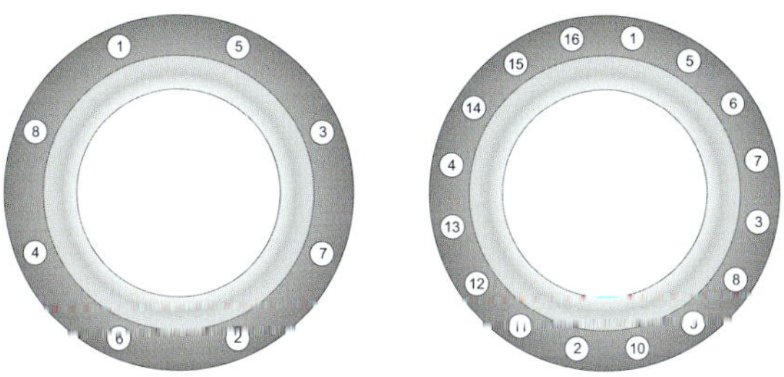

Abbildung 1-30 Anziehen der Flansche über Verfahren 2

Zu den speziellen Flanschverbindungen, die bezüglich der Montage ggf. anders als oben beschrieben zu behandeln sind, gehören Hochdruckflanschverbindungen, Apparateflanschverbindungen, Flansche an Maschinen (z. B. an Pumpen), Gusseisenrohrleitungen und an nichtmetallischen Rohrleitungen. Auch in Bezug auf die zu verwendenden Dichtungen (Material) kann die Montage anders als oben beschrieben erforderlich sein. Hierzu sind die Herstellerangaben zu beachten.

1.3.4 Werkzeug

Bei der Wahl der Werkzeuge sind Maul- oder Ringschlüssel in verschiedenen Variationen, Zentrierhilfen und Flanschentreiber einzusetzen. Zum Spreizen der Flansche beim Aus- und Einbau von Dichtungen oder Blindscheiben werden bei zu geringem Abstand Flanschentreiber verwendet, die in die Schraubenlöcher eingesetzt werden. Werkzeuge, die zwischen den Flanschblättern angreifen (Brechstangen, Keile oder ähnliche Gegenstände) und daher die Flansche beschädigen können, sind nicht erlaubt.

Pneumatische Schrauber dürfen nach Rücksprache mit dem Auftraggeber eingesetzt werden, wenn durch eine auf den Schraubenwerkstoff abgestimmte Drehmomentbegrenzung eine Überlastung der Schrauben verhindert wird.

Tabelle 1-7 Werkzeuge

Werkzeug	Grafische Darstellung
Doppelmaulschlüssel	
Doppelringschlüssel	
Ring-Maulschlüssel	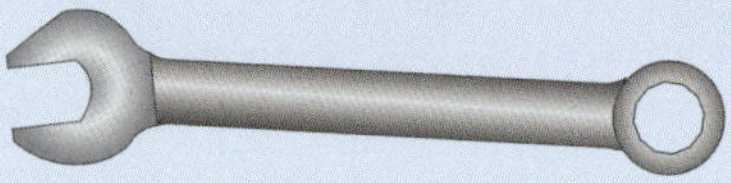
Einmaulschlüssel	
Flanschentreiber	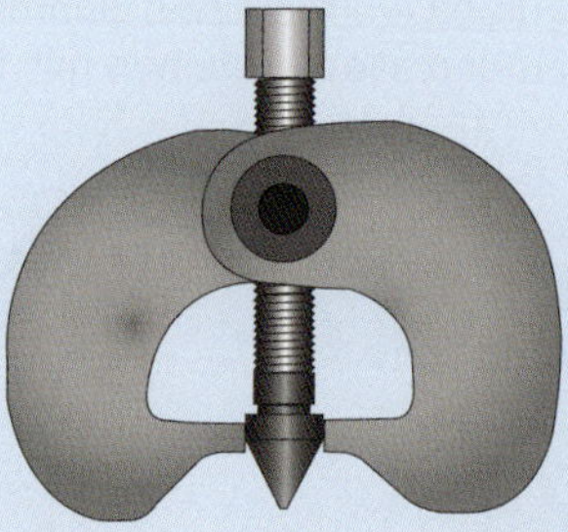
Drehmomentschlüssel	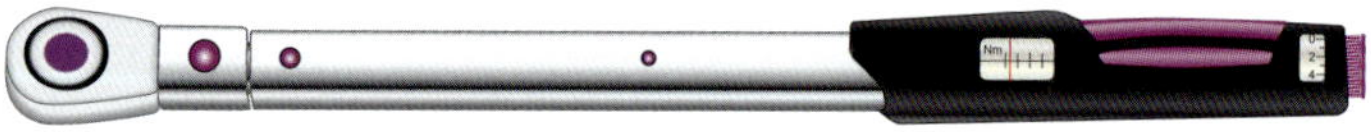

1.3.5 Undichte Flanschverbindungen

Wird eine neu eingedichtete Flanschverbindung undicht, ist davon auszugehen, dass eine der folgenden Situationen eingetreten ist.

A) Flanschverbindung war von Anfang an undicht

Undichtigkeiten können in der Verwendung fehlerhafter Bauteile und/oder mangelhafter Montage von Bauteilen begründet sein. So kann die Auswahl des Dichtungswerkstoffes falsch sein, die Dichtungsflächen oder die Flanschflächen weisen Beschädigungen auf oder die Flächenpressung der Dichtung ist ungenügend. Das kann passieren, wenn die Schrauben zu wenig angezogen sind und damit die Dichtung eine zu geringe Flächenpressung hat. Sind die Schrauben zu stark angezogen, kann dadurch die Elastizitätsgrenze der Schrauben oder die Fließgrenze der Dichtung überschritten werden.

B) Flanschverbindung wird undicht bei der Druckprüfung

Ist die Flanschverbindung zunächst dicht, wird jedoch ab einem gewissen Innendruck undicht, dann liegt es nicht an der Dichtung, sondern an den auftretenden Kräften. Durch den Innendruck geht indirekt Schraubenkraft verloren und es sinkt damit die Flächenpressung der Dichtung.

c) Flanschverbindung wird bei der Inbetriebnahme bei ansteigender Temperatur undicht
In diesem Fall ist wahrscheinlich thermische Verformung die Ursache. Die unterschiedlichen Ausdehnungskoeffizienten der Schrauben, Unterlegscheiben, Flansche und Rohre können zu Verschiebungen der einzelnen Bauteile führen, die meistens eine Absenkung der Schrauben- und Dichtungskraft zur Folge haben.

1.4 Verbindungselemente für Rohrleitungen

Die Verbindungselemente für Rohrleitungen haben neben der Funktion, Rohre zu verbinden auch noch andere Aufgaben. So können die Rohrleitungen durch ein Verbindungselement ihren Richtungsverlauf ändern oder verzweigen. Auch die Änderung der Nennweite oder der Wechsel auf eine andere Rohrart, z. B. der Übergang von einem Rohr für allgemeine Verwendung auf Präzisionsrohr, kann durch Verbindungselemente realisiert werden.

1.4.1 Fittings

Fittings sind Verbindungselemente, die auf der Basis einer Muffenverbindung aufgebaut sind. Häufig finden sie Einsatz als lösbare Muffenverbindung, die im Gewinde eingedichtet wird. Fittings werden aber auch bei den nichtlösbaren Verbindungen wie Klebe-, Press- und Lötverbindungen verwendet. Beispiele sind in Abbildung 1-31 dargestellt.

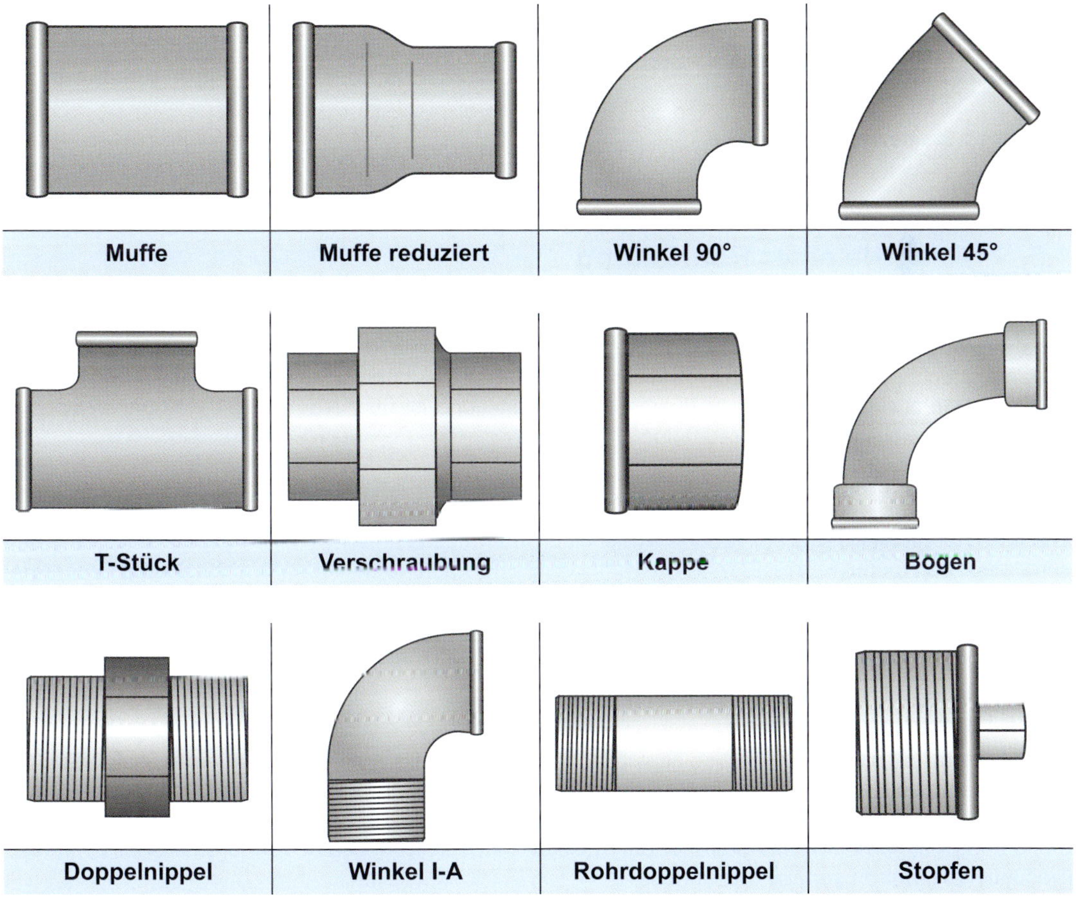

Abbildung 1-31 Fittings

1.4.2 Rohrverschraubungen

In Abbildung 1-32 wird eine Auswahl von grundlegenden Verschraubungen vorgestellt.

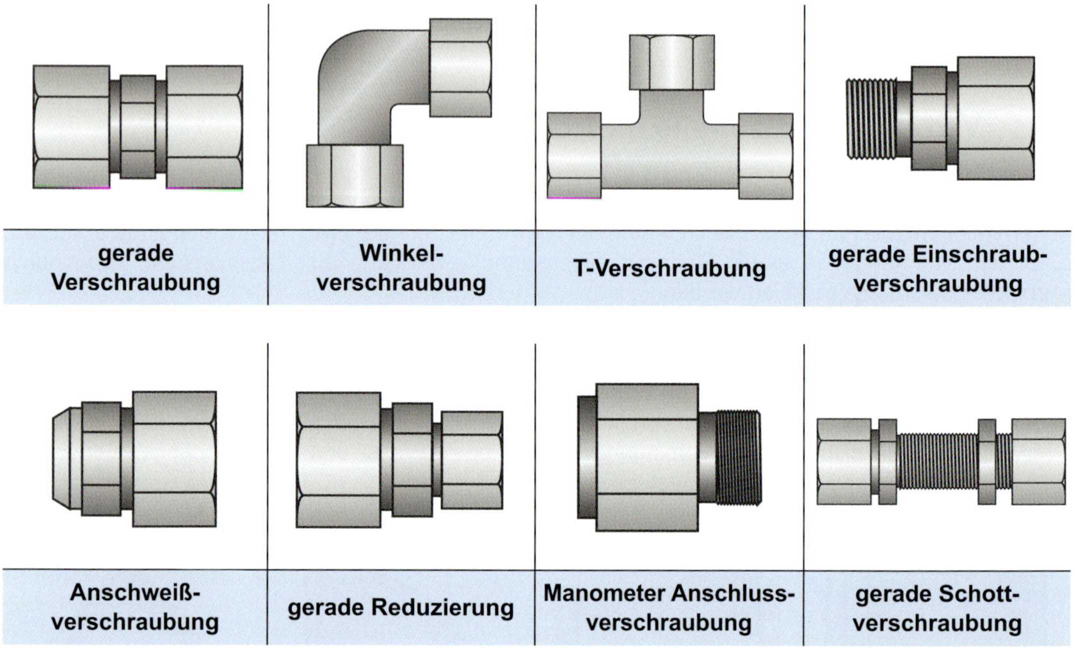

Abbildung 1-32 Rohrverschraubungen

1.5 Isometrie einer Rohrleitung

In einem ersten Schritt der Planung eines Rohrleitungssystems wird ein Fließbild erstellt, um das Gesamtverfahren oder einzelne Verfahrensschritte schematisch darzustellen. Fließbilder sind Hilfsmittel in der Verfahrenstechnik und besitzen die Form einer technischen Zeichnung. Sie enthalten alle maßgeblichen Informationen zur Anlage und zum Prozess. Die Darstellung ist über Normen geregelt und werden in Abhängigkeit vom Abstraktionsgrad unterschieden in:

- **Grundfließbild**

In einem Grundfließbild wird ein Verfahren oder eine verfahrenstechnische (Teil-)Anlage in einfacher Form dargestellt. Verwendet werden Rechtecke (Blöcke), die beispielsweise Verfahrensabschnitte, Grundoperationen oder verfahrenstechnische Anlagen und Anlagenteile symbolisieren. Verbunden werden diese Rechtecke mit Linien oder Pfeilen, die die Fließlinie für z. B. Stoffe, Energie, Energieträger anzeigen. Aufgrund der Verwendung der Blöcke wird das Grundfließbild auch als Blockfließbild bezeichnet.

- **Verfahrensfließbild**

Im Verfahrensfließbild, engl. Process Flow Diagram (PFD), erfolgt die Darstellung eines Verfahrens mit Hilfe von graphischen Symbolen, die durch Linien verbunden sind. Es dokumentiert die physikalische und chemische Funktion einer Anlage. Anlagenteile werden durch graphische Symbole, Fließlinien für Stoffe und Energien bzw. Energieträger durch Linien dargestellt. In einem Verfahrensfließbild wird das Produktionsverfahren genauer beschrieben.

- **Rohrleitungs- und Instrumentierungsfließbild**

Im Rohrleitungs- und Instrumentierungsfließbild, engl. P&ID, Piping and Instrumentations Diagram, nimmt der Detaillierungsgrad weiter zu. Das sogenannte RI-Fließbild beinhaltet alle Verbindungen von Rohrleitungen, gibt Auskunft über alle Einbauten in die Rohrleitung und zeigt die Flussrichtungen an. Es enthält Bezeichnungen für die Rohrleitung, Einbauten sowie die geometrische Anordnung. Das RI-Fließbild ist die Basis für die Rohrleitungsplanung und Instrumentierung einer Anlage, macht aber keine Aussagen zu den Prozessparametern, also die chemische und physikalische Arbeitsweise.

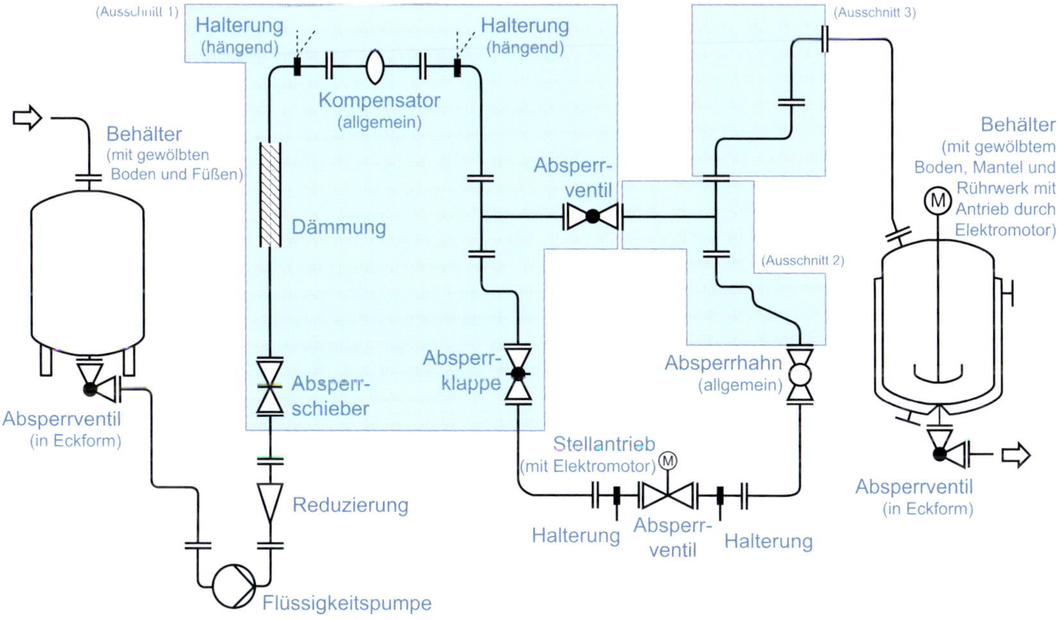

Abbildung 1-33 Rohrleitungssystem in schematischer Darstellung

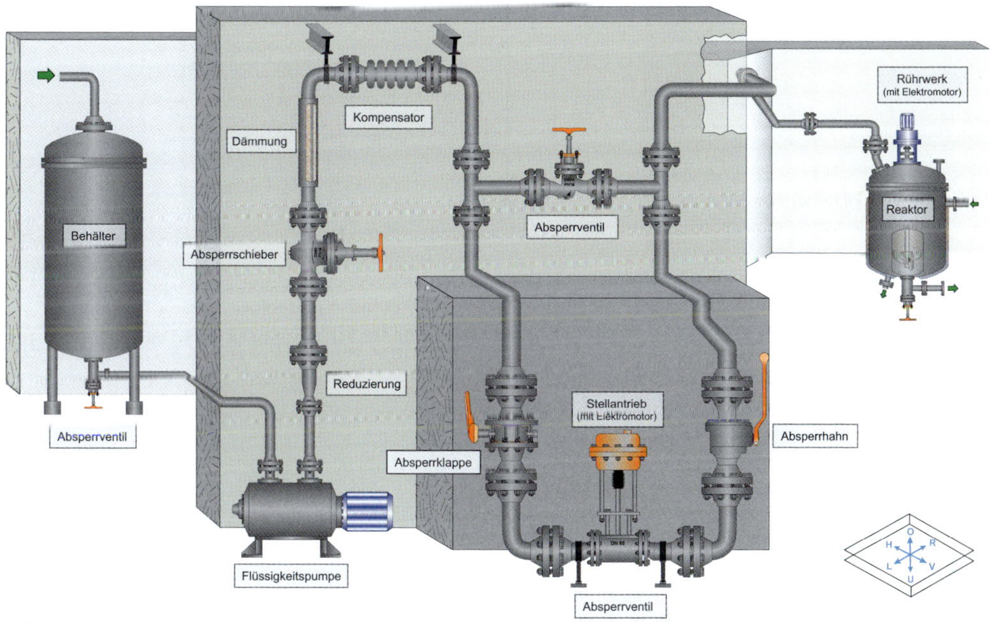

Abbildung 1-34 Rohrleitungssystem in räumlicher Darstellung

Die zeichnerische Darstellung eines Rohrleitungssystems soll den Verlauf der Rohrleitungen und die Anordnung der Armaturen, Behälter und sonstiger Rohrleitungseinbauten zeigen. Um die Arbeitsschritte in der Vorbereitung, Herstellung oder Montage einer Rohrleitung sinnvoll umsetzen zu können, werden die zu fertigenden Rohrleitungen räumlich so dargestellt, dass alle maßgeblichen Informationen für die Produktion und Montage in der sogenannten isometrischen Darstellung vorliegen.

Die isometrische Rohrleitungszeichnung ist eine nicht maßstäbliche Darstellung eines Rohrleitungsverlaufs in isometrischer Projektion. Sie enthält Maße, die den Verlauf der Rohrleitung und die Lage von Armaturen, Halterungen und MSR-Geräten festlegen. Für Zeichnungen im Rohrleitungsbau wird die Darstellung in isometrischer Projektion immer dann bevorzugt, wenn Wesentliches in drei Ansichten klar dargestellt werden muss. Dabei ist die Anwendung graphischer Symbole für Einzelteile der Rohrleitung üblich.

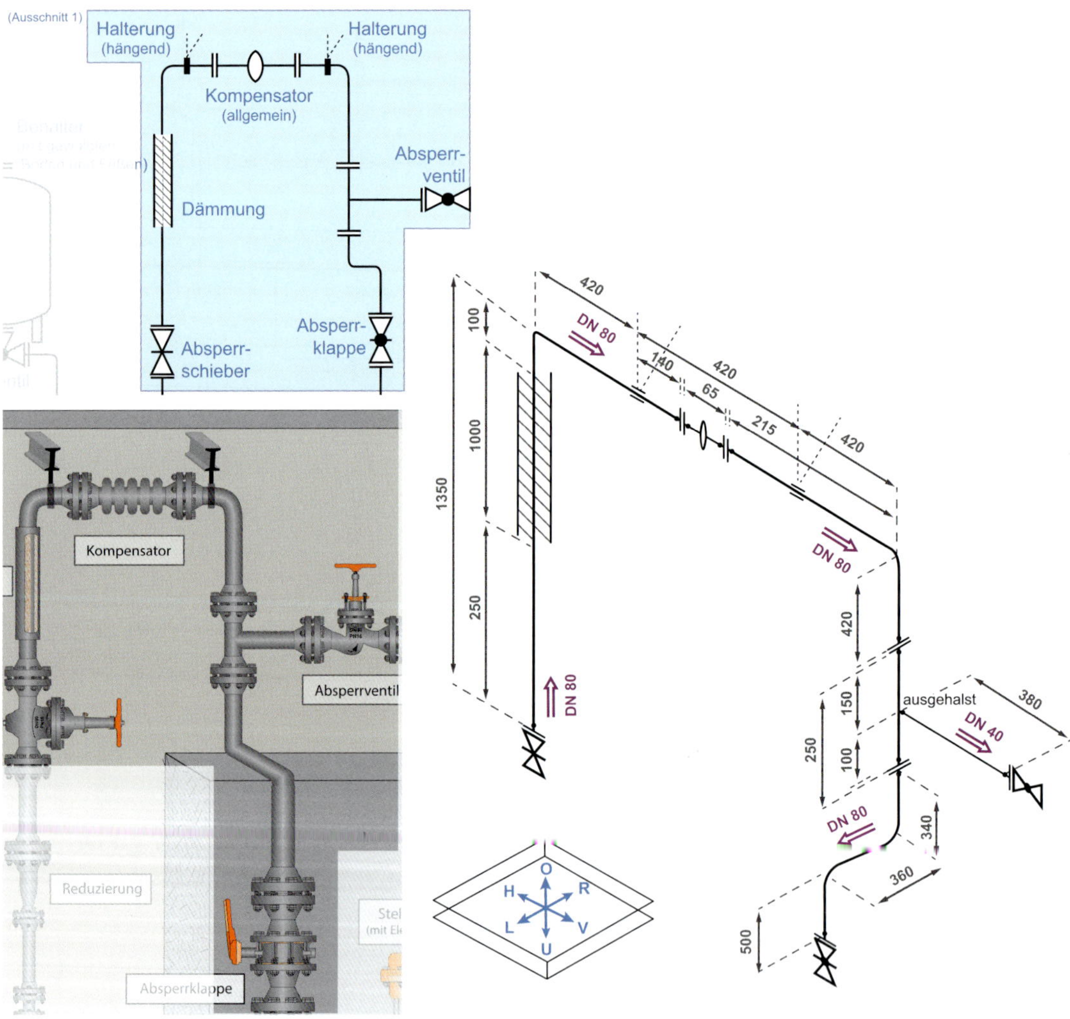

Abbildung 1-35 Ausschnitt des Rohrleitungssystems als isometrische Darstellung (Ausschnitt 1)

1.5.1 Blickwinkel und Betrachterpunkt

Der Vorteil der isometrischen Projektion wird deutlich, wenn diese mit den für Bauzeichnungen üblichen Darstellungsweisen, mit mehreren Ansichten und zusätzlichen Schnittzeichnungen verglichen wird.

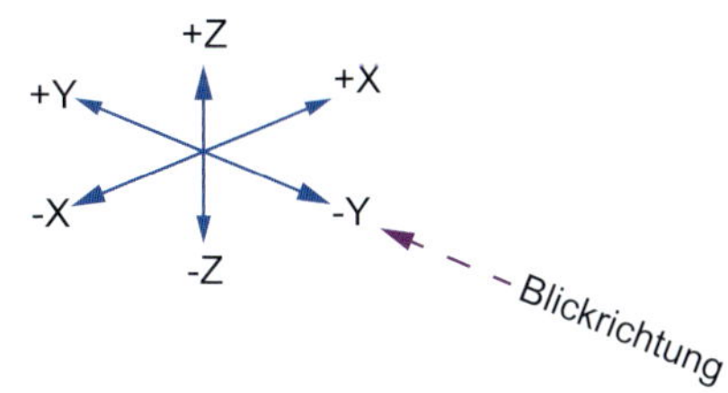

Abbildung 1-36 Koordinatensystem mit Blickrichtung

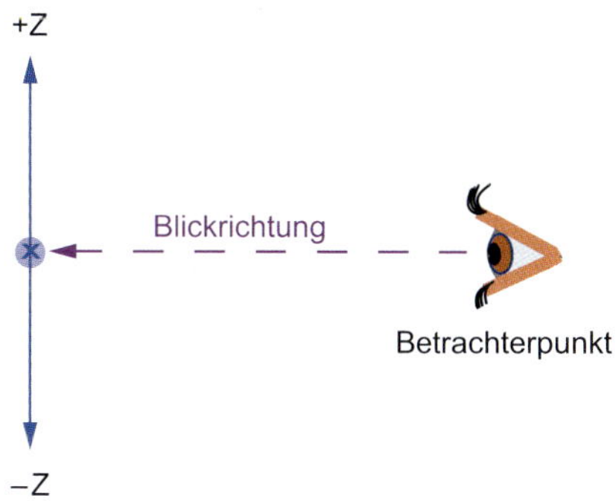

Eine isometrische Zeichnung berücksichtigt grundsätzlich die drei Hauptrichtungen im Raum (Koordinaten x, y, z), die insgesamt zu einem Koordinatensystem mit den alternativen Blickrichtungen führen. Je nach Blickrichtung ändert sich für den Betrachter aber die räumliche Anordnung einer Rohrleitung, so dass für deren Herstellung der Betrachterpunkt eindeutig vorgegeben werden muss.

Abbildung 1-37
Koordinatensystem mit Betrachterpunkt

Für die isometrische Darstellung eines Rohrleitungssystems wird die Blickrichtung vorgegeben und die Achsen nachfolgend mit oben / unten, links / rechts und vorne / hinten bezeichnet. Es resultiert die sogenannte *Nordung* der Darstellung.

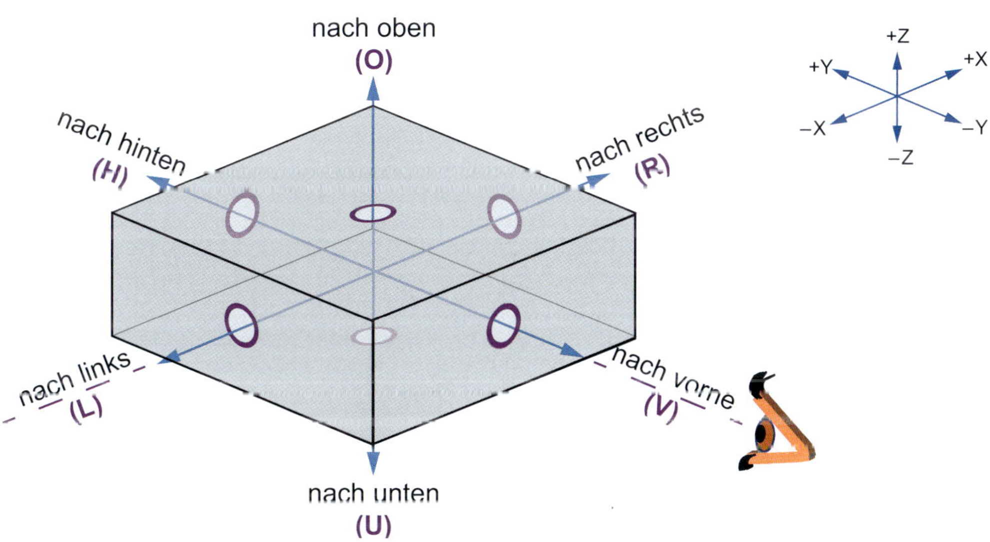

Abbildung 1-38 Festlegung des Betrachterpunktes und Blickwinkels für die isometrische Darstellung

Eine waagerecht vor dem Betrachter liegende Rohrleitung wird in der isometrischen Zeichnung als von links nach rechts verlaufende Linie dargestellt und entspricht der x-Achse im Koordinatensystem. Die in der y-Ebene liegende Rohlleitung verläuft vom Betrachter ausgehend nach hinten und Rohrleitungen entlang der z-Achse verlaufen von unten nach oben. Der in der Zeichnung verwendete Winkel beträgt 30 °.

Es resultiert ein eindeutiger Rohrleitungsverlauf in der isometrischen Zeichnung.

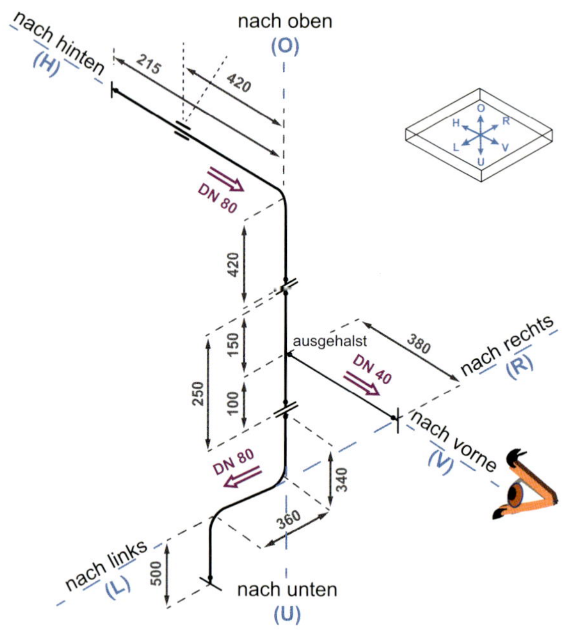

Abbildung 1-39
isometrische Zeichnung einer Rohrleitung

1.5.2 Isometrische Schraffur

Eine isometrische Zeichnung muss auch Rohrleitungsverläufe in einer Ebene oder zwischen zwei Ebenen korrekt wiedergeben. Zu diesem Zweck wird den drei Hauptebenen eine Schraffur zugeordnet.

Die Vorder- und Seitenansicht des Würfels werden senkrecht, die Draufsicht (Oberseite) wird parallel zu der in Blickrichtung verlaufenden Achse schraffiert.

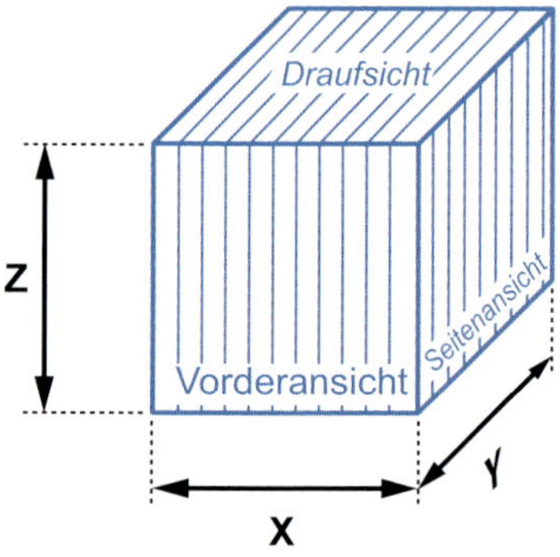

Abbildung 1-40 isometrische Schraffur

Die Seiten des rechtwinkligen Dreiecks in der Ebene müssen für die Herstellung der Rohrleitung exakt bestimmt werden. Daraus kann die Diagonale d in der Ebene berechnet werden:

$d = \sqrt{a^2 + b^2}$ es folgt $d = \sqrt{340^2 + 250^2} = 422\ \text{mm}$

mit a = 340 mm, b = 250

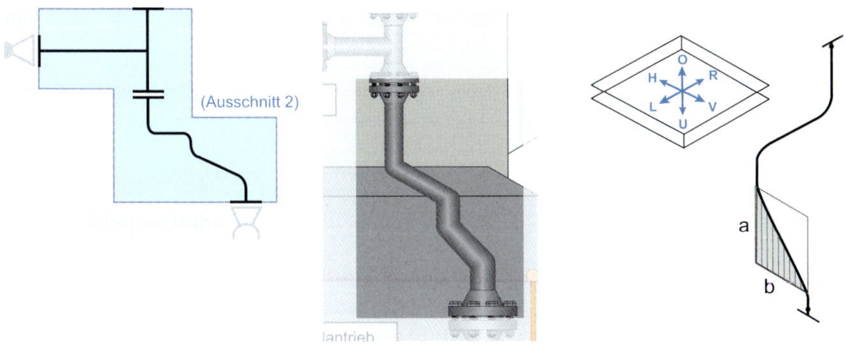

Abbildung 1-41 isometrische Schraffur in einer isometrischen Zeichnung (Ausschnitt 2)

Ist eine Rohrleitung zwischen zwei Ebenen angeordnet, so kommt der isometrischen Schraffur eine noch höhere Bedeutung zu. Zum besseren Verständnis wird ein Quader um den diagonal im Raum verlaufenden Rohrleitungsabschnitt eingezeichnet und die Seitenlänge sowie die Diagonale eingetragen. Die Schraffuren bilden in Verbindung mit den eingetragenen Maßen sogenannte Stützdreiecke, die den Verlauf einer Rohrleitung in einem Rohrleitungssystem eindeutig darstellen.

Änderung der Rohrleitung in der XY-Ebene

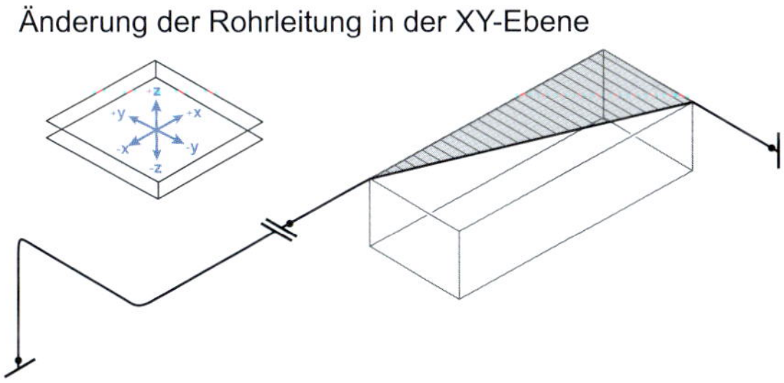

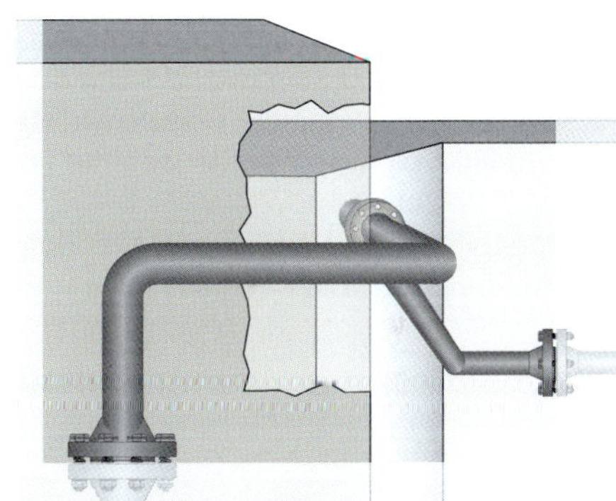

Änderung der Rohrleitung in der XZ-Ebene

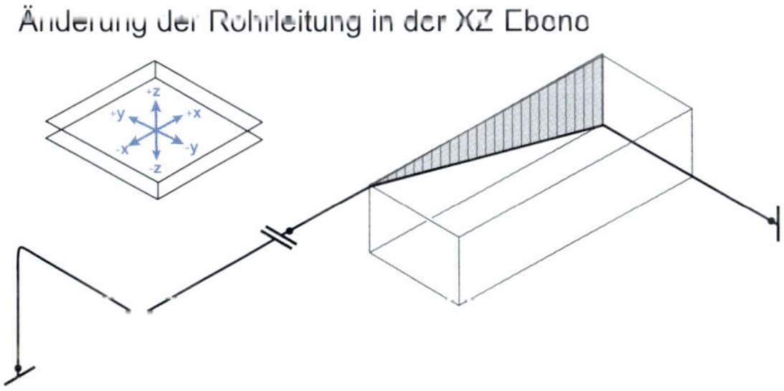

Änderung der Rohrleitung im XYZ-Raum

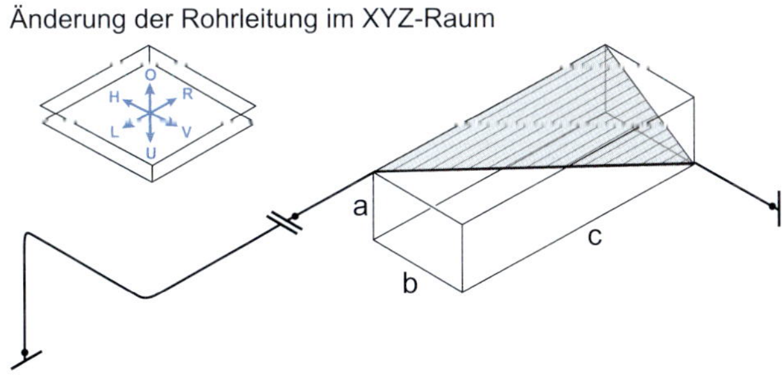

Abbildung 1-42 Entwicklung eines Stützdreiecks (Ausschnitt 3)

Die Breite, Höhe und Länge des Quaders müssen für die Herstellung der Rohrleitung exakt bestimmt werden. Daraus kann die Raumdiagonale D berechnet werden:

$D = \sqrt{a^2 + b^2 + c^2}$ es folgt $D = \sqrt{650^2 + 750^2 - 1250^2} = 1596$ mm

mit a = 650 mm, b = 750, c = 1250

Die Darstellung wird deutlich komplexer, so dass es sehr hilfreich ist, dem Anwender einer isometrischen Zeichnung Zusatzinformationen in Form von Einbauten, Fundamenten oder auch Behältern zur Verfügung zu stellen.

1.5.3 Maße, Strichstärken und graphische Symbole in isometrischen Zeichnungen

In isometrischen Zeichnungen werden in der Regel zwei verschiedene Strichstärken verwendet. Ununterbrochene Linien kennzeichnen Hauptleitungen, Behälter, Ventile, Reduzierungen und alle anderen Bauteile im Rohrleitungsverlauf. Die Strichstärke sollte 0,5 bis 0,7 mm betragen. Dabei muss die maßgebliche Rohrleitung so klar dargestellt sein, dass der Rohrleitungsverlauf beim ersten Betrachten erkennbar ist.
Für alle anderen Linien in der isometrischen Zeichnung, die nicht im direkten Zusammenhang mit der Rohrleitung stehen, wird eine schmale Linie verwendet. Als Beispiele können Bemaßungslinien und Schraffuren, wie auch Befestigungen oder Durchbrüche, angeführt werden. Die Strichstärke für diese liegt zwischen 0,25 bis 0,35 mm und sollte deutlich von der der Rohrleitungslinien abweichen.
Für weitere Hilfslinien, wie beispielsweise Anschlussleitungen oder Mittellinien von Behältern, werden Strichpunktlinien mit einer Strichstärke von 0,25 bis 0,35 mm verwendet.

Die Darstellung von Verbindungselementen, Endstücken oder Einbauten erfolgt unter Verwendung graphischer Symbole, die ebenfalls in einem Winkel von 30° dargestellt sind.

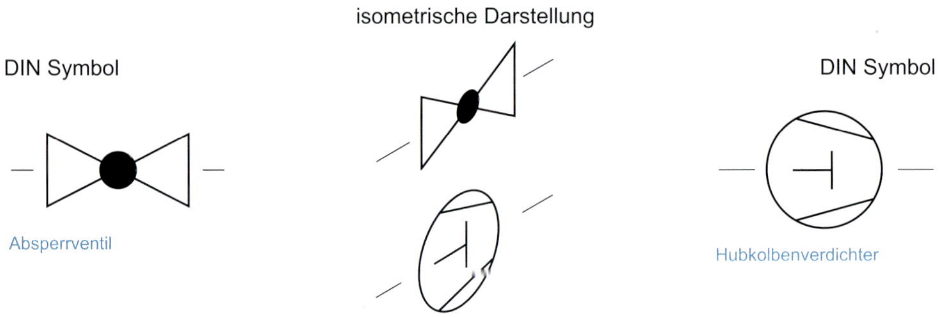

Abbildung 1-43 Anpassung graphischer Symbole an die Darstellung einer isometrischen Zeichnung

Eine Auswahl graphischer Symbole zeigt die folgende Grafik.

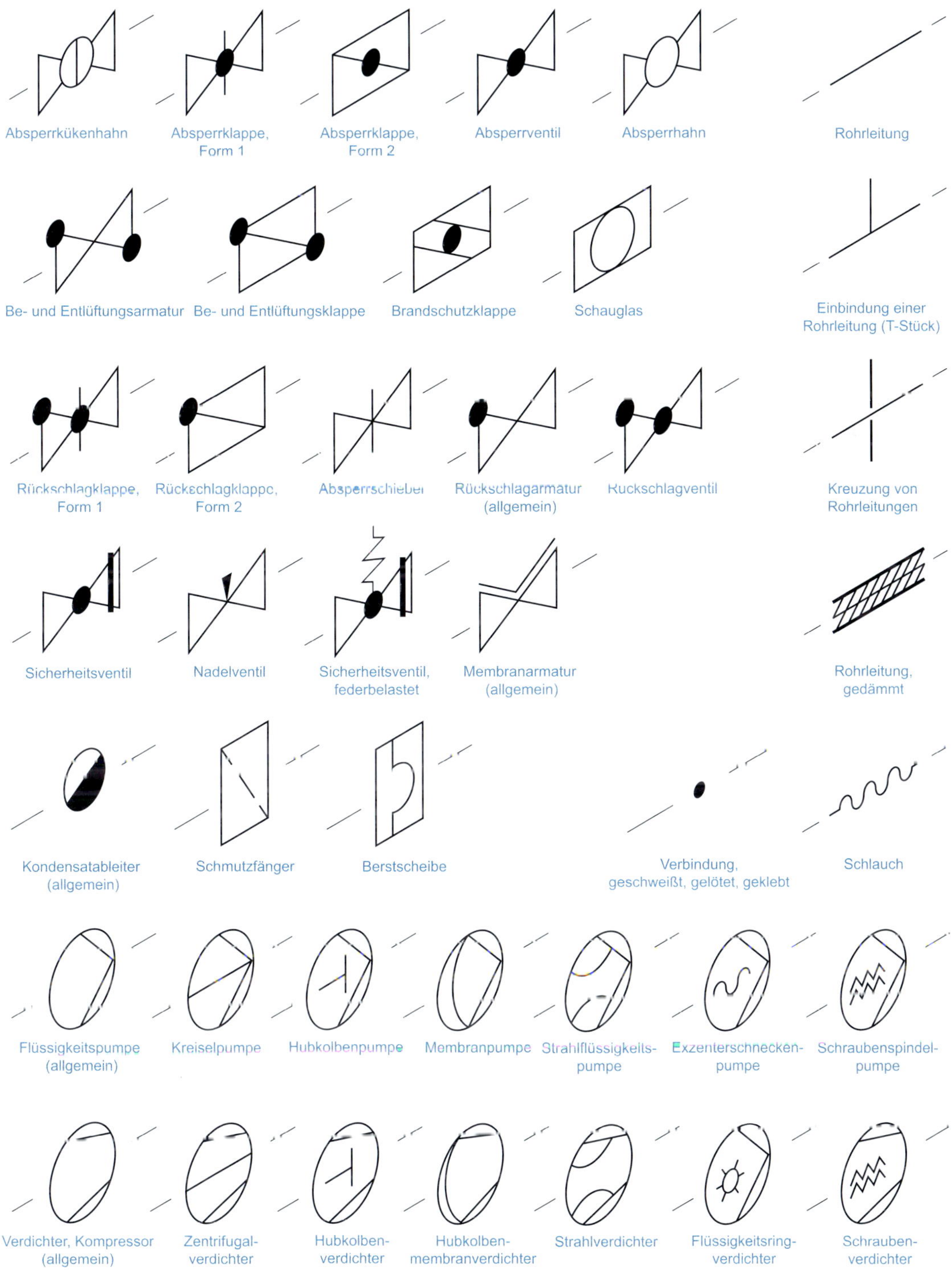

Abbildung 1-44 graphische Symbole in einer isometrischen Zeichnung

Es resultiert die isometrische Zeichnung eines Rohrleitungssystems:

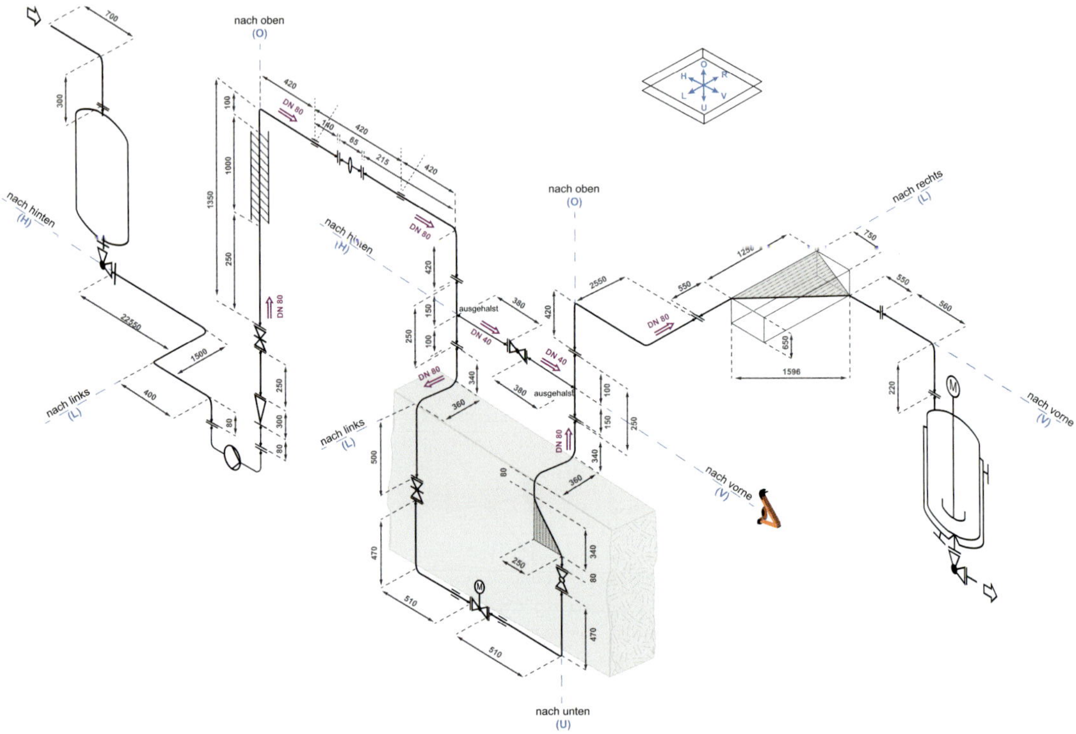

Abbildung 1-45 isometrische Zeichnung eines Rohrleitungssystems

1.5.4 Fehlersuche in isometrischen Zeichnungen

Bei der Konstruktion und zeichnerischen Darstellung von Rohrleitungen treten häufig Fehler auf, die sich grob in vier Gruppen unterteilen lassen:

- **Funktionsfehler**

ergeben sich aus mangelnder Berücksichtigung baulicher Gegebenheiten.

Eine Rohrleitung kann nicht in einem Gebäudeteil eingebaut werden, da die Öffnung zum Raum zu klein ist oder die Rohrleitungsteile zu sperrig sind.
Flansche oder andere Rohrverbindungen sind an schwer zugänglichen Stellen geplant und können daher nicht oder nur sehr schwer montiert werden.

In diesen Fällen muss die gesamte Rohrleitung in kleinere Rohrleitungsstücke aufgeteilt und zusätzliche Flanschverbindungen eingeplant werden.

- **Darstellungsfehler**

können bei einem unübersichtlichen (komplexen) Rohrleitungsverlauf in der Darstellung der Rohrleitungsrichtung und bei Versprüngen in einer Ebene oder im Raum (Schraffur) auftreten. Als Folge ist der eigentliche Rohrleitungsverlauf oft nicht klar zu erkennen (zu viele Rohrleitungen sind in einer isometrischen Zeichnung dargestellt).
Bei sehr komplexen Rohrleitungsverläufen mit mehreren Rohrleitungen sollte durch die Anfertigung mehrerer einzelnen Zeichnungen die Komplexität reduziert werden.

- **Bemaßungsfehler**

ergeben sich aus fehlerhaften Maßen, die nicht eindeutig von unten oder rechts lesbar sind.

- **Wirtschaftlichkeitsfehler**

können als Folge zu hoher Anforderungen an die Materialgüte und an den Nenndruck einer Rohrleitung auftreten. Darüber hinaus verhindern zu enge Rohrbögen den Einsatz von maschinell vorgefertigten Rohrleitungsteilstücken und erzeugen damit aufwendige Zusatzarbeiten.

1.6 Rohrsysteme

1.6.1 Längenausdehnung

Ändert sich die Temperatur oder die Belastung der Rohrleitung, dann ändert sich auch ihre Länge. Diese Längenausdehnung ist bei jeder Rohrleitung vorhanden, denn von der Montage bis zur Inbetriebnahme verändern sich die betrieblichen Rahmenbedingungen, beispielsweise durch den Wechsel der Außentemperatur oder die Temperatur des Produktes. Dabei ist die Ausdehnung in Längsrichtung der Rohrleitung von besonderer Bedeutung. Die Ausdehnung ist abhängig von der Länge der Rohrleitung, von der Temperaturdifferenz und von dem Wärmeausdehnungskoeffizienten des Rohrleitungswerkstoffes.

Beispiel Längenausdehnung bei einer Rohrleitung

Eine Temperaturerhöhung von 100 °C bewirkt bei einer 10 m langen Rohrleitung aus Edelstahl eine Ausdehnung von 17 mm.

Eine derartige Ausdehnung der Rohrleitung kann zu gravierenden Schäden an der Rohrleitung selbst oder an den angeschlossenen Apparateteilen führen. Die Auswirkungen temperaturbedingter Längenausdehnungen müssen also unbedingt vermieden werden. Dazu werden in der Rohrleitung natürliche oder künstliche Rohrdehnungsausgleicher vorgesehen.

Natürlicher Rohrdehnungsausgleich

Bei einem natürlichen Rohrdehnungsausgleich wird die Wärmeausdehnung durch Bögen in der Rohrleitung aufgefangen. Durch diese Maßnahme wird das seitliche Ausbiegen der Rohrleitung verhindert und damit eine unzulässige Beanspruchung der Rohrleitung und der Flanschverbindungen vermieden. Natürliche Rohrausdehnungsausgleiche sind einfache Winkelbogen, Z-Bogen oder U-Bogen.

Beispiel U-Bogen-Dehnungsausgleich

Beim U-Bogen-Dehnungsausgleich (Abbildung 1-46 und 1-47) nehmen zwei Rohre die Längenausdehnung auf.

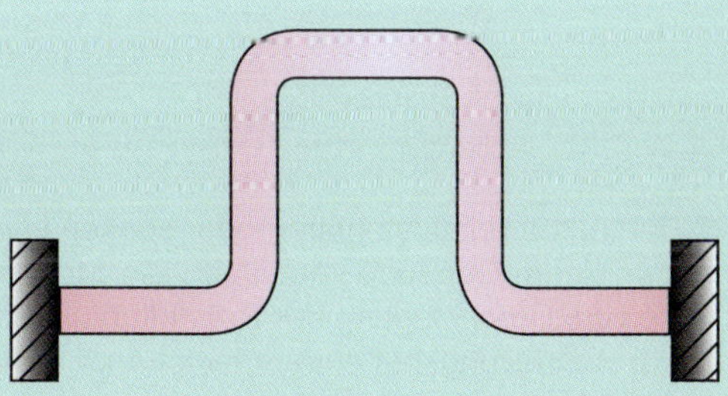

Abbildung 1-46 U-Bogen ohne thermische Belastung

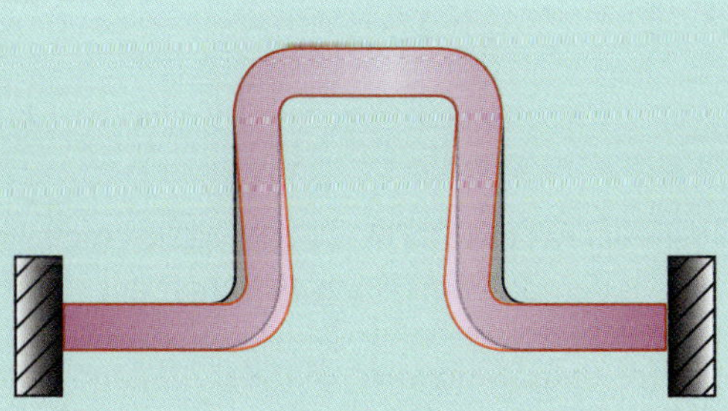

Abbildung 1-47 U-Bogen mit thermischer Belastung

Künstlicher Rohrdehnungsausgleich

Spezielle, für die Aufnahme der Längenausdehnung konstruierte Einrichtungen, werden als künstliche Dehnungsausgleicher bezeichnet. Es wird zwischen Kompensator und Stopfbuchsen-Dehnungsausgleicher unterschieden.

Beispiel Kompensator

Der Metallbalg nimmt durch das Eindrücken seiner ringförmigen Wellen die Längenausdehnung auf.

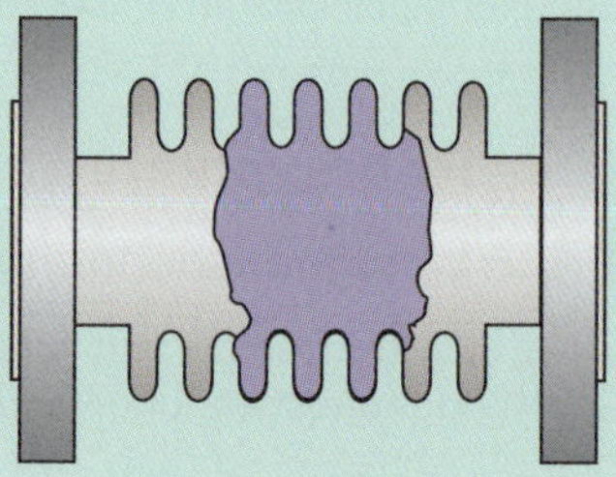

Abbildung 1-48 Schema eines Wellrohrkompensators

1.6.2 Rohrbefestigungen

Um die Kräfte, die durch das Eigengewicht der Rohrleitung und z. B. temperaturbedingter Längenänderung entstehen, aufzunehmen, werden Rohrbefestigungen montiert. Sie sollen, je nach Erfordernissen, Bewegungen der Rohrleitung verhindern oder ermöglichen.

Rohrleitungen werden in folgenden Varianten abgefangen:

- hängend (starr oder federnd)
- stützend (starr oder federnd)
- führend (gleitend, rollend oder gelenkig)
- blockend (dämpfend oder bremsend)

Beispiel Rohraufhängungen

Über ein Gestänge wird die Rohrschelle an der Decke oder einem Stahlträger befestigt. Rohraufhängungen werden eingesetzt bei kleineren Nennweiten oder wenn von unten oder seitlich keine Abstützung möglich ist. Durch ein Spannschloss kann die Höhenlage eingestellt werden.

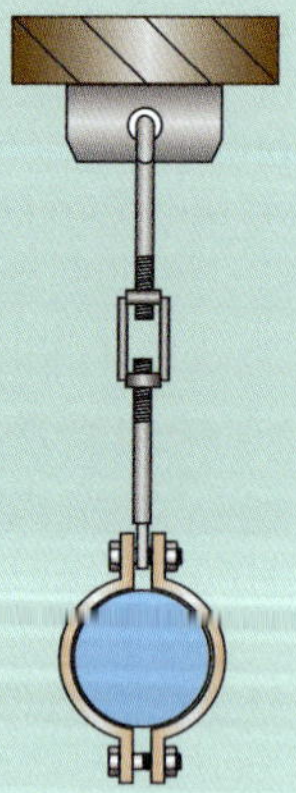

Abbildung 1-49 Rohraufhängung mit Spannschloss

Besteht die Möglichkeit, dass sich die Rohrleitung durch Temperatureinfluss heben oder senken kann, ist eine federnde Verbindung zwischen der Rohrhalterung und dem Gebäude vorteilhaft. Die Stützweiten der Rohrleitungsbefestigungen sind so zu wählen, dass eine Durchbiegung der Rohrleitung verhindert wird. Unter Stützweite wird der Abstand zwischen zwei Rohrleitungshalterungen verstanden. Beispiele verschiedener Rohrhalterungen zeigt die folgende Abbildung.

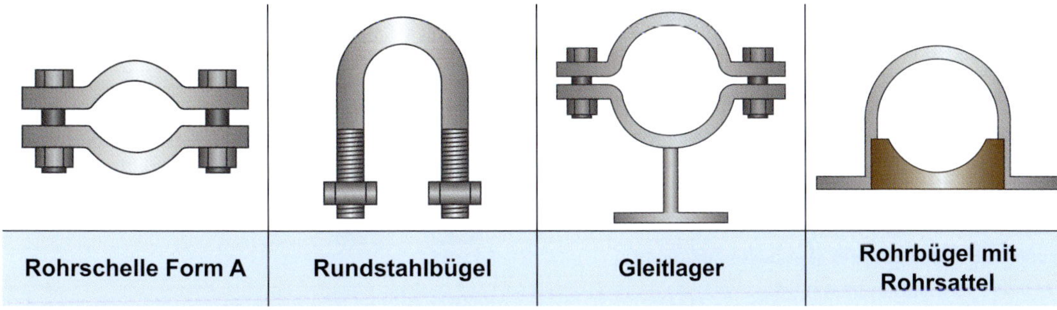

Abbildung 1-50 Rohrhalterungen

1.6.3 Grafische Symbole

Die grafischen Symbole für die Darstellung von Rohrleitungen sind in der DIN EN ISO 10628 festgelegt. Diese Norm beschreibt die internationalen Regeln für Fließschemata von verfahrenstechnischen Anlagen. Je nach den für die betreffende Anlage benötigten Angaben werden Grundfließschemata, Verfahrensfließschemata und RI-Fließschemata (Rohrleitungs- und Instrumentenschemata) unterschieden. Beispiele grafischer Symbole sind in Abbildung 1-51 zusammengestellt.

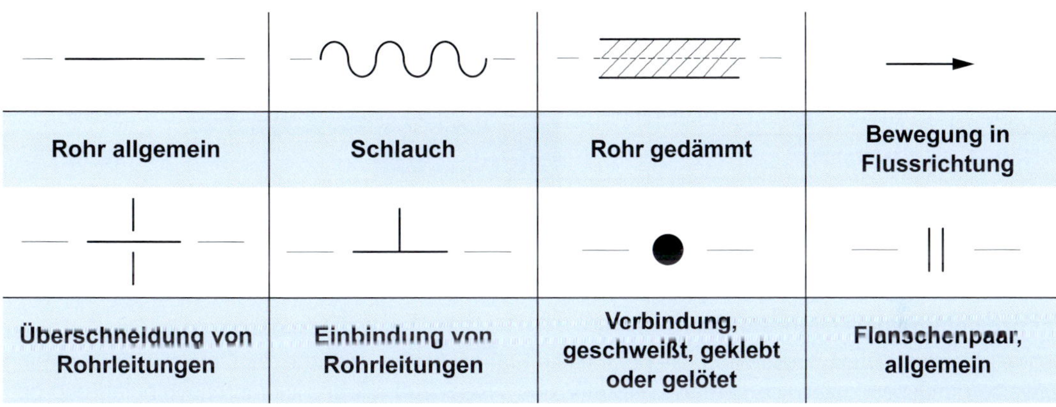

Abbildung 1-51 grafische Symbole nach DIN EN ISO

1.6.4 Kennzeichnung nach dem Durchflussstoff

Eine deutliche Kennzeichnung der Rohrleitungen nach dem Durchflussstoff ist im Interesse der Sicherheit, der sachgerechten Instandsetzung und der wirksamen Brandbekämpfung unerlässlich. Sie soll auf Gefahren hinweisen, um Personen-, Umwelt- und Sachschäden zu vermeiden.

Die Rohrleitungen werden eindeutig nach dem Durchflussstoff gekennzeichnet mittels

- Schildern oder Aufklebern mit Kenn- und gegebenenfalls Zusatzfarben und Beschriftungen

oder

- Farbringen und Feldern mit Kenn- und gegebenenfalls Zusatzfarben und Beschriftung

oder

- handelsüblichen Farbbändern mit Beschriftung.

Für Sauerstoff und Acetylenleitungen erfolgt die Farbkennzeichnung und Beschriftung auf der ganzen Länge.

Zuordnung der Farben zu dem Durchflussstoff

Rohrleitungen werden nach dem Durchflussstoff eindeutig durch Schilder gekennzeichnet. Der Durchflussstoff wird durch Wortangabe in einer fest definierten Farbe nach DIN 2403 angegeben. Zusätzlich ist die Fließrichtung des Durchflussstoffes der Rohrleitung anzugeben.
Die in den Rohrleitungen beförderten Medien werden nach ihren Eigenschaften in 10 Gruppen eingeteilt, deren Farben genormt sind. Grundsätzlich erfolgt die Kennzeichnung der Rohrleitungen nach DIN 2403. Einen Überblick gibt Tabelle 1-8.

Tabelle 1-8 Kennzeichnung von Rohrleitungen

Gruppe	Durchflussstoff	Gruppenfarbe	Zusatzfarbe	Schrift/Rand
1	Wasser	Grün		Weiß
2	Dampf	Rot		Weiß
3	Luft	Grau		Schwarz
4	brennbare Gase	Gelb*	Rot*	Schwarz
5	nichtbrennbare Gase	Gelb	Schwarz	Schwarz
6	Säuren	Orange		Schwarz
7	Laugen	Violett		Weiß
8	brennbare Flüssigkeiten	Braun*	Rot*	Weiß
9	nichtbrennbare Flüssigkeiten	Braun	Schwarz	Weiß
0	Sauerstoff	Blau		Weiß

* zur Kennzeichnung der Brennbarkeit werden die Markierungsspitzen gemäß DIN 2403 in roter Farbe ausgeführt

Kennzeichnung bei Gefahrstoffen

Rohrleitungen mit Durchflussstoffen, die gefährliche Eigenschaften im Sinne der Gefahrstoffverordnung aufweisen, müssen zusätzlich gemäß GefStoffV und TRGS 200 mit den Gefahrensymbolen und den zugehörigen Gefahrenbezeichnungen gekennzeichnet werden. Beispiele zeigen die Abbildungen 1-52 und 1-53.

Abbildung 1-52 Kennzeichnungsbeispiel brennbares Gas

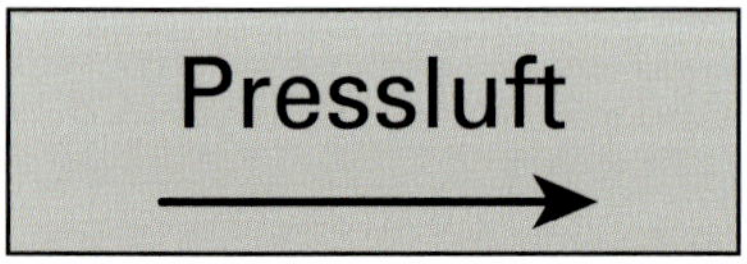

Abbildung 1-53 Kennzeichnungsbeispiel nichtbrennbares Gas

1.7 Fragen zum Kapitel Rohrleitungen und Rohrleitungssysteme

1. Durch eine Rohrleitung strömt eine Lauge. Mit welcher Kennfarbe wird die Rohrleitung gekennzeichnet?

2. Welches grafische Symbol wird verwendet, um ein Flanschenpaar allgemein darzustellen?

3. Um welche Rohrhalterung handelt es sich bei Abbildung 1-54?

Abbildung 1-54

4. Beschreiben Sie das Eindichten mit PTFE-Band. Welche Vorgabe ist besonders bedeutsam? Begründen Sie.

5. Erläutern Sie die Begriffe Nenndruck und Nennweite.

6. Welche Systeme werden verwendet, um eine Ausdehnung einer Rohrleitung abzufangen? Beschreiben Sie deren Wirkung.

7. Wie verändert sich die Strömungsgeschwindigkeit in einer Rohrleitung, wenn der Durchmesser der Rohrleitung halbiert wird? Begründen Sie.

8. Auf einem Schraubenkopf steht 12.9. Welche Bedeutung hat die Zahl 9?

9. Welche der folgenden Verbindungsarten ist nicht lösbar? Begründen Sie Ihre Aussage:
   1. Rohrverschraubung
   2. Muffenverbindung
   3. Flanschverbindung
   4. Schraubverbindung mit Abdichtung am Gewinde
   5. Schweißverbindung.

10. Beschreiben Sie die Montage einer Flanschverbindung.

11. Welche Typen von Schraubensicherungen finden Verwendung und wie unterscheiden sie sich?

12. Welche Unterschiede in der Konstruktion bestehen zwischen Klemmring- und Schneidringverbindung? Beschreiben Sie beide Verbindungstypen.

13. Welche Festigkeit wird wie folgt beschrieben: „Die äußeren Kräfte wirken in Richtung der Stabachse und verlängern den Stab"? Mögliche Antworten sind:
    1. Druckfestigkeit
    2. Zugfestigkeit
    3. Biegefestigkeit
    4. Schubfestigkeit
    5. Verdrehfestigkeit

2 Armaturen

Der Begriff Armatur, von lat. armatura, bedeutet die Bewaffnung beziehungsweise die Ausrüstung.

2.1 Einführung

Armaturen haben in der chemischen Anlage verschiedene Aufgaben und Anforderungen zu erfüllen. Die Hauptaufgabe einer Armatur ist es, den Flüssigkeits- oder Gasstrom gezielt zu verändern. Dabei werden Prozessparameter, wie z. B. der Druck und der Volumenstrom, beeinflusst.

Definition: Eine Armatur ist ein Rohrleitungsteil, das den Medienstrom durch Öffnen und Schließen oder teilweises Absperren des Durchflusskanals oder durch Teilen oder Mischen des Medienstromes beeinflusst (DIN EN 736-1).

Bedingt durch die unterschiedlichen Anforderungen, die an eine Armatur gestellt werden, gibt es eine Vielzahl verschiedener Armaturentypen.

2.2 Einteilung der Armaturen nach dem Aufbau

Armaturen werden nach Konstruktionsmerkmalen in 5 Grundbauarten eingeteilt. Einteilungskriterien sind dabei die Relativbewegung des Absperrkörpers und die Strömungsrichtung im Absperrbereich.

Tabelle 2-1 Armaturengrundtypen

Grundbauart	Relativbewegung des Absprerrkörpers	Schematische Darstellung	Strömungsrichtung im Absperrbereich
Ventil	geradlinige Bewegung	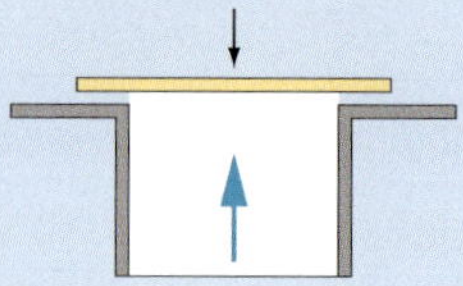	in der Richtung der Bewegung des Absperrkörpers
Schieber	geradlinige Bewegung	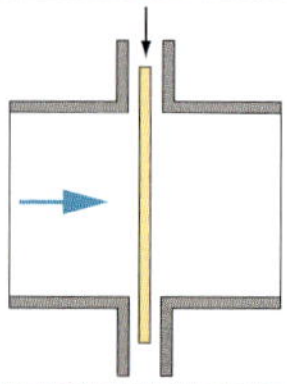	quer zur Richtung des Absperrkörpers
Hahn	Drehung um die Achse und quer zur Strömung	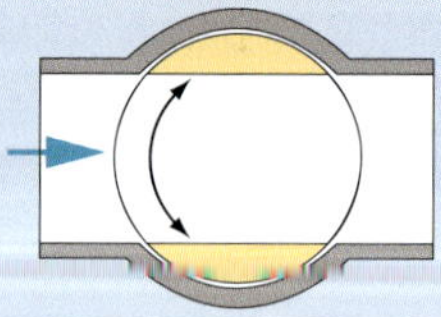	durch den Absperrkörper
Klappe	Drehung um die Achse und quer zur Strömung	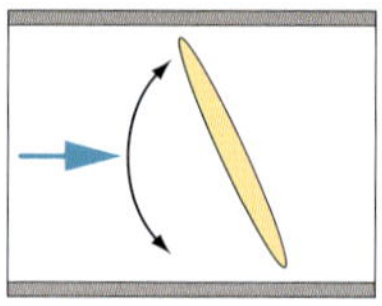	um den Absperrkörper
Membran-armatur	Deformation eines flexiblen Bauteils	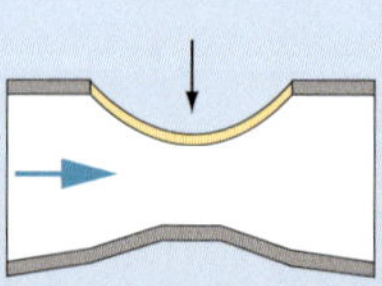	je nach Ausführung

2.2.1 Anforderungen an Armaturen

Die Anforderungen, die an eine Armatur gestellt werden, sind in Abbildung 2-1 dargestellt.

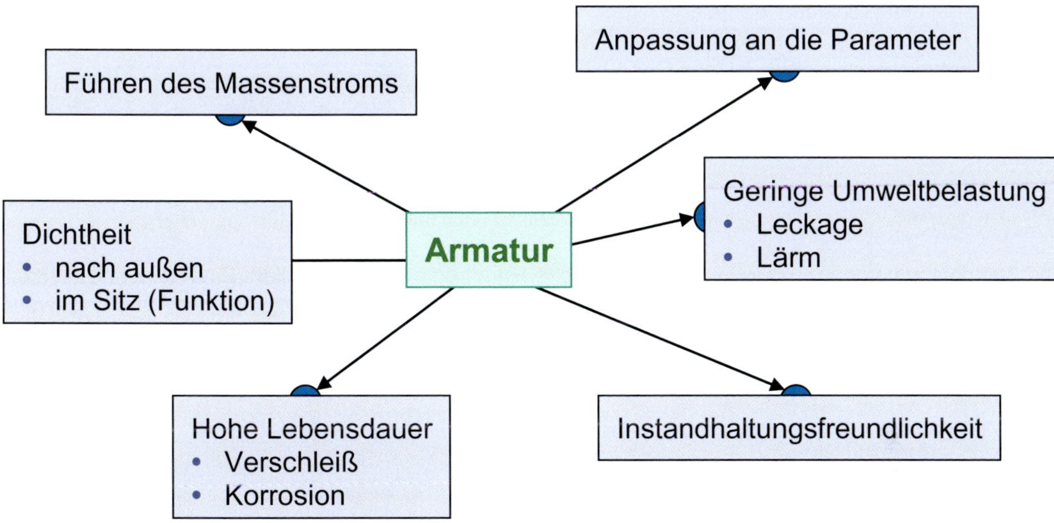

Abbildung 2-1 Anforderungen an Armaturen

Eine Armatur muss die Aufgaben Absperren, Stellen und Absichern erfüllen. Das **Absperren** wird durch formschlüssigen Sitz des Absperrkörpers mit möglichst zusätzlicher Anpresskraft erreicht. Unter **Stellen** wird die Veränderung des Durchflusses nach vorgegebenen bzw. erwünschten Parametern verstanden. Dabei soll der Druckverlust in Offenstellung und in jeder Stellung zwischen „Auf" und „Zu" möglichst gering sein. Das **Absichern** soll selbsttätig vom Eigenmedium gesteuert und/oder bei Druckveränderung (Δp) erfolgen. Diesen drei Aufgabenstellungen lassen sich die Armaturengrundtypen zuordnen, denn nicht jeder Armaturengrundtyp ist für alle Aufgaben geeignet (Abbildung 2-2).

Als Absperrarmaturen können alle fünf Grundtypen der Armaturen eingesetzt werden. Der Einsatzbereich wird durch die notwendige Schließkraft begrenzt. Stellarmaturen sollen regeln, d. h. einen definierten Öffnungszustand zwischen „Auf" und „Zu" ermöglichen. Für diese Aufgabe werden Ventile, Klappen, Membranarmaturen und bedingt Hähne eingebaut. Um unzulässige Betriebszustände zu verhindern werden Sicherheitsarmaturen, die sich im Aufbau Ventilen und Klappen zuordnen lassen, verwendet.

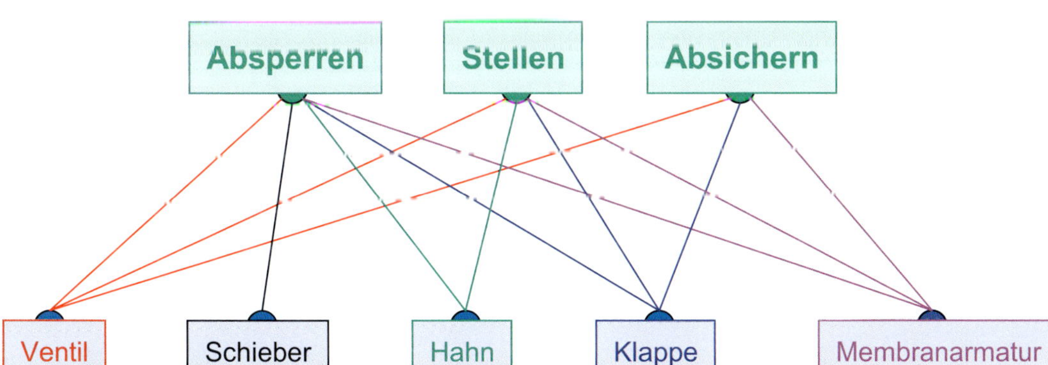

Abbildung 2-2 Aufgaben von Armaturen

2.2.2 Dichtheit nach außen

Wird die Dichtheit einer Armatur beurteilt, muss sowohl die Dichtheit nach außen (zur Umwelt) als auch die Dichtheit nach innen (im Sitz) unterschieden werden.

Die Abdichtung nach außen ist am Gehäusedeckel und an der Spindeldurchführung erforderlich.

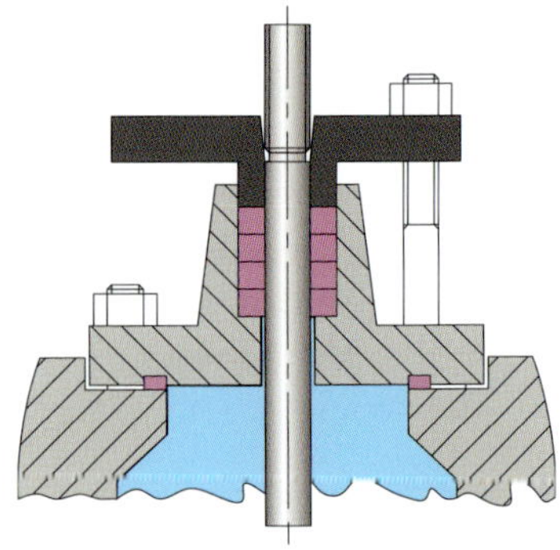

Abbildung 2-3 Dichtheit nach außen

Die Spindelabdichtung muss zwei unterschiedliche Randbedingungen erfüllen. Einerseits soll sie nach außen dicht sein, anderseits muss sie frei beweglich sein, damit die Stellfunktion der Armatur gewährleistet werden kann. Die Spindelabdichtungen werden in verschiedenen Abdichtungsformen ausgeführt. Sehr häufig kommt die Ausführung als Stopfbuchspackung zum Einsatz.

Beispiel Stopfbuchspackung

Die Stopfbuchse besteht aus mehreren Einzelringen, die in einen Raum (Stopfbuchsraum) um das abzudichtende Bauteil (z. B. Spindel, Welle) eingelegt werden. Mithilfe der Stopfbuchsbrille werden diese Ringe, auch Packung genannt, in axialer Richtung verdichtet. Der dadurch erzeugte Druck wirkt als Flächenpressung zwischen Spindel und Packung und sorgt so für die Abdichtung. Die Packungsbrille muss regelmäßig kontrolliert und nachgezogen werden.

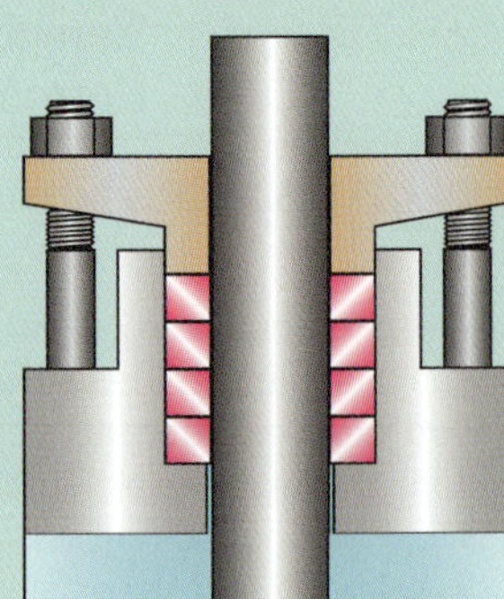

Abbildung 2-4 Schema einer Stopfbuchspackung

Eine immer größere Bedeutung findet in der chemischen Industrie die Spindelabdichtung mit Faltenbalg. Sie wird dort eingesetzt, wo giftige, gesundheitsschädliche, brennbare oder explosive Durchflussmedien transportiert werden müssen.

Beispiel Faltenbalgabdichtung

Der Faltenbalg ist zwischen dem Gehäusedeckel und dem Armaturengehäuse angeordnet. Diese Abdichtungsform gilt als technisch dicht. Die Anschaffungskosten sind im Vergleich zu Stopfbuchsabdichtungen deutlich höher. Für kristallisierende und mit Feststoff belastete Fluide ist diese Abdichtung ungeeignet, da der Faltenbalg durch Feststoffe in seiner Funktion beeinträchtigt werden kann. Die Druckbelastung ist konstruktionsbedingt auf 40 bar begrenzt.

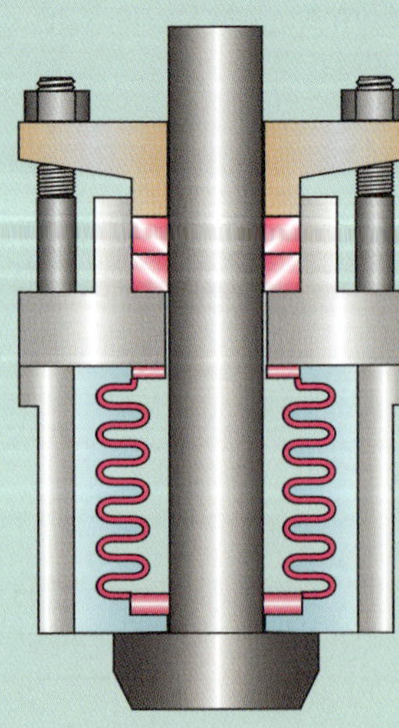

Abbildung 2-5 Schema einer Faltenbalgabdichtung mit Sicherheitsstopfbuchse

2.2.3 Dichtheit nach innen

Die Armaturen müssen die erforderliche Dichtheit, die durch eine zulässige Leckagerate im Sitz (Absperrkörper) definiert ist, aufweisen. Die zulässige Leckagerate wird vom Hersteller angegeben. Die Prüfung erfolgt nach einer DIN EN-Norm.

Die Dichtheit im Sitz wird erreicht durch:

- geometrische Form (flach/konisch)
- Oberflächengüte (läppen)
- Flächenpressung (Spindelkräfte)
- Formsteifigkeit (Gehäuse)

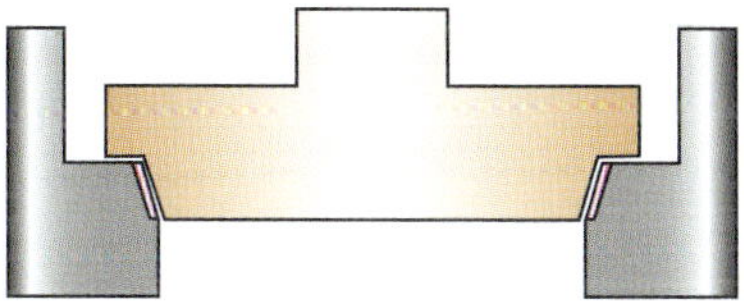

Abbildung 2-6 geometrische Form

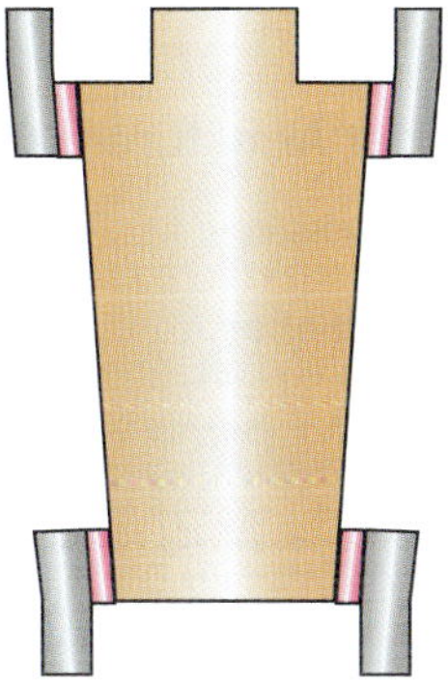

Abbildung 2-7 Flächenpressung

Die Dichtflächen der Armaturen müssen hart und korrosionsfest sein. Dazu sind bei Schiebern möglichst gute Gleiteigenschaften der Dichtflächen erforderlich. Nur wenn die genannten Eigenschaften vorhanden sind, können die Armaturen über einen genügend langen Zeitraum ihre Funktion erfüllen.

2.2.4 Druckverluste in Armaturen

Jede Armatur erzeugt in der Rohrleitung einen Widerstand, der der Strömung des Durchflussmediums entgegenwirkt und so einen zusätzlichen Druckverlust erzeugt.

Für den Druckverlust in Armaturen gilt folgender Ansatz:

$$p_V = \zeta \cdot \frac{\rho \cdot v^2}{2}$$

mit

ζ – Verlustbeiwert
ρ = Dichte
v = Strömungsgeschwindigkeit
p_V = Druckverlust

Wie in der Gleichung erkennbar, ist der Druckverlust vom Verlustbeiwert, der Dichte des Mediums und vor allem von der Strömungsgeschwindigkeit abhängig. Der Verlustbeiwert ζ (Zeta) wird in praktischen Versuchen ermittelt und ist in Tabelle 2-2 für einige Armaturen zusammengestellt.

Tabelle 2-2 Verlustbeiwert von Armaturen

Art der Armatur	Verlustbeiwert (min. – max.)				
	DN 15	DN 50	DN 100	DN 200	DN 300
Flachschieber	0,10 – 0,65	0,10 – 0,45	0,10 – 0,30	0,10 – 0,30	0,10 – 0,30
Kugelhahn	0,10 – 0,15	0,08 – 0,15	0,06 – 0,15	0,04 – 0,15	0,03 – 0,15
Klappe		0,76	0,42	0,25 – 1,20	0,16 – 0,92
Ventil, gegossen	3,00 – 6,00	3,00 – 6,00	3,00 – 6,00	3,00 – 6,00	3,00 – 6,00
Membranventil	0,80 – 2,20	0,80 – 2,20	0,80 – 2,20	0,80 – 2,20	

2.2.5 Eigenschaften der Armaturen (Grundbauarten)

Tabelle 2-3 Eigenschaften der Armaturen

Eigenschaft	Schieber	Ventil Geradsitz	Kugelhahn	Klappe	Membran -ventil
Drosselbarkeit	☹☹	☺☺	☹	☹	☺
Molchbarkeit *	☺☺	☹☹	☺☺	☹	☹ (☺)
freier Durchgang	☺☺	☹☹	☺☺	☹	☺ (☺☺)
Totraumfreiheit **	☹☹	☺	☹ (☺)	☺☺	☺
Widerstandsbeiwert	☺☺	☹	☺☺	☺☺	☺ (☺☺)
Gewicht	☹	☹	☹	☺☺	☹
Platzbedarf	☺/☹☹	☹☹/☺	☺	☺☺	☹☹/☺

(☺ Vorteil ☹ Nachteil ☺☺ großer Vorteil ☹☹ großer Nachteil *** / ****)

* beim Molchen wird ein kugelförmiger Kunststoffschwamm zur Reinigung durch die Rohrleitung gedrückt

** unter Totraum versteht man den Hohlraum, der konstruktionsbedingt in einigen Armaturen vorhanden ist

*** Angaben in Klammern bedeuten, dass es diese Armatur in Bauarten mit und ohne der bewerteten Eigenschaft gibt

**** Angaben mit Schrägstrich: Platzbedarf innerhalb / außerhalb der Rohrleitung

2.3 Armaturengrundbauarten

2.3.1 Allgemeine Unterteilung

Die einzelnen Armaturengrundbauarten werden nach folgenden Kriterien unterteilt:

- **Gehäuseform**

Hauptteil der Armatur, der das Gehäuse mit den Durchflusskanälen beinhaltet.

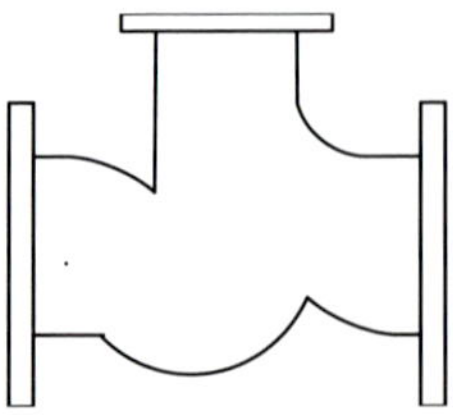

Abbildung 2-8 Gehäuseform

- **Oberteil**

Deckel des Gehäuses, der die Öffnung für den Durchgang des Betätigungsorgans enthält.

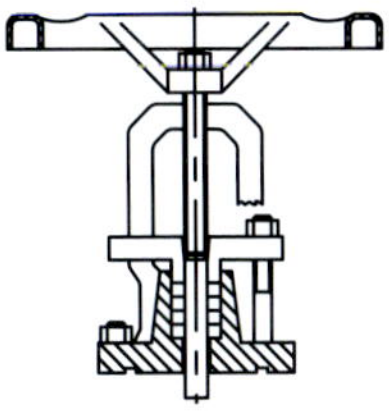

Abbildung 2-9 Oberteil

- **Absperrkörper**

Teil der Armatur, das den Durchflussweg für das Medium beeinflusst.

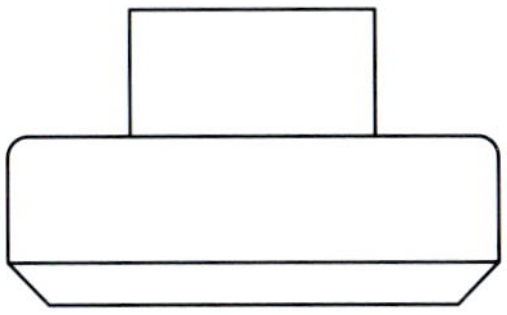

Abbildung 2-10 Absperrkörper

Weiterhin wird nach **Sitz** des Absperrkörpers, **Lagerung** des Absperrkörpers und **Form des Durchgangs** unterschieden.

2.3.2 Ventile

Ventile sind die am häufigsten eingesetzten Absperrarmaturen. Sie werden nicht nur zum Öffnen und Schließen, sondern auch zum genauen Regulieren des Durchflusses benutzt. Nachteilig wirkt sich bei Ventilen die Umlenkung des Stoffstromes innerhalb des Gehäuses aus. Durch diese Richtungsänderung erfährt der Flüssigkeitsstrom einen größeren Widerstand als bei den vergleichbaren anderen Armaturengrundtypen. Bei Ventilen ist die Richtung des Durchflusses bei der Montage zu beachten. Die Richtung ist auf der Armatur durch einen Pfeil gekennzeichnet.

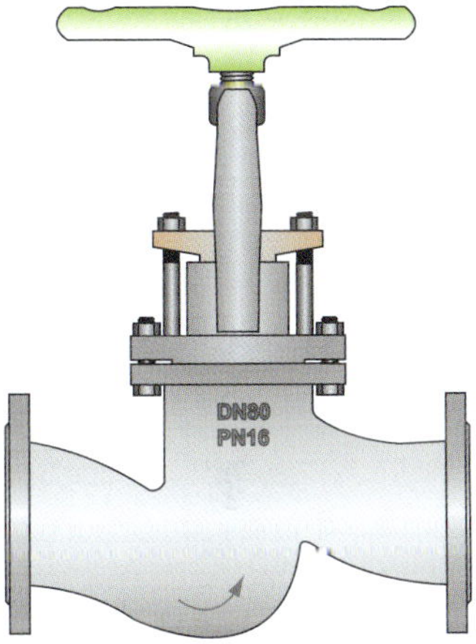

Abbildung 2-11 Ventil

Ventilbauarten

Ventile werden in vielen verschiedenen Bauarten ausgeführt. Die folgenden Ausführungen werden häufiger verwendet:

- Kopfstückventil
- Kolbenabsperrventil (gerade oder schräg)
- Absperrventil mit Faltenbalg
- Magnetventil
- Aufsatzventil (gerade oder schräg)
- Eckventil

Unterscheidung nach der Bauform

- **Gehäuseform**

Die Gehäuse werden in verschiedenen Ausführungen hergestellt, wie z. B. der Geradform, Schrägform, Eckform oder der Axialform. Die Höhe des Gehäuses ist abhängig vom Hub, der Spindelanordnung und von der Nennweite (DN).

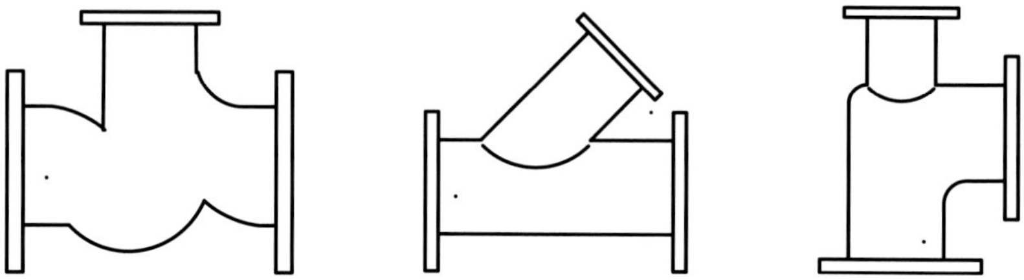

Abbildung 2-12 Gehäuseformen von Ventilen

- **Oberteil**

Eindeutiges Unterscheidungsmerkmal der Oberteile ist die Lage des Spindelgewindes.

Abbildung 2-13 Oberteile von Ventilen

- **Absperrkörper**

Die Absperrkörper werden in verschiedensten Varianten ausgeführt.

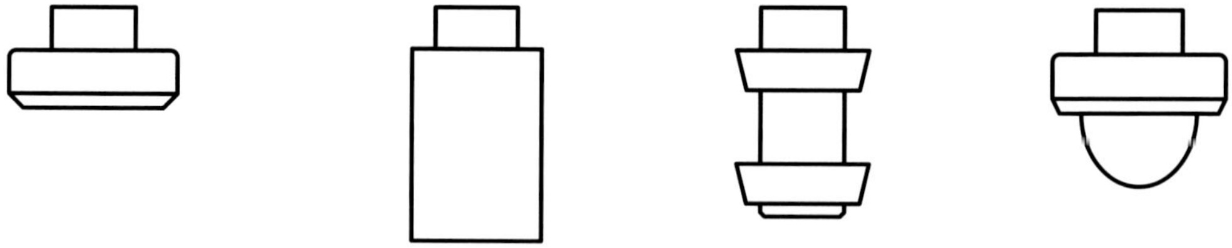

Abbildung 2-14 Absperrkörper von Ventilen

- **Sitz**

Die Dichtflächen werden hauptsächlich mit flachem oder konischem Sitz ausgeführt (Abbildung 2-15). Flache Dichtflächen sind nicht so empfindlich gegen Fremdkörper. Konische Dichtflächen sind strömungsgünstiger und dichten besser ab als solche mit flacher Form. Die Kantensitzabdichtung dichtet auf einer schmalen Linie ab und zeigt sehr gutes Dichtverhalten. Sie ist aber sehr empfindlich gegen Beschädigungen oder Verschleiß.

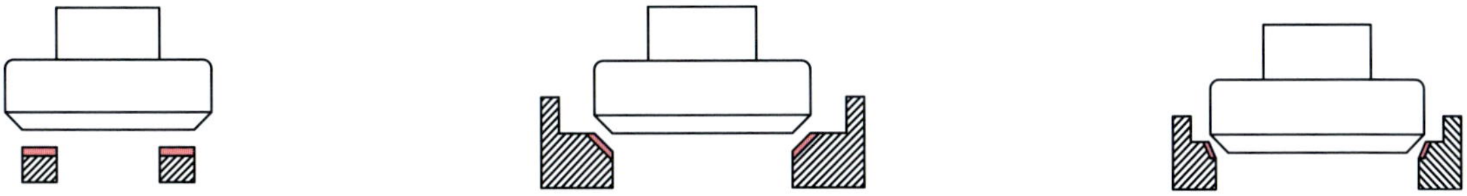

Abbildung 2-15 Sitz bei Ventilen

Weiterhin werden Ventile nach der **Verbindung der Gehäuseteile** und der **Spindeldurchführung** unterschieden.

Ventilausführungen

Die nachfolgenden Bilder zeigen typische Beispiele für Ventilausführungen.

Beispiel Kopfstückventil

Die Baugröße von Kopfstückventilen ist in der Regel auf Kleinventile (DN15) beschränkt. Sie werden ohne Bügelaufsatz und mit einem innen liegenden Spindelgewinde hergestellt. Die Stopfbuchspackung wird mit der Hilfe eines Stopfbuchsringes und einer Spindelmutter angezogen. Kopfstückventile finden ihre Anwendung z. B. für Entwässerungen oder Entlüftungs- und Messleitungen.

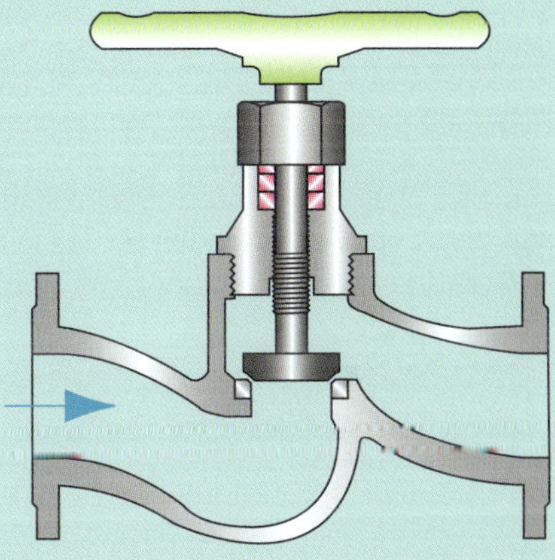

Abbildung 2-16 Schema eines Kopfstückventils

Beispiel Aufsatzventil

Aufsatzventile sind für hohe Belastungen geeignet. Sie werden als Geradform, Schrägform und Eckform ausgeführt. Die Schrägform zeichnet sich durch einen geringeren Strömungswiderstand aus. In der Regel liegt das Spindelgewinde außen, infolgedessen das Ventil im Betrieb unempfindlicher ist. Aufsatzventile haben einen langen Stopfbuchsenraum.

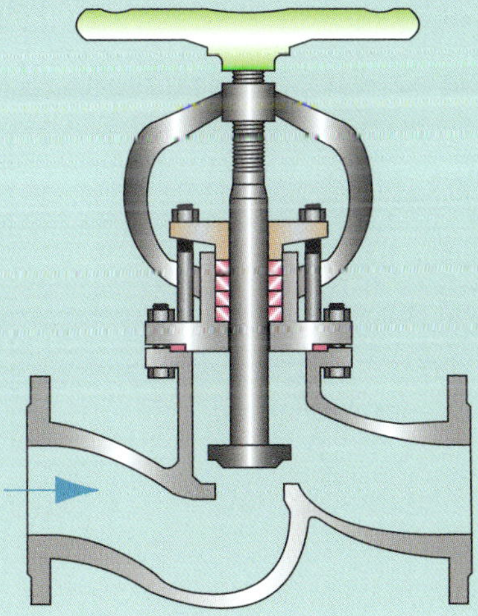

Abbildung 2-17 Schema eines Aufsatzventils

Beispiel Absperrventil mit Faltenbalg

Absperrventile mit Faltenbalg sind hermetisch dicht. Ist der Faltenbalg mit dem Abschlusskörper verbunden, darf sich durch das Drehen der Spindel der Absperrkörper nicht mitdrehen. Daher wird das Faltenbalgventil meistens mit einer nicht drehenden Spindel gebaut. Das Ventil ist mit dem Faltenbalg waagerecht nach oben zu montieren (bevorzugte Einbaulage). Es wird auch mit Sicherheitsstopfbuchse gefertigt.

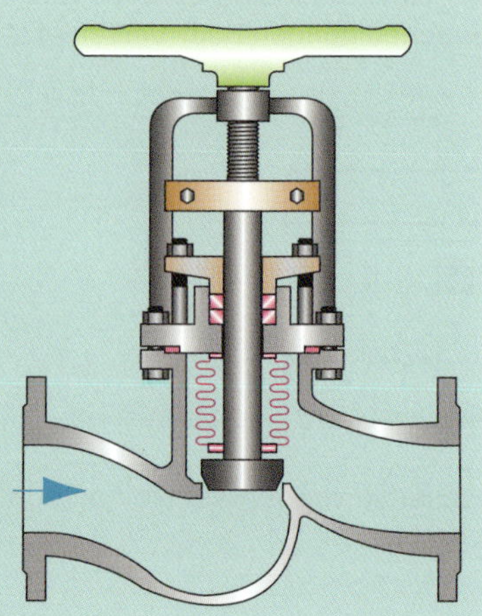

Abbildung 2-18 Schema eines Absperrventils mit Faltenbalg

Beispiel Kolbenabsperrventil

Im Kolbenabsperrventil wird der Absperrkörper in einer Laterne geführt und dichtet durch zwei Ringe nach außen und im Sitz ab. Kolbenabsperrventile sind reine Absperrarmaturen und keine Regelarmaturen. Sie sind weitgehend unempfindlich gegen Schmutz oder abrasive Medien, da die Dichtfläche durch das Öffnen und Schließen in den Packungsringen selbstreinigend ist und durch die Strömung des Mediums nicht so stark beeinflusst wird.

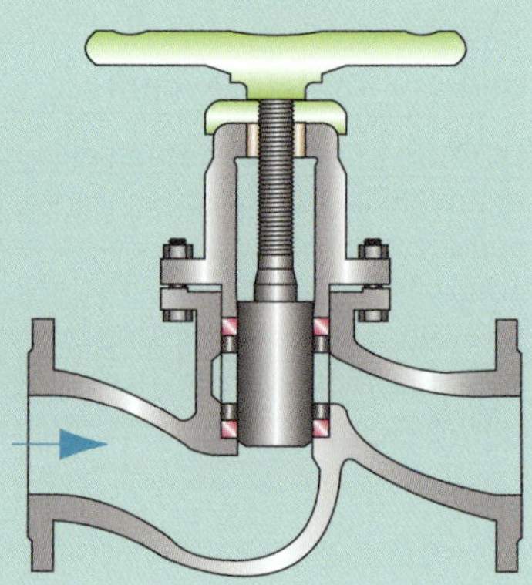

Abbildung 2-19 Schema eines Kolbenabsperrventils

Einsatzhinweise

Ventile werden in der chemischen Industrie in vielen Anwendungsbereichen eingesetzt. Die wichtigsten Vor- und Nachteile sind nachfolgend aufgeführt.

Tabelle 2-4 Vor- und Nachteile von Ventilen

Vorteile	Nachteile
universell einsetzbar	hohe Druckverluste
häufige Betätigung	große Schließkräfte
hohe Drücke und Temperaturen	der Kegel verbleibt in der Offenstellung im Fluidstrom (außer Kolbenschieberventil)
leichte Instandhaltung	Fluide, die zur Ablagerung neigen, beeinflussen die Funktion

2.3.3 Schieber

Schieber sind Absperrorgane, bei denen ein platten- oder keilförmiger Absperrkörper senkrecht zur Fließrichtung den Stoffstrom absperrt. Der Absperrkörper wird über eine Spindel mittels Handrad betätigt, wodurch ein schnelles Öffnen und Schließen nicht möglich ist. Sie werden hauptsächlich als Absperrarmaturen eingesetzt. Sie haben einen freien Durchgang und können in beiden Richtungen durchströmt werden. Wird der Schieber geschlossen, so dichtet er an der gegenüberliegenden Seite des Mediums ab.

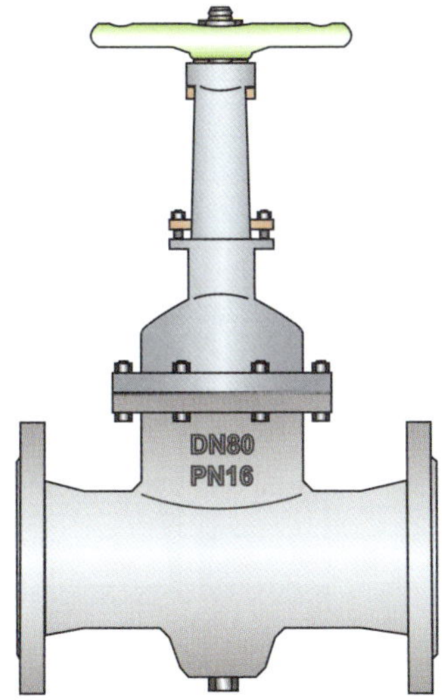

Abbildung 2-20 Schieber

Schieberbauarten

Die nachfolgenden Bilder zeigen typische Beispiele für Schieberausführungen.

- Rundschieber
- Ovalschieber
- Flachschieber (nach dem Gehäuse oder nach dem Absperrkörper)
- Keilschieber
- Keilplattenschieber
- Leitrohrschieber
- Plattenschieber
- Parallelplattenschieber

Unterscheidung nach der Bauform

- **Gehäuseform**

Schieber werden mit drei verschiedenen Gehäuseformen (Flach-, Oval- und Rundform) hergestellt. Jede Bauform kommt bis zu einer maximalen Nenndruckstufe zum Einsatz. Das Einsatzgebiet der Flachschieber reicht bis PN16, das der Ovalschieber bis PN40. Rundschieber werden für Drücke ab PN40 verwendet.

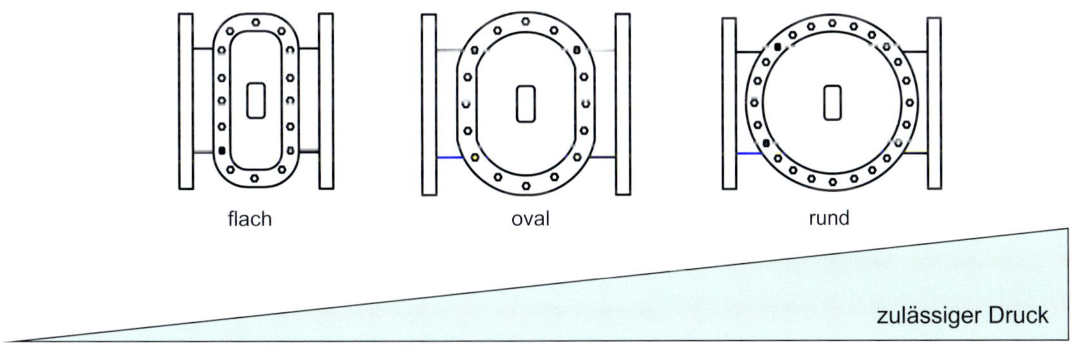

Abbildung 2-21 Gehäuseformen bei Schiebern

- **Oberteil**

Nach der Lage des Spindelgewindes werden innen und außen liegende Spindelgewinde unterschieden. Die Spindel kann dabei steigend oder nicht steigend, drehend oder nicht drehend ausgeführt sein. Je nach Verwendungszweck des Schiebers werden die verschiedenen Spindelanordnungen eingesetzt.

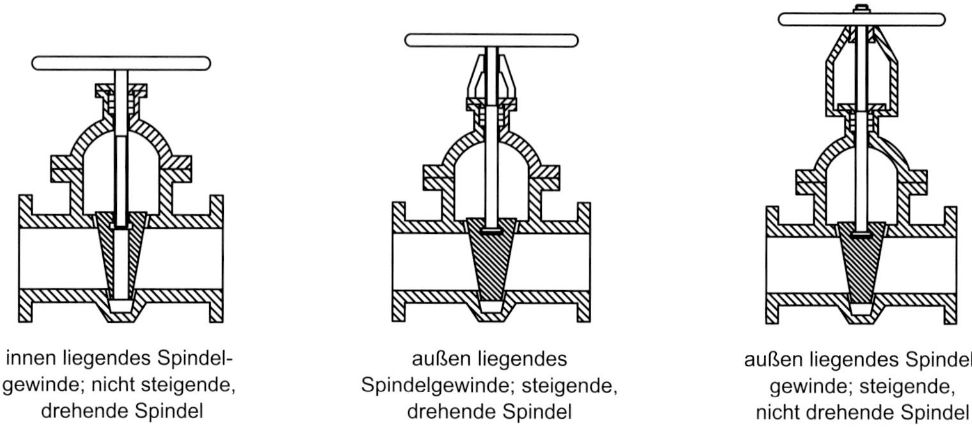

Abbildung 2-22 Oberteile bei Schiebern

Bei innen liegendem Spindelgewinde ist das Handrad nicht steigend, wodurch weniger Raum für den Einbau benötigt wird. Die Spindel ist jedoch den Einflüssen des Mediums ausgesetzt. Bei außen liegendem Spindelgewinde kommt die Spindel nicht mit dem Durchflussstoff in Berührung (geeignet für aggressive, Verschleiß fördernde Medien). Hohe Drücke und Temperaturen machen den Einsatz eines Schiebers mit außen liegendem Spindelgewinde und mit steigender, nicht drehender Spindel erforderlich.

- **Absperrkörper**

Bei den Bauformen der Absperrkörper werden Platten, Parallelplatten, Leitrohrplatten, starrer Keil, elastischer Keil und Keilplatten unterschieden. Der Einsatz der unterschiedlichen Absperrkörper ist abhängig von der mechanischen Dichtflächenbeanspruchung (Reibung). Diese Reibung ist wiederum abhängig vom Druck und der Temperatur des Mediums und dem Werkstoff des Schiebers.

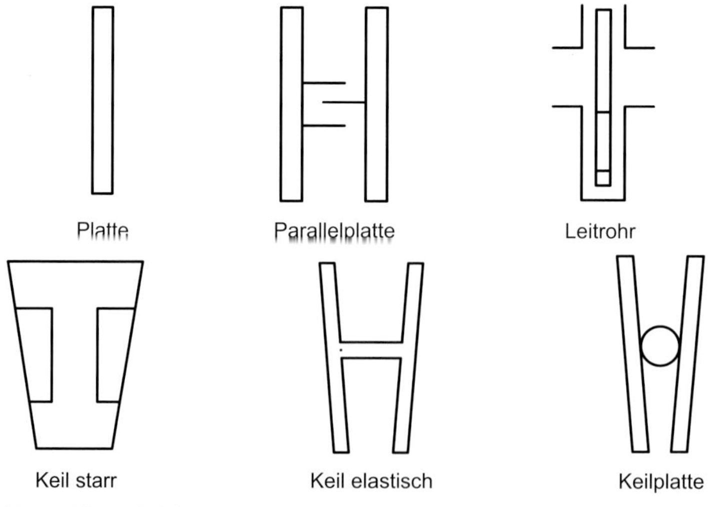

Abbildung 2-23 Absperrkörper bei Schiebern

Schieber werden auch nach der **Verbindung der Gehäuseteile** und der **Spindeldurchführung** unterschieden.

Schieberausführungen

Es folgen einige Beispiele für typische Schieberausführungen.

Beispiel Schieber mit starrem Keil

Schieber mit starrem Keil werden für mittlere Drücke und Temperaturen eingesetzt, hauptsächlich als Flach- und Ovalschieber. Der Absperrkörper ist ein starrer Keil. Der Vorteil dieser Bauart liegt in den einfachen und nicht beweglichen Teilen. Nachteilig ist, dass der Keil bei Temperaturänderungen oder Veränderungen der Rohrleitungskräfte festklemmen kann, weil er nicht elastisch verformbar ist. Die Spindel dreht sich, ist aber nicht steigend. Das Spindelgewinde liegt innen.

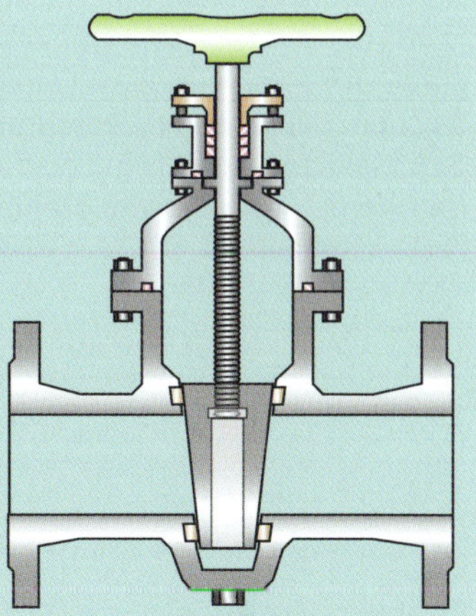

Abbildung 2-24 Schema eines Schiebers mit starrem Keil

Beispiel Schieber mit elastischem Keil

Schieber mit elastischem Keil werden bevorzugt bei mittleren Drücken und Temperaturen eingesetzt. Der Absperrkörper ist ein elastischer Keil, der verformbar ist und leichte Winkelabweichungen in der Abdichtung ausgleichen kann. Das Spindelgewinde liegt außen und die Spindel steigt, wobei sie sich nicht dreht.

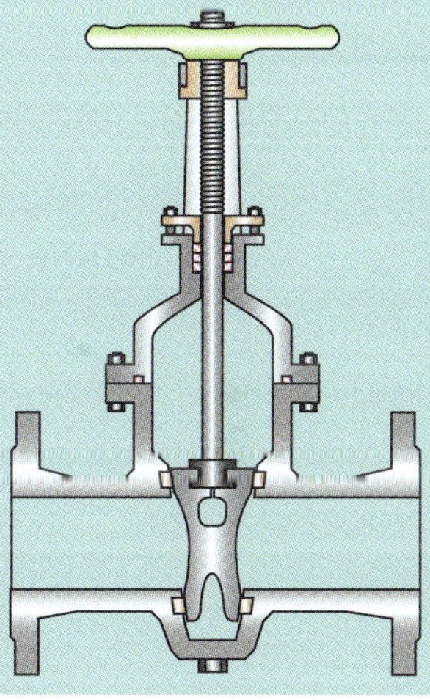

Abbildung 2-25 Schema eines Schiebers mit elastischem Keil

Beispiel Schieber mit Parallelplatten

Parallelplattenschieber haben eine hohe Dichtwirkung. Der Absperrkörper besteht aus zwei beweglich geführten parallelen Platten. Die Öffnungskräfte des Parallelschiebers sind gering. Durch die beweglichen Teile ist er allerdings störanfällig und die Platten können durch die Strömung in Offenstellung flattern. Federn drücken die Platten gegen den Sitz. Die Spindel ist steigend und drehend. Das Spindelgewinde liegt außen.

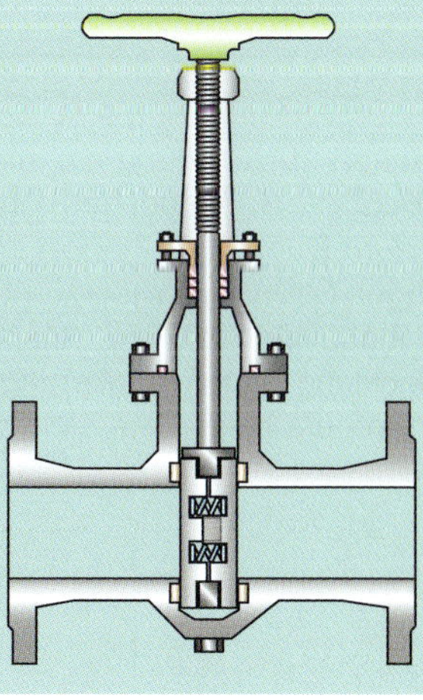

Abbildung 2-26 Schema eines Schiebers mit Parallelplatten

Beispiel Schieber mit Leitrohrplatte

Schieber mit einer Leitrohrplatte werden vorrangig für spezielle Aufgaben eingesetzt. Sie lassen sich gut im eingebauten Zustand (z. B. durch Molchen) reinigen. Außerdem vermindert die Leitrohrplatte mit seinem glatten Durchlass die Ablagerung von Schmutzteilchen. Schieber mit Leitrohrplatte können durch den sogenannten Schiebersack optisch gut von den anderen Schiebern unterschieden werden. Die Spindel dreht sich und steigt. Das Spindelgewinde liegt außen.

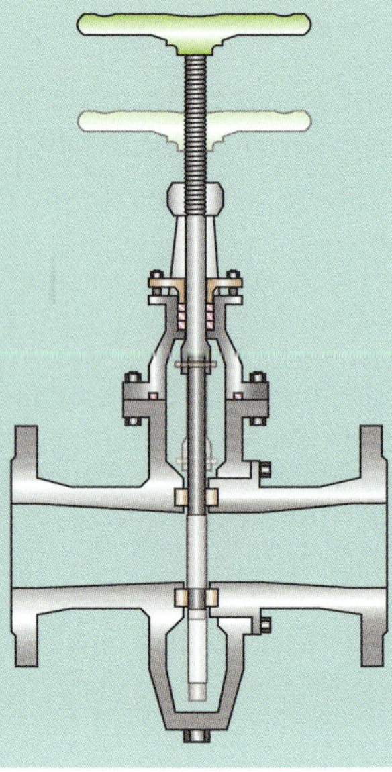

Abbildung 2-27 Schema eines Schiebers mit Leitrohrplatte

Einsatzhinweise

Die Vor- und Nachteile von Schiebern sind in Tabelle 2-5 zusammengestellt.

Tabelle 2-5 Vor- und Nachteile von Schiebern

Vorteile	Nachteile
geringer Druckverlust	große Bauhöhe
Durchflussrichtung ist unabhängig	großer Hub (bei steigender Spindel)
hohe Drücke und Temperaturen	Dichtflächen gleiten aufeinander (Reibung)
beliebige Einbaulage	für häufige Betätigung bedingt geeignet
große Nennweiten	großer Totraum

2.3.4 Hahn

Der Hahn ist eine Drehkörperarmatur. Im Gehäuse eines Hahns befindet sich ein drehbarer Absperrkörper (Küken oder Kugel), der durch 90° Drehung ein schnelles Öffnen und Schließen ermöglicht (z. B. Notabsperrvorrichtung/Notduschen). Hähne mit geradem Durchgang haben im geöffneten Zustand einen sehr geringen Strömungswiderstand (strömungsgünstig). Hähne werden hauptsächlich als Absperrarmaturen eingesetzt. Durch Entwicklung neuer Profilierungen im Durchflussbereich des Absperrkörpers lassen sie sich zunehmend auch als Stellarmaturen einsetzen.

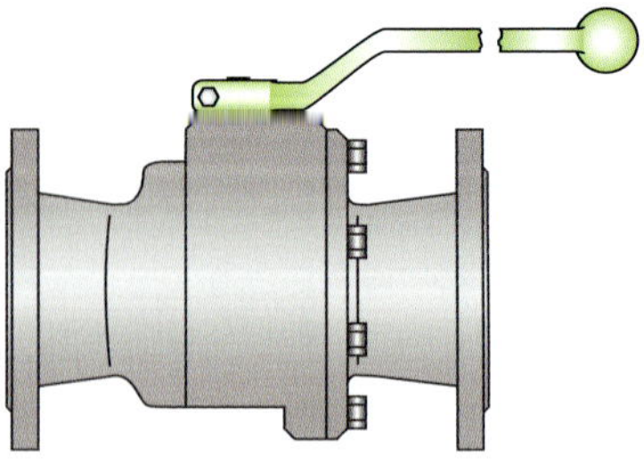

Abbildung 2-28 Hahn

Hahnbauarten

Hähne werden in vielen verschiedenen Bauarten ausgeführt. Folgende Ausführungen gibt es beispielsweise:

- Kugelhähne
- Kükenhähne

Weiterhin werden sie unterschieden nach ihrem konstruktiven Aufbau, zum Beispiel danach, ob die Kugel im Kugelhahn schwimmend oder zapfend gelagert ist.

Unterscheidung nach der Bauform

- **Gehäuseform**

Es werden ein-, zwei- oder dreiteilige Gehäuse unterschieden.

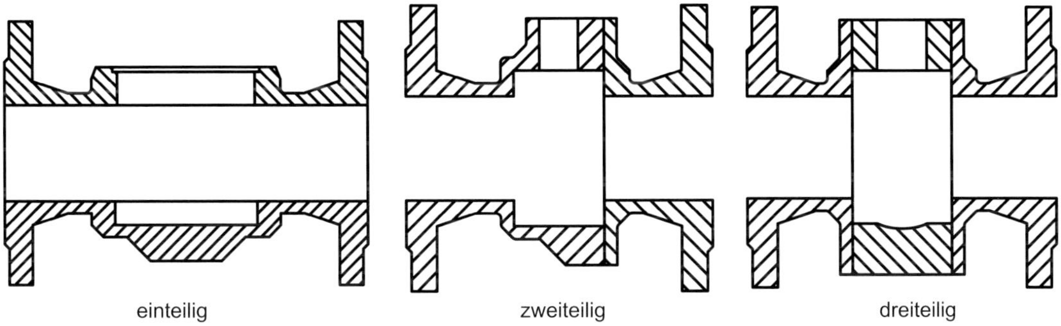

Abbildung 2-29 Gehäuseform von Hähnen

- **Absperrkörper**

Absperrkörper werden unterteilt in Kugel- und Kükenform (Abbildung 2-30). Beim Kugelhahn wird die Dichtheit wie bei einem Schieber auf der gegenüberliegenden Seite des Mediums erreicht. Durch den Druck des Mediums wird die Kugel in die Dichtschale gedrückt.

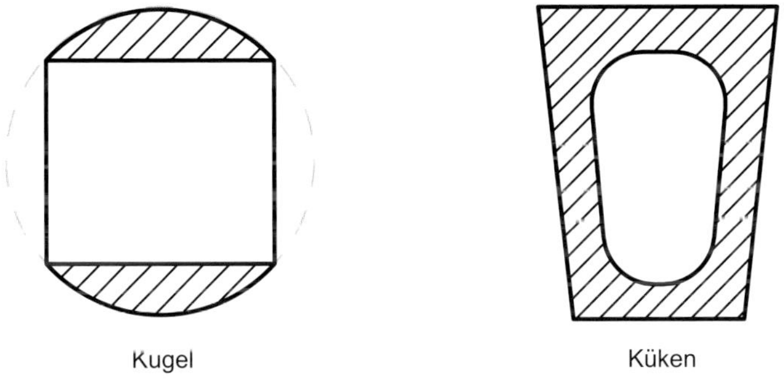

Abbildung 2-30 Absperrkörper von Hähnen

- **Lagerung**

Der Absperrkörper im Kugelhahn kann schwimmend oder mit Zapfen gelagert sein (Abbildung 2-31 und 2-32). Bei der schwimmend gelagerten Kugel erhöht sich mit zunehmender Druckdifferenz die Dichtheit. Die mit Zapfen gelagerte Kugel wird bei höheren Drücken und größeren Nennweiten eingesetzt.

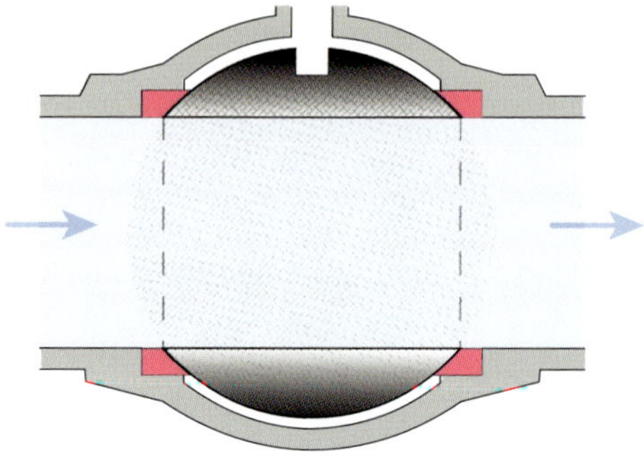

Abbildung 2-31 schwimmend gelagert

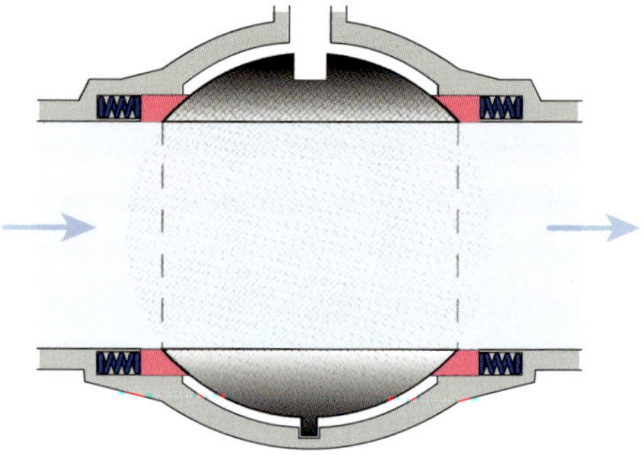

Abbildung 2-32 mit Zapfen gelagert

Hahnausführungen

Für typische Ausführungen von Hähnen folgen einige Beispiele.

Beispiel Kugelhahn schwimmend gelagert

Der Kugelhahn wird nach zwei konstruktiven Merkmalen gebaut. Bei einer schwimmend gelagerten Kugel sitzt die Kugel schwimmend zwischen den Dichtschalen (Sitzringe). Diese Art der Lagerung wird bei kleinen bis mittleren Nennweiten und niedrigen Drücken eingesetzt. Bei höherem Druck können sich die Dichtschalen verformen. Die Kugel ist formschlüssig mit dem Betätigungszapfen verbunden.

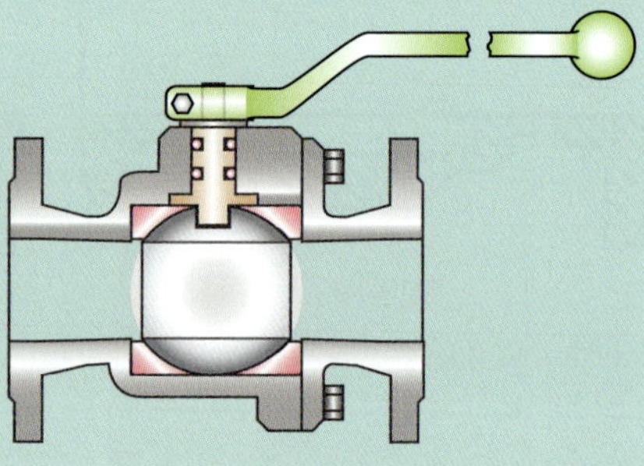

Abbildung 2-33 Schema eines Kugelhahns mit schwimmender Kugel

Beispiel Kükenhahn mit Stopfbuchse (Packhahn)

In der chemischen Industrie werden Kükenhähne mit Stopfbuchse dann eingesetzt, wenn empfindliche Durchflussstoffe abgesperrt werden müssen. Das konische Küken ist in das ebenfalls konische Gehäuse gepresst und wird durch Packungsringe nach außen abgedichtet. Bei diesem Hahn ist die Betätigungskraft sehr hoch, deshalb werden sie nur bis DN100 hergestellt.

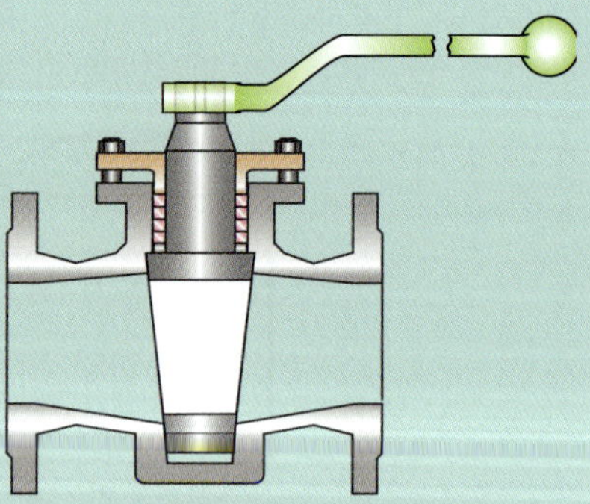

Abbildung 2-34 Schema eines Packhahns

Weiterhin gibt es eine Vielzahl an Hahnausführungen, wie z. B. Schmierhähne, Mehrweghähne oder Hähne, bei denen der Absperrkörper geringfügig angehoben werden kann. Durch das Anheben kann der Absperrkörper beim Betätigen der Armatur berührungslos gedreht werden. Dies verringert die Kraft, die zum Stellen des Hahns erforderlich ist.

Einsatzhinweise

Die Tabellen 2-6 und 2-7 stellen die Vor- und Nachteile der Küken- und Kugelhähne zusammen.
Für beide Hahntypen gilt, dass sie durch eine 90°-Drehung schnell zu öffnen und zu schließen sind und dass keine Durchflussrichtung vorgegeben ist.

Tabelle 2-6 Vor- und Nachteile von Kugelhähnen

Vorteile	Nachteile
geringer Druckverlust	Sitzringe sitzen im Fluidstrom
molchbar	
geringere Stellkraft als Kükenhähne	lassen sich nur schlecht auf genaue Durchflüsse einstellen, außer bei Profilierung im Durchfluss, sind dann aber nicht mehr molchbar
geringer Wartungsaufwand	
hohe Dichtheit	

Tabelle 2-7 Vor- und Nachteile von Kükenhähnen

Vorteile	Nachteile
geringer Druckverlust	hohe Dichtflächenreibung
kein Totraum	relativ große Stellkraft
nahezu unempfindlich gegen verunreinigte Fluide	ungünstig bei häufiger Betätigung

2.3.5 Klappe

Als Klappen werden Drehkörperarmaturen bezeichnet, bei denen die Klappenscheibe (Absperrkörper) in Offenstellung umströmt wird und parallel zur Rohrachse liegt.

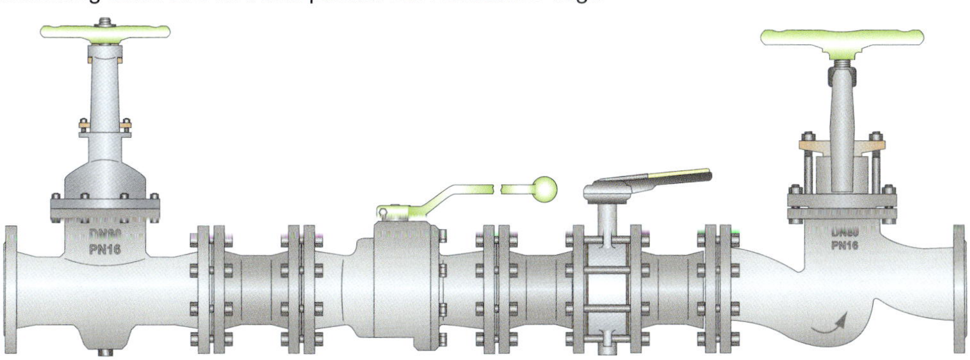

Abbildung 2-35 Baulängen verschiedener Armaturen im Vergleich

Absperr- und Regelklappen werden in Nenndruckbereichen bis 25 bar eingesetzt. Ihre Temperatureinsatzbereiche sind abhängig von der Auskleidung des Gehäuses, der Klappenscheibe oder den Dichtlamellen. Durch die deutliche Reduzierung an Material und Raum (Baulänge) sind sie eine preiswerte Alternative zu Schiebern und Ventilen.

Klappenbauarten

Klappen werden in vielen verschiedenen Bauarten ausgeführt. Folgende Ausführungen gibt es:

- Flanscharmaturen
- Zwischenflanscharmaturen

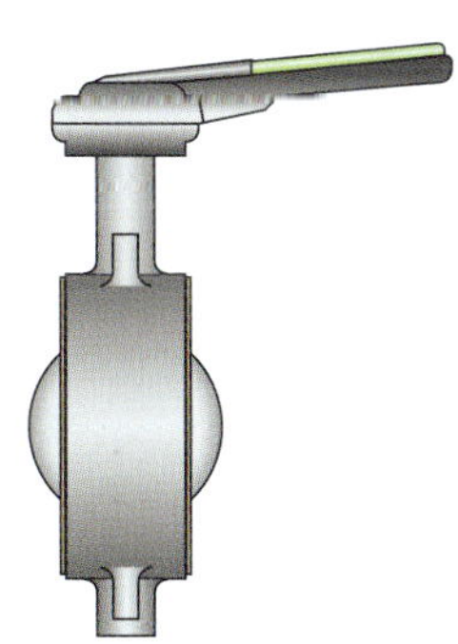

Abbildung 2-36 Klappe

Unterscheidung nach der Bauform

- **Gehäuseform**

Nach der Gehäuseform werden Klappen mit Flansch und Klappen, die zwischen zwei Flansche eingeklemmt werden, unterschieden.

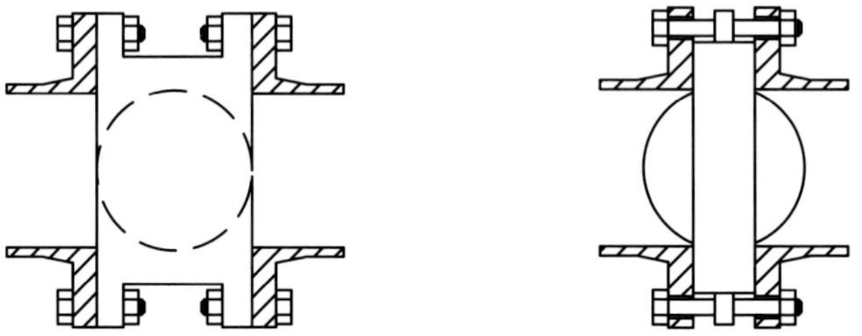

Abbildung 2-37 Gehäuseform von Klappen

- **Absperrkörper**

Beim Absperrkörper wird beispielsweise zwischen Platten- und Linsenform unterschieden.

Abbildung 2-38 Absperrkörper von Klappen

- **Lagerung**

Es wird zwischen zentrischer, exzentrischer oder doppelexzentrischer Lagerung unterschieden. Bei der zentrischen Lagerung wird die Dichtfläche durch die Welle unterbrochen, damit verbunden wird der Absperrkörper am günstigsten umströmt. Bei der exzentrischen Lagerung ist die Dichtfläche nicht unterbrochen. Die doppelexzentrische Lagerung hat den Vorteil, dass schon bei kleinem Öffnungswinkel kein Dichtflächenkontakt mehr besteht.

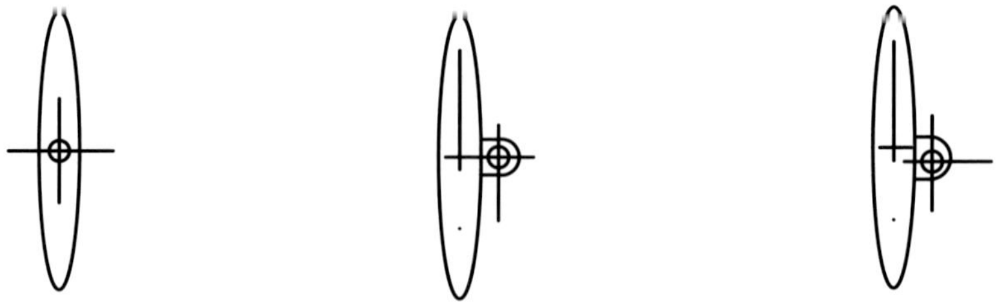

Abbildung 2-39 Lagerung bei Klappen

- **Welle**

Die Welle ist durchgehend oder geteilt.

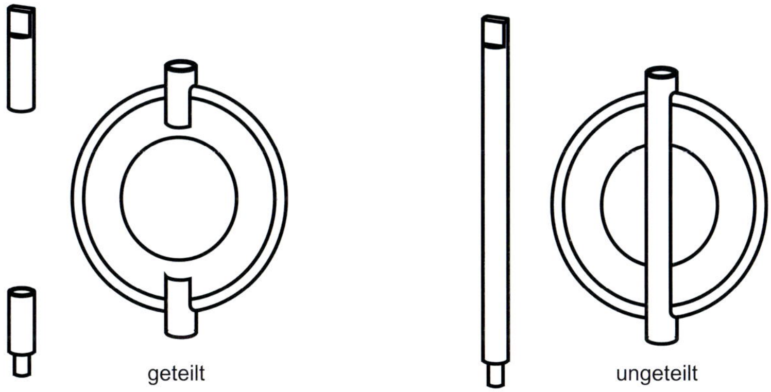

Abbildung 2-40 Wellenausführung bei Klappen

Typische Klappenausführungen

Die folgenden Beispiele zeigen typische Klappenausführungen.

Beispiel Klappe mit zentrisch gelagerter Klappenscheibe

Eine Klappe mit zentrisch gelagerter Klappenscheibe wird hauptsächlich für einfache Drosselaufgaben eingesetzt. Ist die Welle geteilt, dann ist der Strömungsquerschnitt in Offenstellung größer.

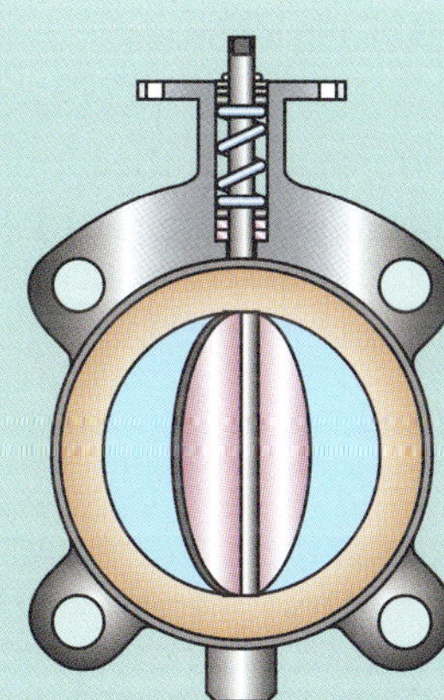

Abbildung 2-41 Schema einer zentrisch gelagerten Klappenscheibe

Beispiel Klappe mit exzentrisch gelagerter Klappenscheibe

Ist die Klappenscheibe exzentrisch angeordnet, dann sind die Durchflussquerschnitte auf den beiden ungleichen Hälften der Platte unterschiedlich. Dieses unterdrückt ein Flattern der Klappenscheibe und verbessert die Drosseleigenschaft der Klappe. Auch werden die Öffnungs- und Schließmomente geringer.

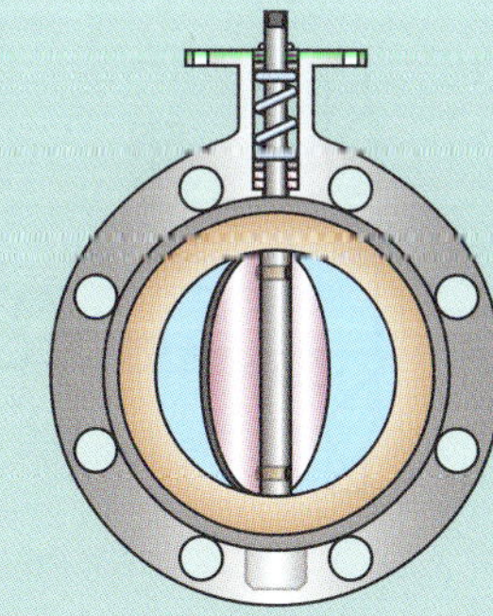

Abbildung 2-42 Schema einer exzentrisch gelagerten Klappenscheibe

Einsatzhinweise

In Tabelle 2-8 sind die Vor- und Nachteile von Klappen zusammengestellt.

Tabelle 2-8 Vor- und Nachteile von Klappen

Vorteile	Nachteile
kurze Betätigungszeiten	Druckbereich begrenzt
geringer Raumbedarf	nicht molchbar
geringes Gewicht	höhere Druckdifferenzen erfordern größere Betätigungskräfte
beliebige Einbaulage	
kein Totraum	
große Nennweiten	

2.3.6 Membranarmatur

Membranarmaturen sind Armaturen, bei denen der Durchflusskanal durch Deformation eines flexiblen Absperrkörpers verändert wird. Durch die Membrane ist das Ventil nach außen hermetisch dicht, da mit Ausnahme der Membrane keine beweglichen Ventilteile mit der durchströmenden Flüssigkeit in Berührung kommen. Membranarmaturen finden hauptsächlich bei aggressiven Medien (Säuren und Laugen) ihre Einsatzgebiete. Die Membran kann aus verschiedenen Werkstoffen, wie z. B. PTFE oder EPDM, bestehen.

Membranarmaturbauarten

Membranarmaturen werden in vielen verschiedenen Bauarten hergestellt. Die bekannteste Art ist das Membranventil, das nach Gehäuseform und der Art, wie die Membrane eingesetzt ist, unterschieden wird.

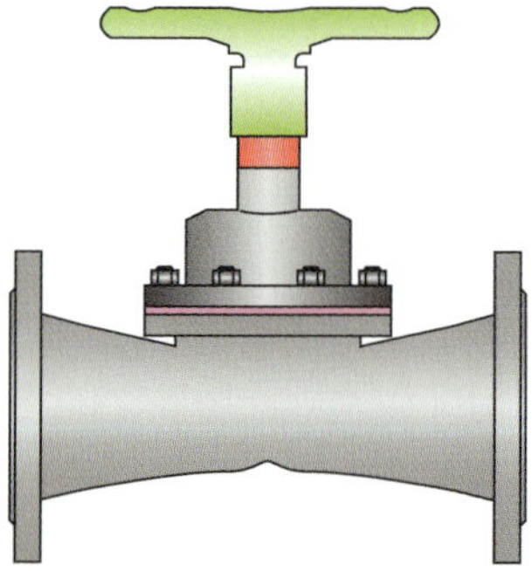

Abbildung 2-43 Membranarmatur

Unterscheidung nach der Bauform

- **Gehäuseform**

Die Gehäuseform kann mit oder ohne Steg ausgeführt werden.

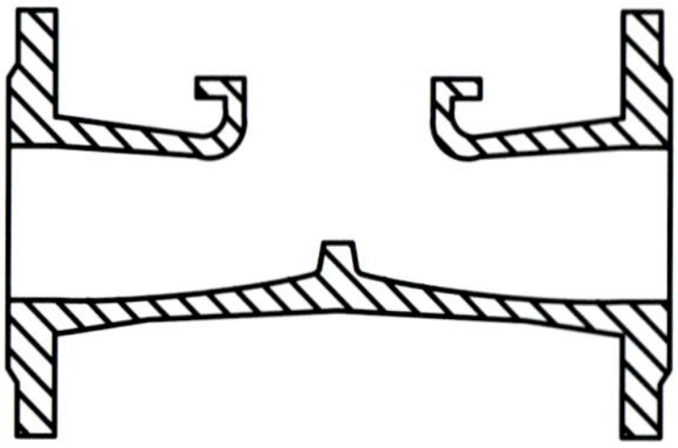

mit Steg

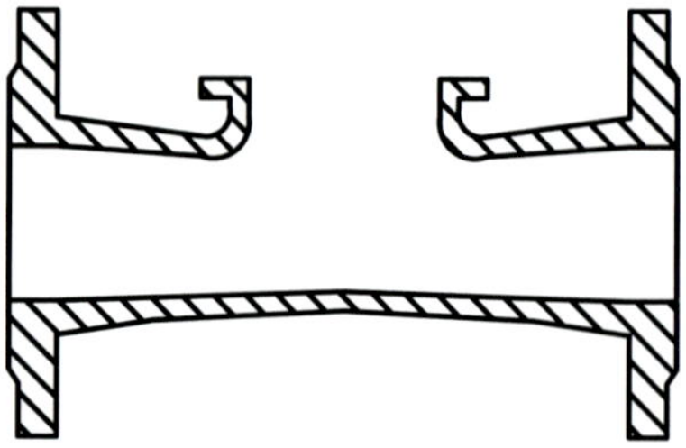

ohne Steg

Abbildung 2-44 Gehäuseform bei Membranarmaturen

- **Membran**

Die Membran wird bei Betätigung der Armatur deformiert. Es gibt Ausführungen, bei denen die Membrane gestützt und solche, bei denen die Membran ungestützt eingebaut wird.

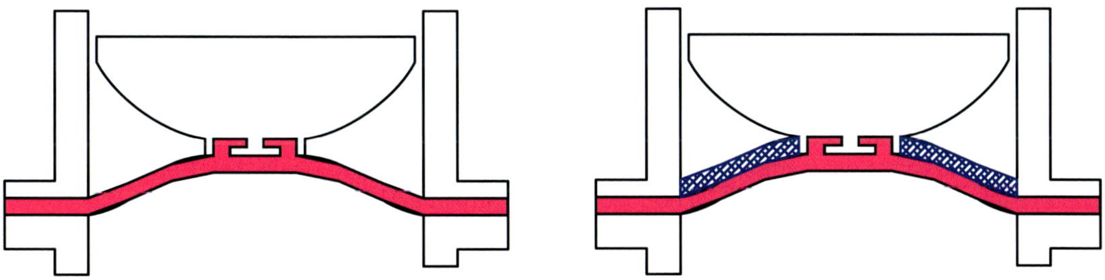

ungestützt gestützt

Abbildung 2-45 Membrane bei Membranarmaturen

Membranarmaturen werden mit **steigender** oder **nichtsteigender Spindel** gefertigt.

Aufbau einer Membranarmatur

Der Aufbau und die Funktion einer Membranarmatur wird in Abbildung 2-46 exemplarisch dargestellt und erläutert.

Beispiel Membranarmatur (Ventil)

Die Membran ist die Abdichtung im Sitz (Durchfluss) und nach außen hin. Sie ist am Rand (statisch abdichtend) eingespannt und mit einem Druckstück, das sie deformiert, verbunden. Durch die Spindel wird das Druckstück nach unten geführt und die Membrane passt sich im geschlossenen Zustand vollständig der Gehäuseform an.

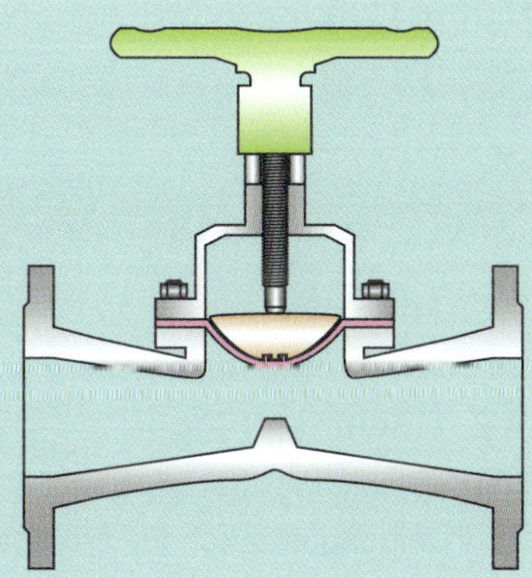

Abbildung 2-46 Schema einer Membranarmatur

Einsatzhinweise

Tabelle 2-9 stellt die Vor- und Nachteile von Membranarmaturen zusammen.

Tabelle 2-9 Vor- und Nachteile von Membranarmaturen

Vorteile	Nachteile
geringer Druckverlust	niedrige Drücke
schmutzunempfindlich	
mechanische Teile sind nicht fluidberührt	niedrige Temperaturen
in geschlossener Stellung keine Hohlräume	

2.4 Sonderarmaturen

Neben Sicherheitsarmaturen oder Armaturengrundtypen gibt es viele verschiedene Konstruktionen von Armaturen, die für bestimmte Prozesse spezielle Anforderungen zu erfüllen haben.

2.4.1 Schauglas

Bei manchen chemischen Prozessen ist es notwendig, eine sichtbare Kontrolle des Durchflusses oder der Farbe des Mediums in der Rohrleitung zu haben. Zu diesem Zweck werden beispielsweise sogenannte Durchflussschauglasarmaturen in die Rohrleitung eingebaut. Auch bei Behältern können Schaugläser, z. B. um den Füllstand zu beobachten, eingebaut sein.

Schaugläser, die in Rohrleitungen eingebaut sind, unterscheiden sich in ihrer Bauart. Scheibenschaugläser werden bevorzugt bei höheren Drücken eingesetzt. Rohrschaugläser kommen wegen ihres geringen Strömungswiderstandes zum Einsatz. Beim Einbau müssen die Einbauvorschriften der einzelnen Hersteller beachtet werden.

Beispiel Scheibenschauglas

Das Scheibenschauglas ist eine Flanscharmatur, die zwei sich gegenüberliegende Scheibenschaugläser hat. Die Armatur ist entsprechend der Durchflussrichtung einzubauen.

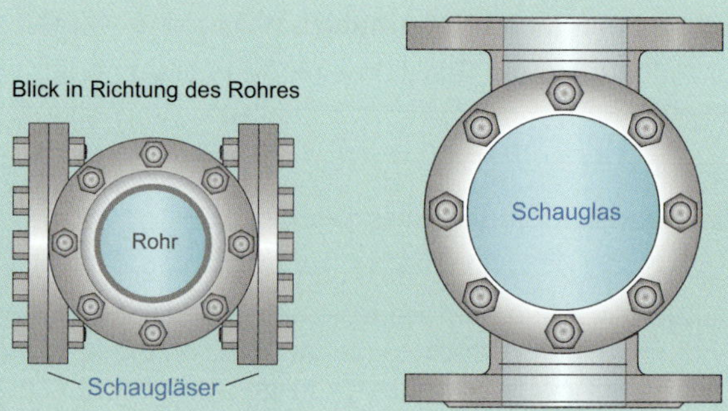

Abbildung 2-47
Schema des Scheibenschauglases

2.4.2 Schmutzfänger

Häufig kommt es vor, dass die in den Rohrleitungssystemen strömenden Flüssigkeiten und Gase Verunreinigungen durch Feststoffpartikel enthalten. Armaturen, Messungen, aber auch die Rohrleitungen selber können durch die daraus entstehenden Ablagerungen oder mechanischen Beanspruchungen beschädigt werden. Sind solche Verschmutzungen im Medium zu erwarten, werden zur Vermeidung von Schäden Schmutzfänger eingebaut, die die Verunreinigungen zurückhalten. Sie kommen als Geradsitz- und Schrägsitzarmatur zum Einsatz.

Beispiel Schmutzfänger

Schmutzfänger werden grundsätzlich so eingebaut, dass das Durchflussmedium das Sieb von innen nach außen durchströmt. Die Einbaulage soll so gewählt werden, dass der Siebeinsatz nach unten entfernt werden kann. Es ist darauf zu achten, dass der Freiraum zum Entfernen des Siebeinsatzes mindestens dem Maß der Sieblänge entspricht.

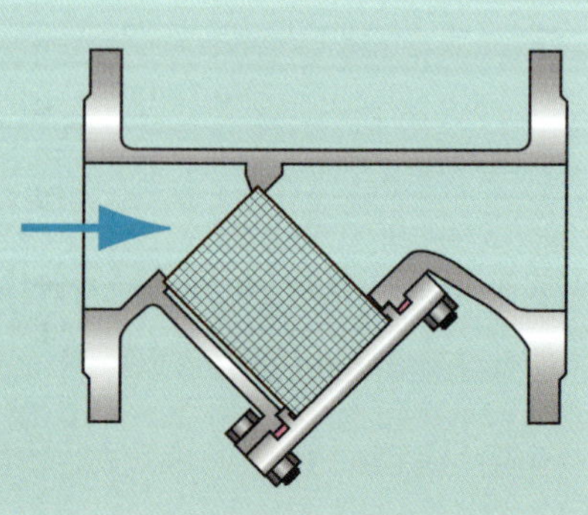

Abbildung 2-48 Schema des Schmutzfängers (schräg)

2.4.3 Probenahmeventil

Eine weitere Sonderarmatur stellt das Probenahmeventil dar. Diese Armatur ermöglicht eine Probenahme in der laufenden Produktion, ohne dass umweltgefährdende Medien freigesetzt werden.

Beispiel Probenahmeventil

Das Probenahmeventil wird in eine Rohrleitung montiert und vom Medium durchflossen. Es enthält ein Anschlussgewinde, in das ein Probebehälter geschraubt wird. Durch Drehen des Handrades über der Armatur wird der Durchfluss in den Probenbehälter freigegeben, die Strömung in der Rohrleitung wird dabei nur geringfügig beeinflusst.

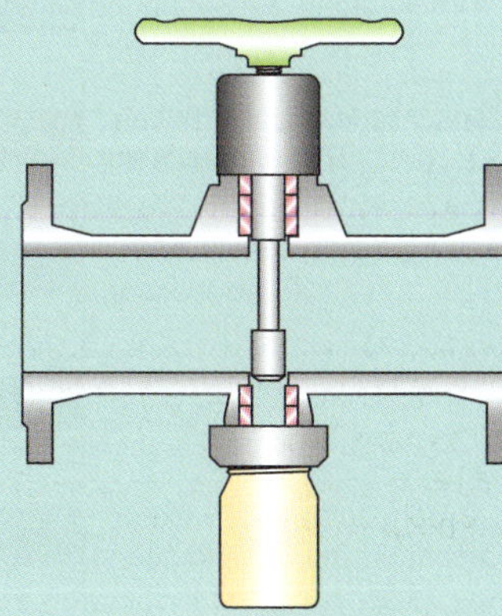

Abbildung 2-49 Schema des Probenahmeventils

2.5 Störungen an Armaturen

Die Sicherheit und Zuverlässigkeit der Armaturen hängt von deren einwandfreier Funktion ab. Undichtigkeiten können zum Austreten von Produkt führen, was nicht nur die Umwelt gefährden kann.

2.5.1 Allgemeines

Auf Armaturen wirken zahlreiche physikalische, chemische und technische Einflussgrößen ein, die zu Störungen führen können. Dies sind z. B.:

- Druckstöße, Kavitation,
- Schwingungen, Druckbeanspruchung, Verkehrslasten,
- mechanische Beanspruchung (Kräfte und Momente, Zusatzbeanspruchungen),
- thermische Beanspruchungen (Wärmedehnung, Thermoschock, Wechselbeanspruchungen),
- Produkteinflüsse (chemische Reaktionen, aggressive Stoffe, Verunreinigungen, Verstopfungen, Verschmutzungen, Ablagerungen, Verkrustungen, Einfrieren),
- Korrosion, Erosion,
- Verschleiß, Alterung, Abrieb, Trockenlauf, Festfressen,
- Undichtigkeiten, Leckagen.

Die Ursache für den Ausfall einer Armatur kann an Hand des Erscheinungsbildes nur in seltenen Fällen ermittelt werden. Oft wird die Armatur durch den Einbau eines Ersatzteiles instandgesetzt. Die Ursache für den Schaden ist damit jedoch nicht behoben.

2.5.2 Ursachen für Schäden an Armaturen

Störfälle in chemischen Produktionsanlagen, die durch Armaturen verursacht werden, sind auf unterschiedliche Ursachen zurückzuführen. Die wichtigsten Störungseinflüsse sind in Abbildung 2-50 zusammengestellt.

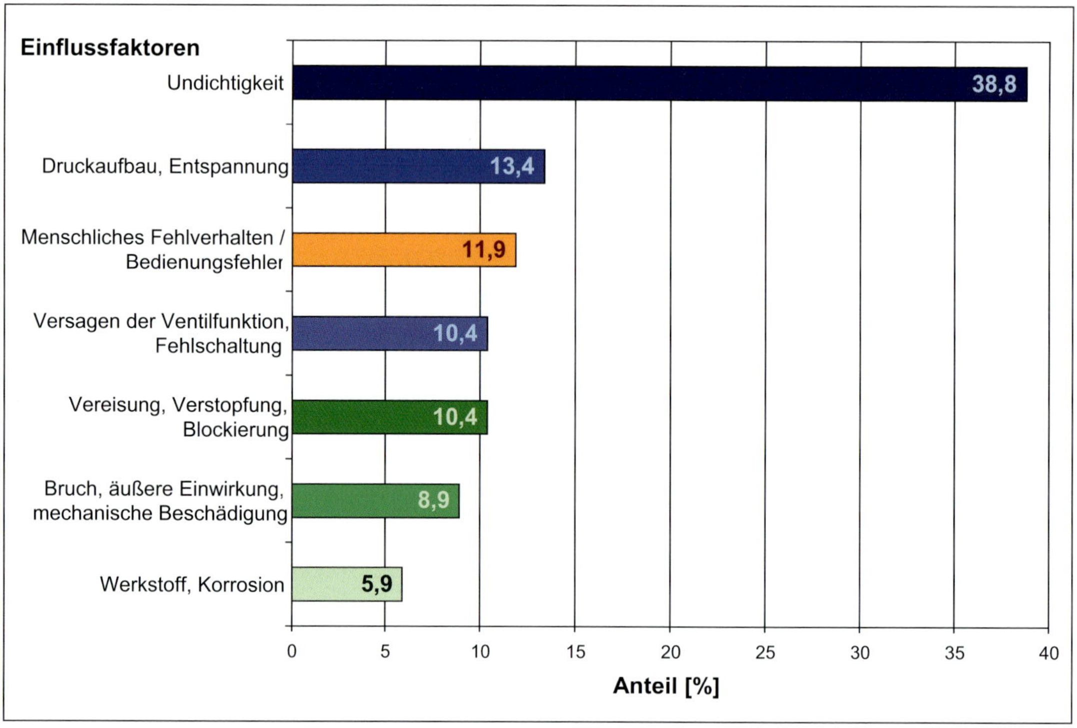

Abbildung 2-50 Ursachen für Schäden

2.5.3 Maßnahmen zur Verminderung/Vermeidung von Schäden

Die Kenntnisse über die möglichen Störungseinflüsse beim Betreiben von Armaturen lassen es zu, Maßnahmen zur Verminderung oder Vermeidung von Schadensfällen abzuleiten. In den Abbildungen 2-51 und 2-52 sind Einflussfaktoren und Maßnahmen zur Verhinderung von Schäden zusammengestellt.

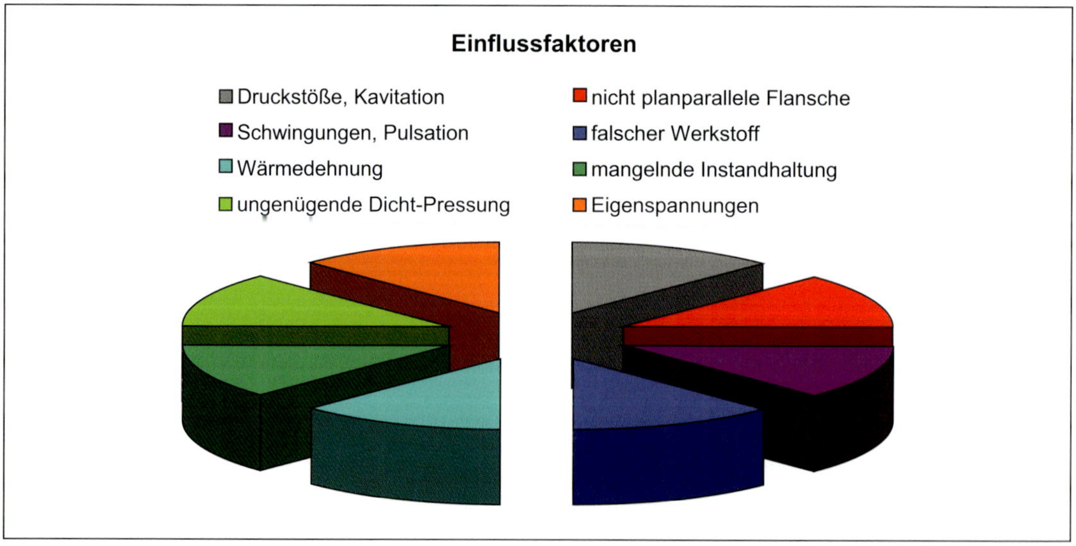

Abbildung 2-51 Schadensursachen

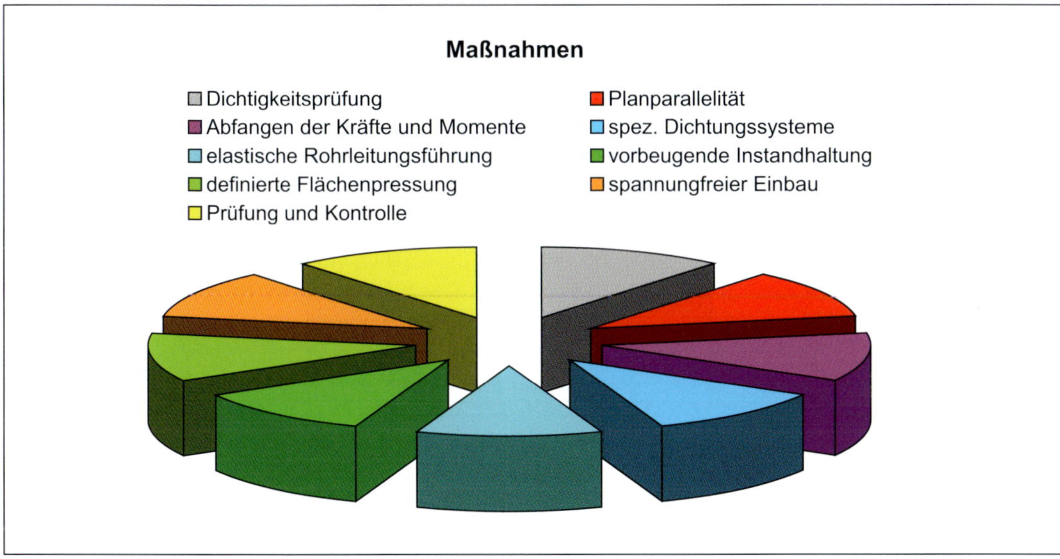

Abbildung 2-52 Maßnahmen zur Vermeidung von Schäden

2.6 Grafische Symbole

Die grafischen Symbole für die Darstellung von Armaturen und Stellglieder sind in der DIN EN ISO 10628-2 (Entwurf 28000-4) festgelegt. Diese Norm beschreibt die internationalen Regeln für Fließschemata von verfahrenstechnischen Anlagen. In Abhängigkeit von den in der Produktionsanlage benötigten Angaben werden zwischen Grundfließschemata, Verfahrensfließschemata und dem RI-Fließschemata (Rohrleitungs- und Instrumentenschema) unterschieden.

2.6.1 Armaturen

Armaturen werden mit grafischen Symbolen dargestellt, Tabelle 2-10 führt einige Beispiele auf.

Tabelle 2-10 grafische Symbole für Armaturen

		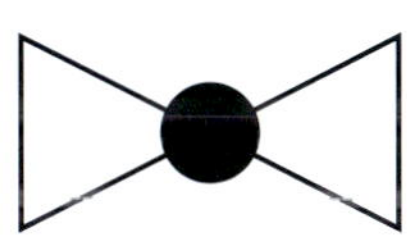	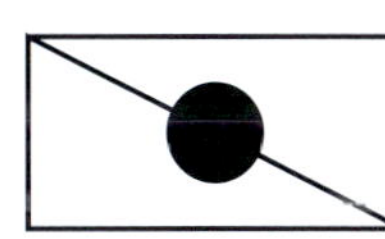
Absperrarmatur, allgemein	**Absperrschieber**	**Absperrventil**	**Absperrklappe** Form 2
			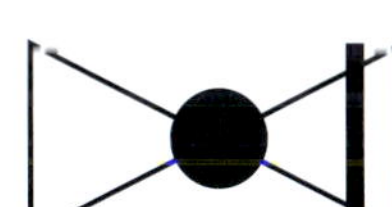
Absperrkugelhahn, allgemein	**Kükenhahn**	**Membranarmatur**	**Armatur mit Sicherheitsfunktion**

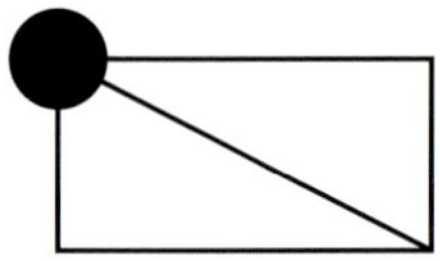	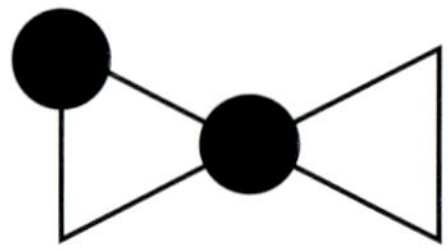	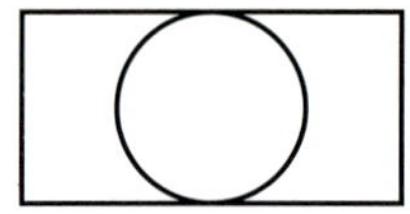	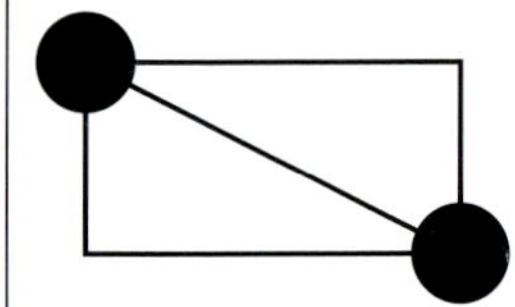
Rückschlagklappe Form 2	**Rückschlagventil**	**Schauglas allgemein**	**Be- und Entlüftungsklappe**
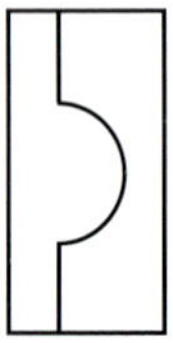		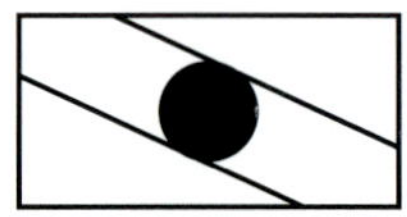	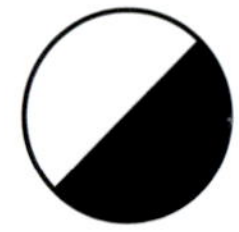
Berstscheibe	**Schmutzfänger**	**Kondensatableiter**	**Brandschutzklappe**

2.6.2 Stellglieder

Auch für Stellglieder gibt es grafische Symbole, Beispiele finden sich in Tabelle 2-11.

Tabelle 2-11 grafische Symbole für Stellglieder

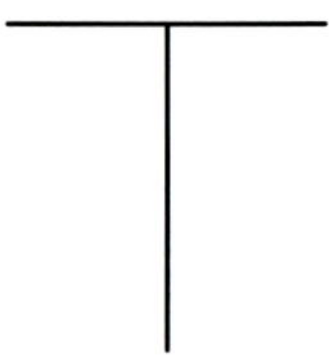			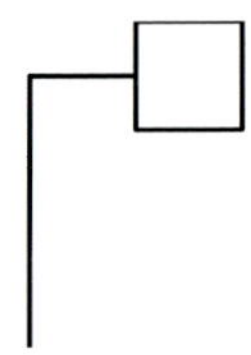
Stellantrieb handbetätigt, allgemein	**Stellantrieb mit Feder**	**Stellantrieb mit Membrane**	**Stellantrieb mit Gewicht**
	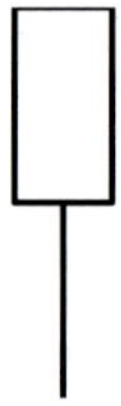	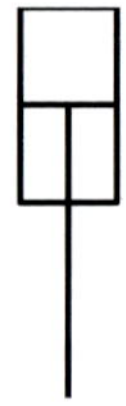	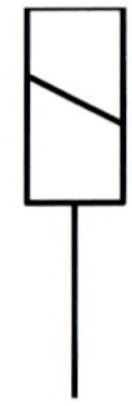
Stellantrieb mit Elektromotor	**Stellantrieb mit Schubsystem, allgemein**	**Stellantrieb mit Kolben**	**Stellantrieb mit Elektromagnet**

2.7 Fragen zum Kapitel Armaturen

1. Nach welchen Kriterien kann eine allgemeine Unterteilung von Armaturen durchgeführt werden?

2. Welche Grundbauarten von Armaturen gibt es?

3. Um welche Grundbauart der Armaturen handelt es sich bei Abbildung 2-53?

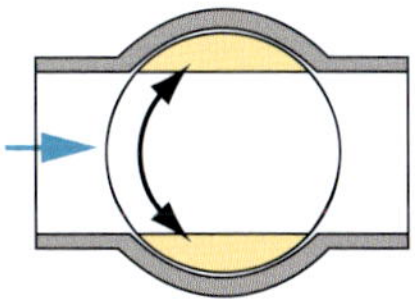

Abbildung 2-53

4. Auf einer Absperrarmatur sind die Kenndaten DN 32 und PN 16 eingeschlagen. Was bedeutet diese Kennzeichnung?

5. Für welche Medien werden Armaturen mit einer Faltenbalgabdichtung eingesetzt?

6. Eine Armatur hat bestimmte Aufgaben zu erfüllen. Was verstehen Sie in dem Zusammenhang unter den Begriff „Stellen"?

7. Welche Funktionsweise besitzen Schieber? Beschreiben Sie die Öffnungscharakteristik.

8. In welchem Fall ist ein Hahn besser geeignet als ein Ventil?

9. Bei welcher der genannten Armaturen braucht beim Einbau die Durchflussrichtung nicht beachtet werden?
   a) Rückschlagklappe
   b) Schrägsitzventil
   c) Schieber
   d) Schmutzfänger
   Begründen Sie Ihre Entscheidung.

10. Welche Aussage ist richtig: Mit einem Hahn kann man...
    a) absperren und stellen
    b) absperren
    c) stellen
    d) absperren und absichern
    e) absperren, absichern und stellen

11. Zum Reinigen von Rohrsystemen setzt man auch den sogenannten „Molch" ein. Um molchen zu können muss auch die eingebaute Armatur molchbar sein. Welche Armaturen sind **nicht** molchbar? Erläutern Sie die Voraussetzungen.

12. Welches graphische Zeichen wird für eine Membranarmatur verwendet?

13. Welche Rohrverbindungen darf in eine Stickstoffleitung (p_e = 3 bar) **nicht** eingebaut werden?
    a) Flanschverbindung
    b) Steckmuffenverbindung
    c) Schraubverbindung
    d) Gewindemuffenverbindung
    e) Schweißverbindung?
    Begründen Sie Ihre Aussage.

14. Eine der Produktionsleitungen wird im Wechsel in beiden Flussrichtungen beschickt. Welches der genannten Absperrorgane sollte in diese Leitung **nicht** eingebaut werden?
    a) Durchgangsventil
    b) Hahn
    c) Absperrschieber
    d) Absperrklappe
    e) Membranventil

3 Sicherheitsarmaturen

3.1 Einführung

Betriebszustände, die eine Gefährdung der Umwelt darstellen, die Ausrüstung überbeanspruchen oder Störungen des Produktionsprozess darstellen, müssen vermieden werden. Die Aufgaben der Sicherheitsarmaturen werden eingesetzt, um Störungen wie

- Drucküberschreitung
- Druckunterschreitung
- Gasansammlungen
- Umkehr der Strömungsrichtung in Rohrleitungen
- Kondensatschläge

zu vermeiden.

Zu den Sicherheitsarmaturen gehören Sicherheitsventile, Berstsicherungen, Rückflussverhinderer, Kondensatableiter, selbsttätige Be- und Entlüftungsventile, Explosionssicherungen und Schnellschluss-armaturen.

3.2 Sicherheitsventil

Mit einem Sicherheitsventil müssen alle Behälter ausgerüstet sein, in denen, z. B. durch chemische Reaktionen, Drücke entstehen können, die zu unzulässigen Betriebszuständen führen würden. Das Sicherheitsventil soll beim Überschreiten des höchstzulässigen Druckes so lange Betriebsstoff entweichen lassen („abblasen"), bis der zulässige Druck wieder erreicht ist. Die gleiche Aufgabe fällt ihm zu in Anlagen, in denen durch mechanische Arbeit ein höherer Druck erzeugt wird, also bei Pumpen- und Kompressoren-Anlagen. Auch in Rohrleitungen mit entsprechendem Gefahrenpotential müssen Sicherheitsventile vorgesehen werden.

Aufgrund ihrer Sicherheitsrelevanz müssen alle Sicherheitsventile regelmäßig überprüft werden. Die Revision darf nur von dafür speziell ausgebildetem Personal vorgenommen werden. Der Zeitpunkt der nächsten Überprüfung muss auf der Sicherheitsarmatur sichtbar sein. Sind dort keine Angaben zu finden, ist es üblich, sie alle 5 Jahre zu überprüfen. Willkürliche Änderungen an den Einstellungen des Sicherheitsventils können zu schwerwiegenden Folgen für die Anlage und die Umwelt führen und sind daher strengstens verboten.

3.2.1 Unterteilung nach der Bauart

In der Bauart unterscheiden sich Sicherheitsventile nach der Wirkung des Antriebs. Bei einem direkt wirkenden Sicherheitsventil sorgt eine mechanische Belastung für die Kraft des Ventilkegels gegen den Öffnungsdruck. Ist eine Steuereinrichtung für die zusätzliche Schließkraft (z. B. neben der Feder) in das Sicherheitsventil eingebaut, wird von einem gesteuerten Sicherheitsventil gesprochen.

Bei den direkt wirkenden Sicherheitsventilen wird die Verschlusskraft entweder durch eine Masse oder durch eine Feder erzeugt. Das massebelastete Sicherheitsventil hat einen Hebel, an dem ein Gewicht befestigt ist. Das federbelastete Sicherheitsventil besitzt eine Feder, über die das Ventil in geschlossener Stellung gehalten wird.

Sicherheitsventile werden mit geschlossenen und offenen Hauben hergestellt. Geschlossene Hauben kommen bei giftigen, ätzenden, brennbaren und radioaktiven Medien, offene Hauben bei hohen Temperaturen zum Einsatz.

Gewichtsbelastetes Sicherheitsventil

Gewichtsbelastende Sicherheitsventile werden vorwiegend in ortsfesten Anlagen, in denen keine Erschütterungen auftreten, verwendet. Der Raumbedarf dieses Ventils ist durch den Hebel größer als bei einem federbelasteten Sicherheitsventil.

Beispiel Gewichtsbelastetes Sicherheitsventil

Am Hebelarm ist ein Gewicht befestigt, das den Ventilkegel in den Sitz presst. Durch das Verschieben des Gewichts am Hebelarm kann die Kraft verstellt werden, die den Auslösedruck beeinflusst (Hebelarmgesetz). Dieses ist allerdings ausschließlich autorisiertem Personal erlaubt.

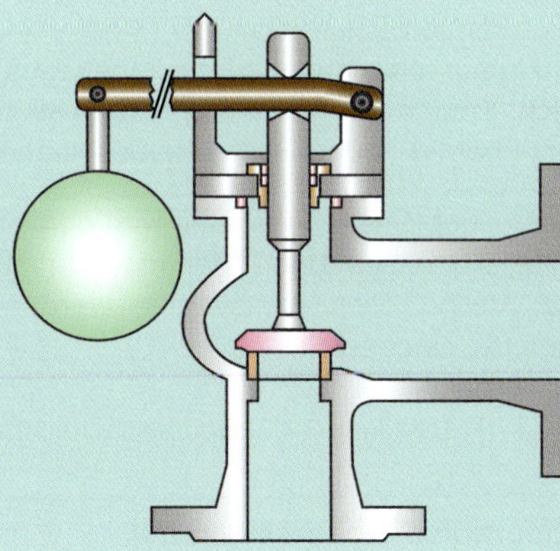

Abbildung 3-1 Schema eines gewichtsbelasteten Sicherheitsventils

Federbelastetes Sicherheitsventil

In vielen Anlagen wird ein federbelastetes Sicherheitsventil dem gewichtsbelasteten vorgezogen. Diese Bauart ist daher die häufigste. Durch die Federkraft arbeitet dieses Ventil störungsfreier, beispielsweise bei Druckstoß oder Erschütterung.

Beispiel Federbelastetes Sicherheitsventil

Die Federkraft drückt den Ventilkegel in den Sitz. Oben auf dem Sicherheitsventil befindet sich eine Schutzkappe, die mit dem Oberteil der Armatur verplombt ist. Unter der Schutzkappe sitzen die Bauteile zur Einstellung der Federkraft (z. B. Federspindel), die der Öffnungskraft des Mediums entgegen wirken. Beim Öffnen strömt das Medium durch den seitlichen, größeren Stutzen aus. Mit dem Anlüfthebel kann das Sicherheitsventil betätigt werden, um ggf. seine Funktion zu kontrollieren oder Ablagerungen zu entfernen.

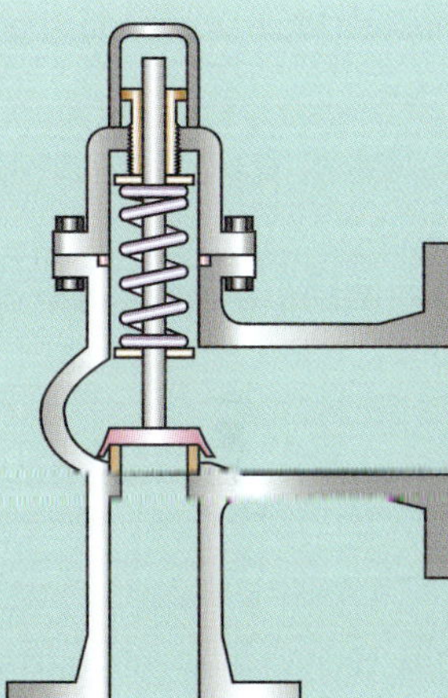

Abbildung 3-2 Schema eines federbelasteten Sicherheitsventils

3.2.2 Öffnungscharakteristik

Das Ansprechen der Sicherheitsventile kann in die drei Öffnungscharakteristiken Normal-Sicherheitsventil, Vollhub-Sicherheitsventil und Proportional-Sicherheitsventil unterteilt werden. Das Ansprechen erfolgt bei Druckanstieg und äußert sich im „Abblasen" des Mediums.

Normal-Sicherheitsventil

Das Normal-Sicherheitsventil erreicht den erforderlichen Hub für den abzuführenden Massenstrom innerhalb eines Druckanstiegs von max. 10 % nach dem Ansprechen des Sicherheitsventils.

Das Normal-Sicherheitsventil ist ein ideales Entlastungsventil von Druckspitzen zur Absicherung von Flüssigkeiten.

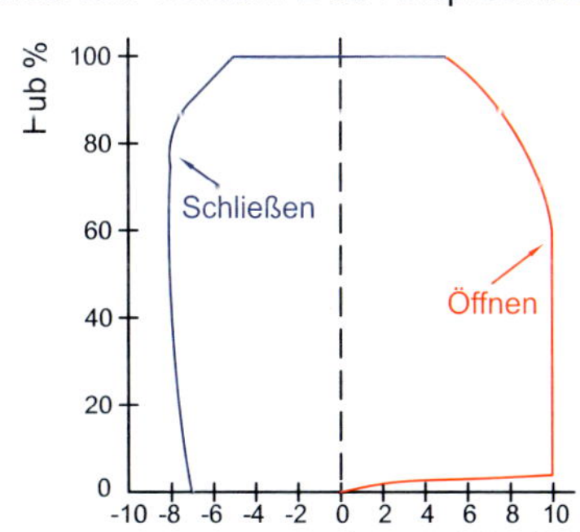

Abbildung 3-3 Öffnungscharakteristik Normal-Sicherheitsventil

Vollhub-Sicherheitsventil

Das Vollhub-Sicherheitsventil öffnet schlagartig bis zum begrenzten Hub innerhalb eines Druckanstieges von 5 % vom Ansprechdruck. Es darf der Anteil des Hubes bis zum schlagartigen Öffnen nicht über 20 % des Gesamthubes liegen.

Das Vollhub-Sicherheitsventil wird dort eingesetzt, wo plötzlich ein größerer Massenstrom oder ein schneller Druckanstieg erwartet wird. Vollhub-Sicherheitsventile werden häufig bei Gasen und Dämpfen eingesetzt.

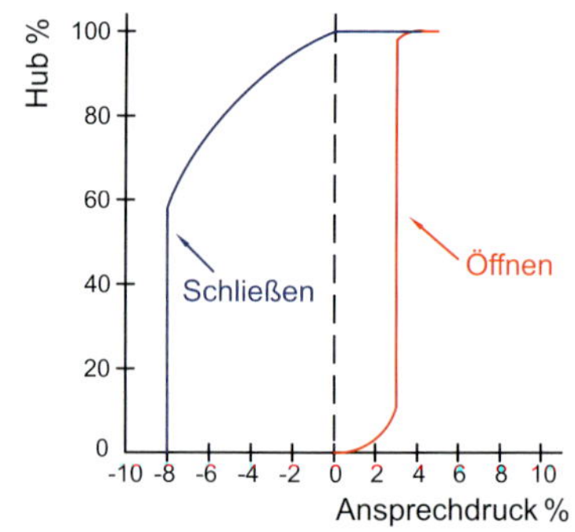

Abbildung 3-4 Öffnungscharakteristik Vollhub-Sicherheitsventil

Proportional-Sicherheitsventil

Das Proportional-Sicherheitsventil öffnet stetig in Abhängigkeit vom steigenden Druck und erreicht bei max. 10 % des Druckanstieges den erforderlichen Hub für den abzuführenden Massenstrom.

Das Proportional-Sicherheitsventil wird dort eingesetzt, wo in der Regel nur kleine Massenströme zu erwarten sind oder der Medienverlust so klein wie möglich gehalten werden soll.

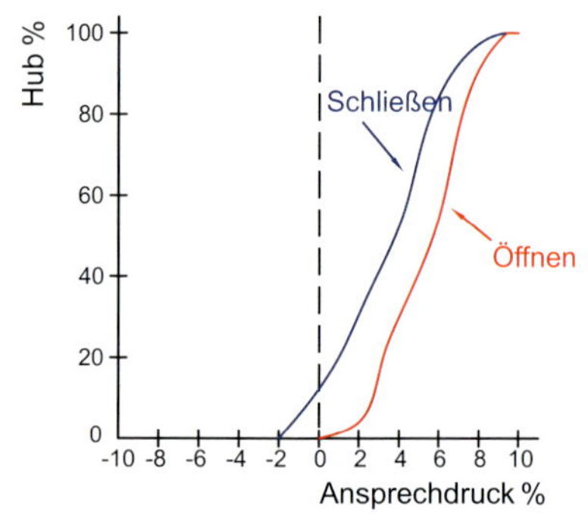

Abbildung 3-5 Öffnungscharakteristik Proportional-Sicherheitsventil

Sicherheitsventile schließen nicht bei dem Druck, bei dem sie ansprechen, sondern bei einem Schließdruck, der ca. 8–10 % unter dem Ansprechdruck liegt.

3.2.3 Einsatzhinweise

Die Feder-Sicherheitsventile sind bei der Montage mit senkrecht nach oben stehender Federhaube einzubauen. Bei Hebel-Sicherheitsventilen muss der Hebel waagerecht liegen.

Jedes Sicherheitsventil muss so montiert sein, dass seine einwandfreie Funktion gewährleistet ist. Rohrleitungen, die an die Armatur angeschlossen werden, dürfen keine unzulässig hohen statischen, dynamischen oder thermischen Spannungen auf das Sicherheitsventil übertragen. Diese Spannungen können entstehen bei Montage, Temperaturausdehnungen oder durch Kräfte beim Abblasen des Mediums. Es muss weiterhin das Einfrieren oder Erstarren von Medien im Ventilkörper verhindert werden.

Um Schmutz oder Fremdkörper aller Art von dem Sicherheitsventil fernzuhalten, muss eine Entwässerung der Ausblasleitung und des Sicherheitsventils über die Ausblasleitung erfolgen. Gemäß dem geltenden Regelwerk muss die Ausblasleitung an ihrem tiefsten Punkt mit einer ausreichend groß bemessenen Kondensatableitung versehen werden. Grundsätzlich muss der tiefste Punkt in der Ausblasleitung liegen und nicht im Sicherheitsventil, d. h. es darf unmittelbar an dem Sicherheitsventilaustritt kein nach oben gerichteter Bogen angeschlossen sein, sondern es muss zunächst ein mit Gefälle verlegtes Rohrstück auf das Sicherheitsventil folgen. In diesem Stück muss dann die Entwässerungsleitung liegen. Ist die Ausblasleitung größer als DN 40, muss die Entwässerungsleitung mindestens in DN 25 ausgeführt sein.

Sicherheitsventile können das abzublasende Medium direkt, über einen Schalldämpfer oder über eine Ausblasleitung in die Atmosphäre oder in ein anderes System niedrigeren Druckes ausblasen. Bei

Dämpfen oder Gasen wird ein gefahrloses Abblasen durch eine nach oben zeigende Ausblasleitung erreicht. Bei Flüssigkeiten zeigt die Ausblasleitung nach unten, damit das Medium komplett abfließen kann.

Tabelle 3-1 Vor- und Nachteile von Sicherheitsventilen

Vorteile	Nachteile
schließt nach Druckabfall	hohe Güteanforderung an die Dichtungsoberfläche
kein Anlagenstillstand	keine absolute Dichtheit

3.3 Berstsicherung

Berstsicherungen sind wartungsfrei, reagieren schneller als Sicherheitsventile und haben keine beweglichen Teile. Sie werden dort eingesetzt, wo selbst minimale Undichtigkeiten unzulässig sind oder Sicherheitsventile durch wechselnde Betriebsbedingungen nicht einwandfrei arbeiten (z. B. infolge Verklebungen). Nachteilig für Berstsicherungen ist, dass sie nach einmaligem Ansprechen ausgetauscht werden müssen. Die Berstsicherung entspannt den Druckraum, der mit ihr ausgestattet ist, bis auf den Atmosphärendruck. In der Regel wird der Ansprechdruck bei einer Temperatur von 20 °C definiert. Neben Materialermüdung und Korrosion ist die Temperaturabhängigkeit der Berstspannung die Hauptursache für ein vorzeitiges Ansprechen der Berstsicherung.

3.3.1 Unterteilung nach der Bauart

Berstsicherungen werden als Berstscheiben hergestellt, die unter Zug- oder Druckbelastung stehen. So gibt es Berstscheiben, die flach, konkav- und konvexgewölbt sind.

Flache Berstscheibe

Eine flache Berstscheibe ist aus einem spröden Werkstoff und zerbricht bei der Überschreitung der Biege- und Scherfestigkeit. Sie kann bei sehr niedrigen Drücken eingesetzt werden.

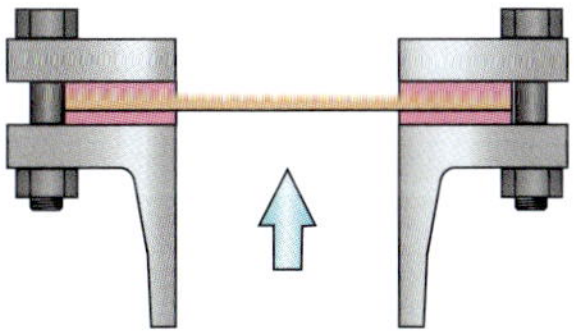

Abbildung 3-6 flache Berstscheibe

Konkav gewölbte Berstscheibe

Diese Berstscheibe wird zugbelastet und ist die ursprüngliche Berstscheibenart. Der empfohlene Arbeitsdruck der Berstscheibe liegt bei ca. 80 % des Berstdruckes. Sie ist kostengünstig und in vielen Materialien erhältlich. Allerdings wirken sich Druckwechsel nachteilig aus, da sie eine geringe Dauerbelastbarkeit besitzen.

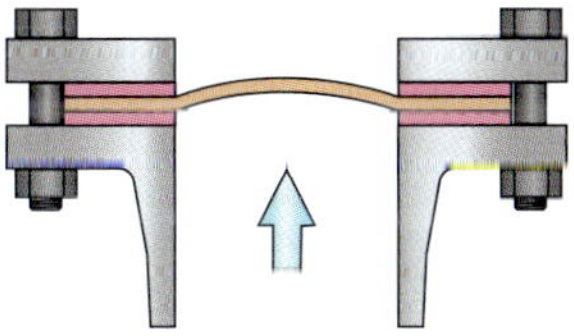

Abbildung 3-7 konkav gewölbte Berstscheibe

Konvex gewölbte Berstscheibe

Eine konvex gewölbte Berstscheibe ist druckbelastet und wird auch als Umkehrberstscheibe bezeichnet. Beim Ansprechen knickt sie ein und die Wölbung kehrt sich um. Sie kann mit bis zu 90 % des Ansprechdrukkes belastet werden, weil sie vorher kaum eine plastische Verformung aufweist. Sie eignet sich bei Pulsation, ist aber je nach Bauart für Flüssigkeiten nicht geeignet.

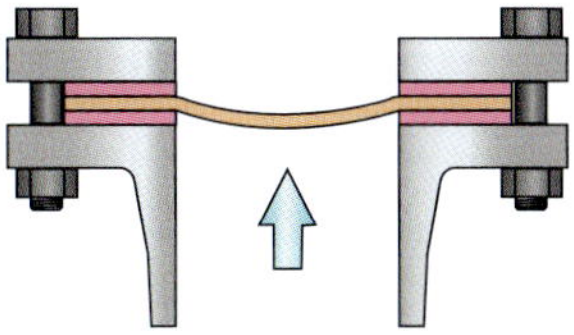

Abbildung 3-8 konvex gewölbte Berstscheibe

Berstscheiben werden auch mit einer Vorkerbung gefertigt. Sie befindet sich als Kreuz auf der Berstscheibenfläche oder am Umfang der Berstsicherung. Beim Ansprechen der Berstscheibe öffnet sie entlang dieser Sollbruchstellen und verhindert ein Splittern.

Beispiel Berstscheibe (druckbelastet)

Die Berstscheibe besteht in der Regel aus einem Berstelement, einer Dichtungsmembran und einer Fahne. Auf der Fahne stehen die technischen Daten. An dem Berstelement ist die Dichtungsmembrane befestigt, die nur Folienstärke hat. Die Blechstärke des Berstelements ist druckabhängig und hat eine Vorkerbung.

Bei der Druckbelastung vor dem Ansprechen wölbt sie sich erst mittig ein wenig ein, bevor sie endgültig zerreißt.

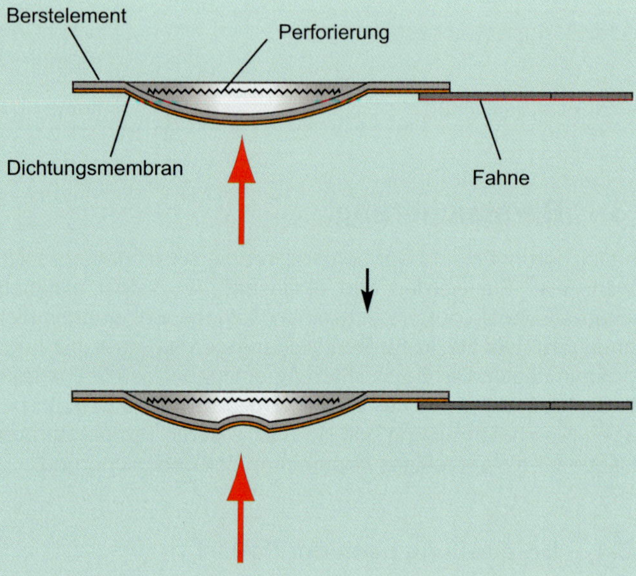

Abbildung 3-9 Berstscheibe

Berstscheiben werden auch in Kombination mit einem Sicherheitsventil eingesetzt. Dies hat den Vorteil, dass die Funktion des Sicherheitsventils auch bei ungünstigen Betriebseinflüssen gewährleistet bleibt. Allerdings schreiben internationale Vorschriften vor, dass der Raum zwischen Sicherheitsventil und Berstscheibe drucküberwacht sein muss.

3.3.2 Einsatzhinweise

Berstsicherungen haben verschiedene Vor- und Nachteile, die in Tabelle 3-2 zusammengestellt sind.

Tabelle 3-2 Vor- und Nachteile von Berstsicherungen

Vorteile	Nachteile
robust	nicht wiederverwendbar
preisgünstig	Ersatz notwendig
absolut dicht	Anlagenstillstand

3.4 Kondensatableiter

In der chemischen Industrie stellen Energiekosten einen erheblichen Anteil der gesamten Herstellungskosten dar, wobei Dampf in fast allen chemietechnischen Prozessen der wichtigste Träger dieser Energie ist. Auch bei guter Isolierung muss immer mit Wärmeverlusten gerechnet werden. Dabei spielt es zunächst keine Rolle, ob die Wärmeabgabe absichtlich erfolgt, z. B. in einem Wärmetauscher, oder unabsichtlich, wie in einer Rohrleitung, die den Dampf ohne Wärmeverlust zum Verbraucher führen soll.

Bei gesättigtem Dampf hat jede Wärmeabgabe zur Folge, dass ein Teil des Dampfes in seinen Ausgangszustand (Wasser) zurückverwandelt wird. Dieser Vorgang wird als „Kondensieren" des Dampfes bezeichnet und das gebildete Wasser wird „Kondensat" genannt.

Würde das Kondensat nicht restlos aus der Rohrleitung entfernt, so wären Wasserschläge, die sowohl die Anlage als auch das Bedienungspersonal gefährden könnten, die unausbleibliche Folge.

Kondensatableiter müssen aber nicht nur für den Abtransport des Kondensates ausgelegt sein, sondern sie sollen auch den Dampfdruck aufrecht erhalten, damit die im Heizdampf enthaltene Energie bei möglichst hoher Temperatur genutzt werden kann. Dazu sollen sie ihre Funktionstüchtigkeit auch bei schwankenden Drücken und Temperaturen beibehalten.

Diesen Anforderungen muss der Kondensatableiter „automatisch" Genüge leisten, d. h. er muss als Regelarmatur ausgeführt sein.

3.4.1 Unterteilung nach der Bauart

Kondensatableiter werden nach dem Mechanismus, der die Öffnungs- und Schließvorgänge steuert, eingeteilt. Dementsprechend werden drei Bauarten (mechanische, thermostatische und thermodynamische Kondensatableiter) unterschieden.

Mechanische Kondensatableiter

Der mechanische Kondensatableiter nutzt unmittelbar den statischen Auftrieb eines Schwimmkörpers. Die Steuerung übernimmt dabei der Kondensatstand. Steigt er an, wird über einen Hebel das Auslassventil geöffnet und das Kondensat fließt ab.

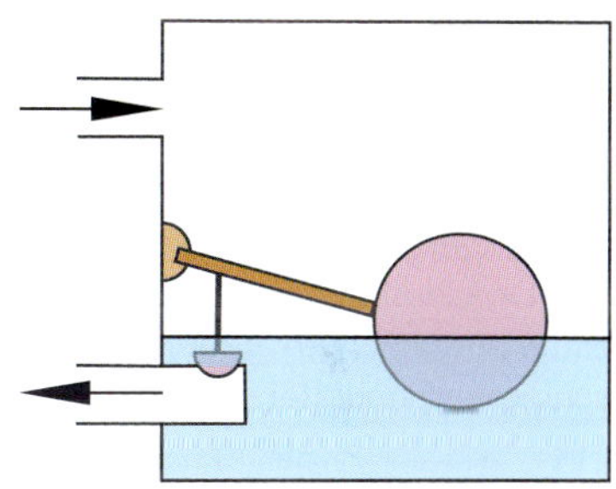

Abbildung 3-10 mechanischer Kondensatableiter

Thermostatische Kondensatableiter

Thermostatische Kondensatableiter werden durch ein Bauelement gesteuert, das sich temperaturbedingt ausdehnt und somit den Abfluss des Kondensates ermöglicht.

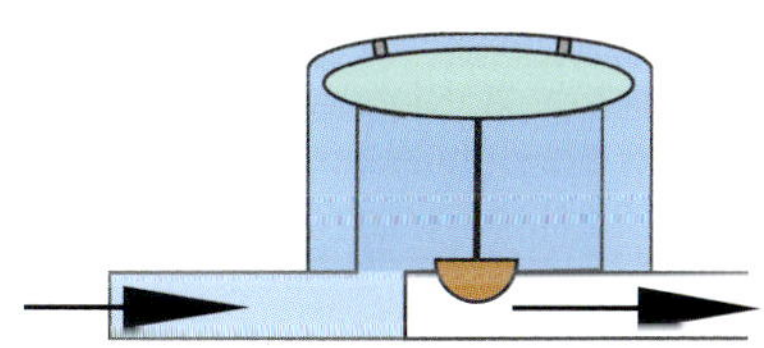

Abbildung 3-11 thermostatischer Kondensatableiter

Thermodynamische Kondensatableiter

Thermodynamische Kondensatableiter arbeiten auf der Grundlage der unterschiedlichen Wirkung des Flüssigkeits- oder Gasstromes und werden durch die Wechselwirkung zwischen dynamischem und statischem Druck im Durchflussmedium gesteuert.

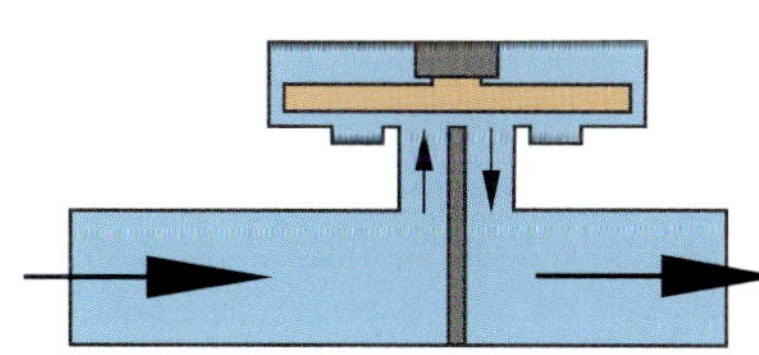

Abbildung 3-12 thermodynamischer Kondensatableiter

Darüber hinaus gibt es **starre Kondensatableiter**, die wie Drosselarmaturen ausgeführt sind. Die Einstellung dieser Kondensatableiter wird meistens von außen vorgenommen. Ihr Einsatz ist bei einem gleichmäßigen Kondensatanfall von Vorteil.

3.4.2 Ausführungen von Kondensatableitern

Mechanische Kondensatableiter

Die Öffnungs- und Schließbewegung des Absperrorgans wird bei mechanischen Kondensatableitern durch die Schwankung des Kondensatstandes im Gehäuse hervorgerufen. Das anfallende Kondensat wird selbsttätig abgeleitet. Der Vorteil dieses Kondensatableiters liegt in seiner großen Leistung und der Möglichkeit, ihn bei niedrigen Drücken einzusetzen. Der mechanische Kondensatableiter wird in seiner Bauweise mit einem geschlossenen Schwimmer (Kugel), mit einem nach oben offenen Schwimmer oder mit einem nach unten offenen Schwimmer (Glocke) unterschieden.

Beispiel Schwimmerkondensatableiter (geschlossen)

Der Schwimmkörper (Kugel) wird durch das zuströmende Kondensat nach oben gedrückt. Er ist mit dem Absperrkörper der Armatur verbunden und gibt den Auslass bei einer bestimmten Standhöhe frei. Das Kondensat strömt aus und der Kondensatstand im Gehäuse (Topf) fällt. Der Schwimmkörper neigt sich nach unten und verschließt den Durchgang. Das Kondensat wird ohne Verzögerung abgeleitet.

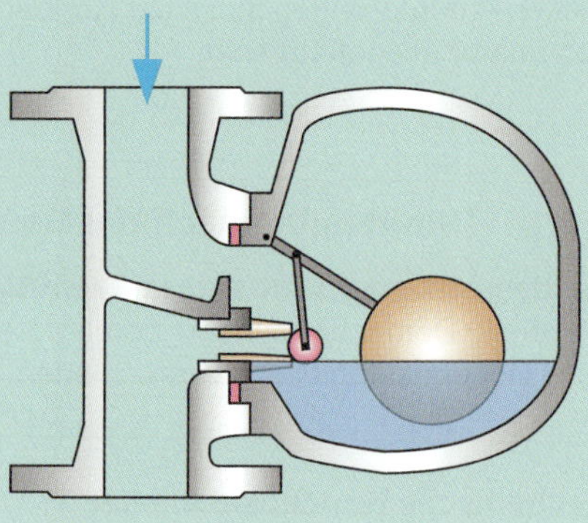

Abbildung 3-13 Schema eines Schwimmerkondensatableiters

Der Kondensatableiter mit einem geschlossenen Schwimmer ist geeignet für kleine und große Kondensatmengen, unabhängig von der Kondensattemperatur und dadurch auch für kaltes Kondensat (z. B. aus Druckluftanlagen), Destillate und andere chemische Produkte geeignet. Der Kondensatableiter mit einem nach unten geöffneten Schwimmer öffnet verzögert, ist unempfindlich gegen einen Wasserschlag und entlüftet sich automatisch.

Thermostatische Kondensatableiter

Das Öffnen oder Verschließen des Kondensatausgangs ist bei dem thermostatischen Kondensatableiter temperaturabhängig. Die Art der Steuerung des Kondensatableiters ist durch das Steuerungselement (z. B. Bimetallbügel) in der Wirkung unterschiedlich. Der Kondensatableiter staut in der Rohrleitung Kondensat an, das sich abkühlt und dann abgeleitet wird. Damit sich das Kondensat abkühlen kann, ist eine Kühlstrecke (bestimmte Länge der Rohrleitung) notwendig. Der Kondensatableiter entlüftet sich selbständig, öffnet verzögert und ist unempfindlich gegen Wasserschläge. Der Kondensatstau kann für den Betreiber der Anlage auch zur Nutzung der Wärmeenergie des Kondensates genutzt werden, beispielsweise um andere Medien zu erwärmen. Thermostatische Kondensatableiter werden nach der Funktion der Steuerung des Öffnungs- und Schließvorgangs unterschieden. Dies kann durch den Dampfdruck (z. B. Kapsel), durch ein Bimetall oder durch ein Ausdehnungselement geschehen.

Die Temperaturänderung des hereinströmenden Kondensats führt beim Kondensatableiter mit Bimetallbügel oder thermoelastischem Element zu einer Verformung und damit zu dem Öffnungs- oder Schließvorgang dieses Kondensatableiters.

Beispiel Bimetallkondensatableiter

Der Öffnungs- und Schließvorgang wird durch den Bimetallbügel, der sich beim Kontakt mit Kondensat (Kälte) zusammenzieht und bei Dampf (Hitze) streckt, gesteuert. An dem Bimetallbügel ist der Absperrkörper befestigt, der den Durchfluss verschließt oder öffnet.

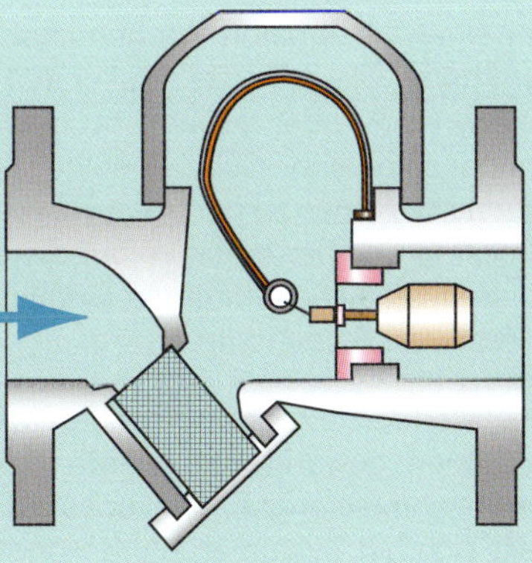

Abbildung 3-14 Schema eines Bimetallkondensatableiters

In Kondensatableitern, die mit Dampfdruck gesteuert werden, sind flexible Hohlräume (Kapsel oder Balg), die mit dem Absperrkörper verbunden sind, eingebaut. Die Hohlräume enthalten eine Flüssigkeit, die einen hohen Dampfdruck besitzt. Die Öffnungs- oder Schließbewegungen werden durch das Ungleichgewicht zwischen dem Druck des Kondensates im Kondensatableiter und dem Dampfdruck der im Verformungselement vorhandenen Flüssigkeit (z. B. Alkohol) hervorgerufen. Um die Offenstellung der Kondensatableiter zu gewährleisten, werden die Kapseln von manchen Herstellern mit einem geringen Vakuum versehen.

Bei der Steuerung mit einem Ausdehnungselement wird durch die Temperaturschwankung die Öffnungs- oder Schließbewegung hervorgerufen.

Thermodynamische Kondensatableiter

Der thermodynamische Kondensatableiter wird durch die aufeinanderfolgenden Druckunterschiede zwischen dem Eintritt und der Druckkammer zu einer Öffnungs- und Schließbewegung geführt. Die Merkmale dieser Kondensatableiter sind, dass sie klein und leicht sind, wartungsarm und unempfindlich gegen Frost, Wasserschläge und Vibrationen. Ein Dampfverlust lässt sich bei diesen Kondensatableitern nicht vermeiden, weil sie diesen zur Steuerung benötigen.

Beispiel Thermodynamischer Kondensatableiter

Die Steuerplatte wird vom zufließenden Kondensat angehoben und gibt den Kondensatabfluss frei. Strömt Dampf in den Kondensatableiter, wird durch die unterschiedlich großen Flächen an der Steuerplatte (im Einlass klein und an der Oberseite groß) der Kondensatableiter geschlossen. Durch die Wärmeabgabe kondensiert der Dampf und der Kondensatableiter öffnet wieder

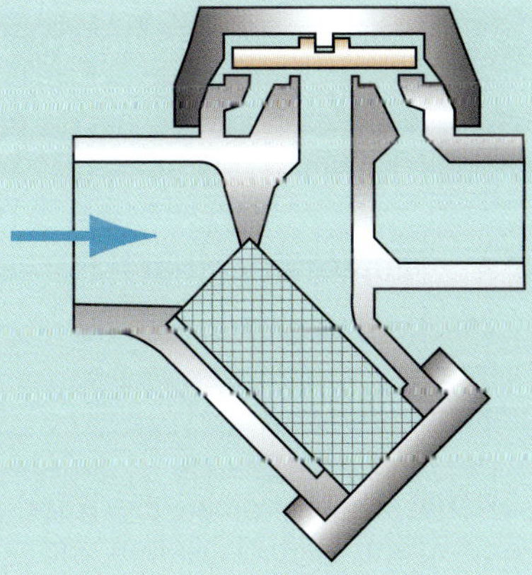

Abbildung 3-15 Schema eines thermodynamischen Kondensatableiters mit nicht druckentlasteter Steuerplatte

Thermodynamische Kondensatableiter werden mit druckunentlasteter oder druckentlasteter Steuerplatte ausgeführt.

3.4.3 Einsatzhinweise

Um einen geeigneten Kondensatableiter auswählen zu können, müssen die verschiedenen Einsatzparameter, wie z. B. die anfallende Kondensatmenge (konstant oder schwankend), der Kondensatstau (unerwünscht oder gewünscht) oder der Druck im Kondensatnetz bekannt sein. Grundsätzlich soll ein Kondensatableiter nicht an seiner obersten Leistungsgrenze betrieben werden, denn ein Kondensatstau ist bei einer zu geringen Reserve nicht auszuschließen. Dies würde zu einem nicht erwünschten Rückstau und der damit verbundenen Gefahr von Wasserschlägen führen. Die Wahl eines zu großen Kondensatableiters birgt die Gefahr, dass der Kondensatableiter zum Übersteuern neigt, was Dampfverluste zur Folge hätte.

Eine Kontrollmöglichkeit zur Funktionsfähigkeit eines Kondensatableiters kann durch verschiedene Methoden gewährleistet werden. So gibt es eine optische Kontrolle, Temperaturmessungen oder Geräuschmessungen. Die optische Kontrolle erfolgt durch ein Schauglas, die Temperaturmessung lässt sich bei Systemen ohne Kondensatstau an verschiedenen Punkten durchführen. Die Geräuschmessung kann nur bei zeitweise arbeitenden Kondensatableitern eingesetzt werden.

Werden Leitungsentwässerungen installiert, ist darauf zu achten, dass der Kondensatableiter nicht mit seinem kleineren Rohrleitungsdurchmesser direkt an die Förderleitung montiert wird, sondern sich zunächst ein Abzweig in der Größe der Förderleitung anschließt.

Durch diese Maßnahme wird verhindert, dass die Wassertröpfchen von der Strömungsgeschwindigkeit des zu entwässernden Mediums über die Entleerungsleitung herübergetragen werden.

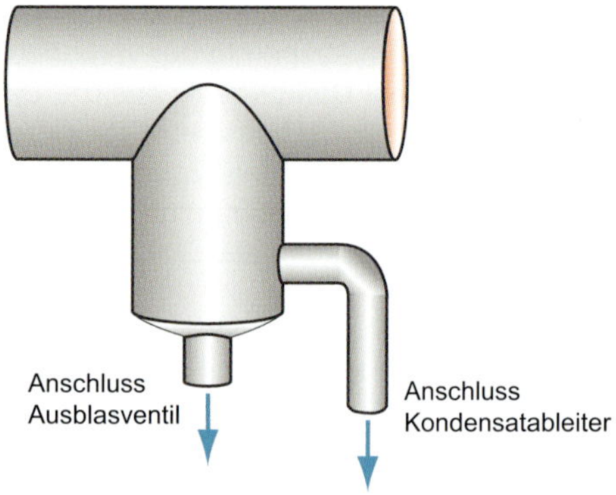

Abbildung 3-16 Einbauschema

3.5 Rückflussverhinderer

Der Rückflussverhinderer hat die Aufgabe, den Durchfluss der Strömung nur in eine Richtung zu erlauben. Er findet in der chemischen Anlage dort seinen Einsatzort, wo das Leerlaufen der Rohrleitung oder eine Rückströmung, z. B. beim Ausfall von Pumpen, verhindert werden soll. Die Rückflussverhinderer sollen erst aktiv werden, wenn eine Störung vorliegt und während des Normalbetriebes einen so geringen Druckverlust wie möglich erzeugen.

Das Kriterium bei allen Ausführungen ist die Schließzeit. Ein sehr kurzer Schließvorgang kann Druckstöße bewirken, eine zu lange Schließzeit ermöglicht den Rückfluss in die zu sperrende Rohrleitung. Aus diesem Grund stehen neben den Normalausführungen eine Vielzahl von Sonderbauarten mit Zusatzeinrichtungen, die das Schließverhalten beeinflussen, zur Verfügung.

3.5.1 Unterteilung nach Bauarten

Rückflussverhinderer werden als Klappen und Ventile in verschiedenen Variationen eingesetzt.

Rückschlagklappe

Bei der Rückschlagklappe ist der Absperrkörper exzentrisch gelagert. Die Rückschlagklappe spricht in der Regel schneller an als das Rückschlagventil. Eine Weichdichtung am Absperrkörper verringert den Anschlaglärm beim Schließen und erhöht die Dichtheit. Ein Gewicht oder eine Feder hält bei einem Strömungsstillstand die Klappe in geschlossener Stellung.

Es werden die Bauarten Kipprückschlagklappe, Doppel- oder Gruppenrückschlagklappe unterschieden.

Beispiel Doppelrückschlagklappe

Bei der Doppel- oder Zweiflügelrückschlagklappe sind zwei zur Mitte schließende Klappenscheiben als Absperrkörper eingebaut. Die Klappenscheiben öffnen bis zu einem Winkel von ca. 80° und gewährleisten so eine wirksame Angriffsfläche zum Schließen bei einer Rückströmung.

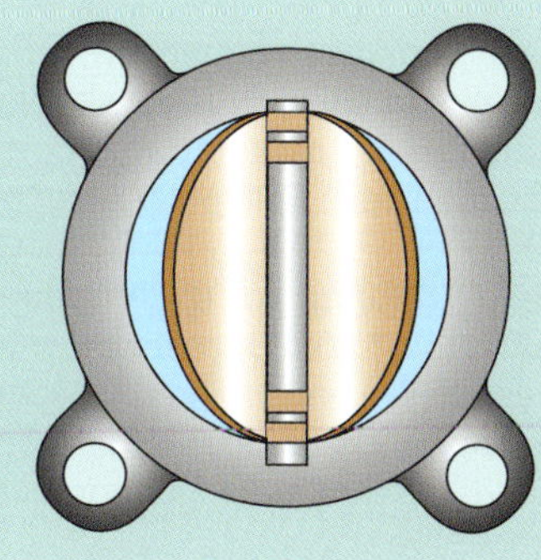

Abbildung 3-17 Schema einer Doppelrückschlagklappe

Rückschlagventil

Das Rückschlagventil schließt in der Regel dichter als eine Rückschlagklappe. Die Schließkraft des Absperrkörpers wird durch das Eigengewicht des Absperrkörpers, die Strömungskraft und durch eine Druckfeder beeinflusst. Der Absperrkörper kann als Kegel, Kolben oder als Kugel ausgeführt sein.

Rückschlagventile werden in den Bauarten Geradsitz- oder Schrägsitzventile, mit oder ohne Feder ausgeführt. Auch als Eck- oder Axialventilvarianten werden sie angefertigt. In senkrechten Leitungen wird bevorzugt das Axialventil eingebaut.

Beispiel Rückschlagventil mit Schließfeder

Das Ventil wird durch den Volumenstrom geöffnet, wenn der Druck im Medium die Federkraft und das Eigengewicht des Absperrkörpers überwindet. Rückschlagventile dieser Bauart dürfen nicht mit dem Deckel nach unten und in senkrechte Leitungen eingebaut werden.

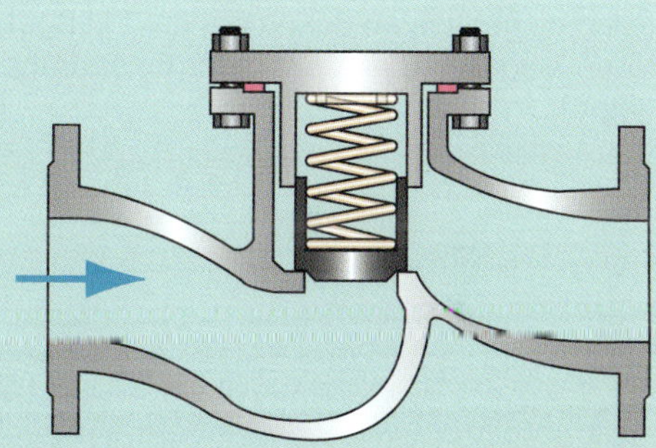

Abbildung 3-18 Schema eines Rückschlagventils mit Schließfeder

3.5.2 Einsatzhinweise

Vor- und Nachteile der Rückflussverhinderer sind in Tabelle 3-3 aufgeführt.

Tabelle 3-3 Vor- und Nachteile von Rückschlagklappen und -ventilen

Rückschlagklappe	Rückschlagventil
günstige Verlustbeiwerte in Offenstellung	kleine Schließwege
Klappen mit der Drehachse außerhalb der Strömung sind verstopfungsfrei	geringere Neigung zum Schlagen
Gruppenklappen haben kurze Schließwege	nicht für Abwasser (außer Kugel)
Klappen haben einen langen Schließweg	nur für Medien mit geringem Schmutzgehalt
Klappen neigen zum Schlagen	bei kleinen Nenndrücken und Nennweiten ist das Kugelventil bei Abwasser einsetzbar
Klappen mit der Drehachse in der Strömung sind ungeeignet für ungereinigte Abwässer	

3.6 Be- und Entlüftungsventile

Diese Armaturen haben die Aufgabe, in Flüssigkeitssystemen das Belüften und/oder das Entlüften vorzunehmen. Der Vorgang wird von der Armatur im Regelfall selbständig durchgeführt. Bei der Anwendung dieser Armaturen wird unterschieden, ob das Be- und Entlüften während des Betriebes oder das Entlüften beim Füllen der Anlage erfolgt.

Beim **Entlüften** soll die Armatur Auswirkungen verhindern (z. B. das Trockenlaufen von Pumpen), die durch Luft- oder Gaseinschlüsse in einem Rohrleitungssystem entstehen können. Die unerwünschten Gasanteile können durch Öffnungen im Rohrleitungssystem, z. B. bei Wartungsarbeiten, in das System gelangen. Es ist aber auch möglich, dass gelöste gasförmige Bestandteile unter bestimmten Druck- und Temperaturbedingungen aus dem Medium austreten und so „von innen" zu Gaseinschlüssen führen.

Das **Belüften** einer Anlage ist immer dann erforderlich, wenn Entleerungsvorgänge durchgeführt werden. Beim Entleeren von Rohrleitungen oder Behältern, aber auch bei einem schnellen Flüssigkeitsabfluss bei Rohrbrüchen kann Unterdruck (Vakuum) im System entstehen, der drastische Schäden nach sich ziehen kann. Die Belüftungsarmatur muss gewährleisten, dass eine dem Flüssigkeitsvolumen entsprechende Menge Luft (oder Inertgas) in das System eindringen kann.

3.6.1 Belüftungsventil

Um den Unterdruck in einem Rohrleitungssystem zu begrenzen, werden die Belüftungsventile an den Stellen eingebaut, an denen höhere Fließgeschwindigkeiten erwartet werden. Sie werden auch an den Stellen eingesetzt, an denen der Innendruck im System plötzlich abfallen kann (z. B. bei Ausfall einer Pumpe).

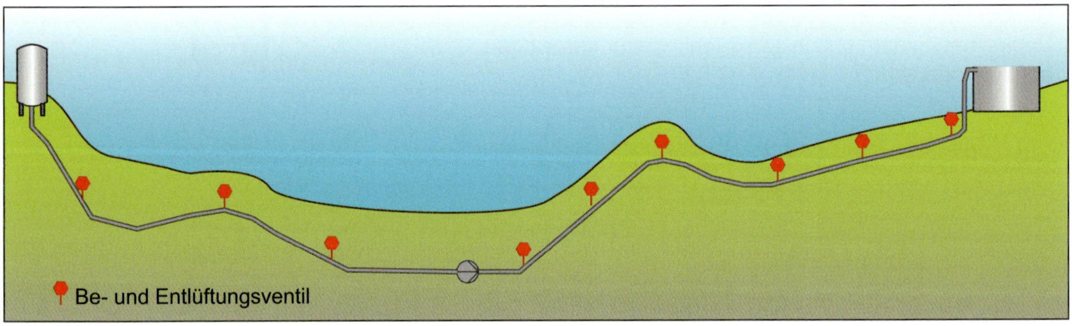

Abbildung 3-19 Schema der Be- und Entlüftungsanordnung in einer Rohrleitung

3.6.2 Entlüftungsventil

Das Entlüftungsventil hat die Aufgabe, so lange geöffnet zu bleiben, bis ausschließlich flüssiges Medium im System vorliegt. Es wird an mehreren höher gelegen Stellen in die Rohrleitung eingebaut. Je nach Länge der Rohrleitung werden mehrere Armaturen eingesetzt (bei langen steigenden oder fallenden Rohrstrecken wird ein Abstand von ca. 800 m empfohlen). Eine Entlüftung muss gegebenenfalls auch an den Knickpunkten einer Rohrleitung eingebaut werden.

Beispiel Einkammerventil

Das Einkammerventil dient der Ent- bzw. Belüftung eines Rohrleitungssystems. Beim Entlüften liegt der Schwimmer in der Führungsschale und das Gas kann zwischen der Gehäusewand und der Führungsschale austreten. Sobald sich die Armatur mit Flüssigkeit füllt, wird der Schwimmer angehoben, gegen den Sitz gepresst und er dichtet ab.

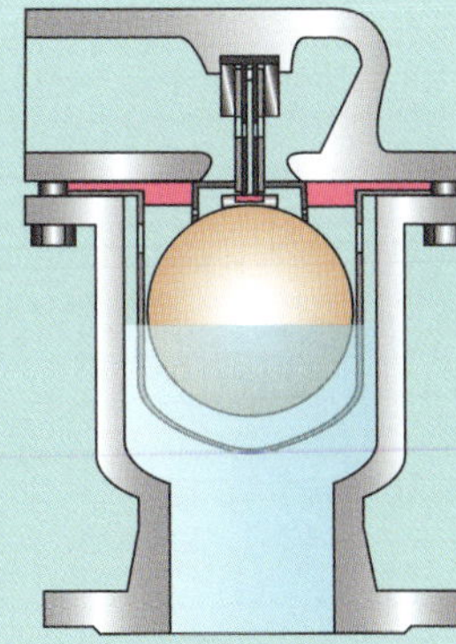

Abbildung 3-20 Schema eines Einkammerventils

In vielen Anlagen wird eine Kombination aus Be- und Entlüftungsventil im System eingebaut.

3.7 Explosionssicherungen

Überall dort, wo es zu einer Explosion in der Anlage kommen kann, werden Armaturen eingesetzt, die zu einer Druckentlastung im System führen oder den Durchschlag der Flammen verhindern sollen. So müssen alle Anlagen, in denen sich feuergefährliche Gase oder Flüssigkeiten befinden, mit einer flammendurchschlagsicheren Armatur ausgestattet sein. Hierbei ist es egal, ob es sich um eine Anlage zur Erzeugung und Abfüllung dieser Medien, die Lagerung oder den Transport handelt. Immer muss mit der Bildung einer explosionsfähigen Atmosphäre gerechnet werden.

Zum Schutz des Bedienungspersonals oder der Anlage sind auch vorbeugende Maßnahmen zu ergreifen, wie das Vermeiden von Zündquellen und die Messung von kritischen Konzentrationen bei Gas-Luft-Gemischen und Staub-Luft-Gemischen.

Exkurs Explosionsschutz

Es gibt Substanzen, die von sich aus explosionsgefährlich sind und bereits durch einen Schlag oder Stoß explodieren können. Hierzu zählen beispielsweise Sprengstoffe wie etwa Nitroglyzerin, TNT oder Dynamit. Aber auch brennbare Gase oder Flüssigkeiten und sogar ungefährliche Stoffe wie etwa Mehlstaub, können zusammen mit Luft explosionsfähige Gemische bilden.
Zu einer Explosion kann es kommen, wenn eine explosionsfähige Atmosphäre vorliegt. Der Begriff „explosionsfähige Atmosphäre" umfasst Gemische aus brennbaren Gasen, Dämpfen, Nebeln oder Stäuben mit Luft in zündfähiger Konzentration. Zur Zündung bedarf es einer sogenannten Zündquelle. Dies kann ein Funke, eine Flamme oder auch eine heiße Oberfläche sein.

Bedingungen für eine Explosion

Explosionsgefahr kann bestehen, wenn im Betrieb brennbare Gase, Flüssigkeiten oder Stäube hergestellt, gelagert oder verarbeitet werden und dabei Gase, Dämpfe, Nebel (Flüssigkeitströpfchen) oder Stäube im Gemisch mit Luft (explosionsfähiges Gemisch) auftreten.

Zu einer Explosion kann es kommen, wenn gleichzeitig und am selben Ort vorliegen:

Brennstoff (Gas, Dampf, Nebel oder Staub) in ausreichender Menge und Verteilung

und

eine für die Verbrennung ausreichende Menge **Sauerstoff** (in der Regel aus der Luft)

und

eine wirksame Zündquelle.

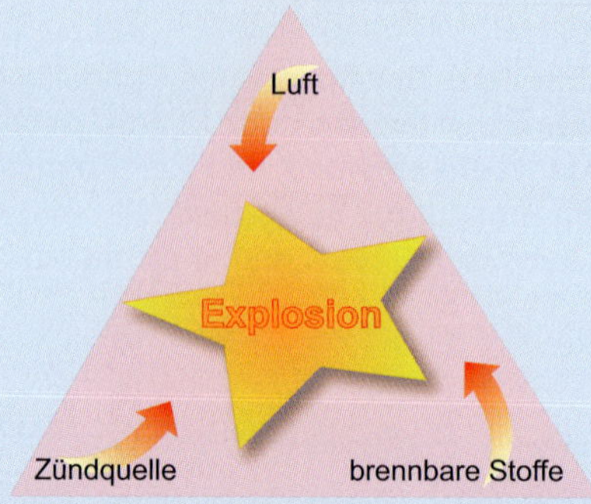

Abbildung 3-21 explosionsverursachende Einflüsse

Schutzprinzipien

Explosionsschutzregeln sollen sicherstellen, dass ein System von Schutzmaßnahmen zur Minimierung der Gefährdungen entwickelt wird. Dabei ist folgende Rangfolge zu beachten:

Primärer Explosionsschutz:

Vermeidung/Einschränkung der Bildung explosionsfähiger Atmosphäre.

Maßnahmen des primären Explosionsschutzes zielen darauf ab, die brennbaren Stoffe oder den Luftsauerstoff zu ersetzen oder so zu verringern, dass die Bildung eines explosionsfähigen Gemisches ausgeschlossen wird. Mögliche Maßnahmen sind:

- erhöhte Luftzufuhr durch Spülung oder Belüftung (durch einen offenen Aufbau, z. B. bei Tankstellen)
- Ersatz von Luftsauerstoff durch nichtbrennbare Gase, z. B. Stickstoff.

Da der Ersatz von Luftsauerstoff in allen Bereichen, in denen sich Menschen aufhalten, unmöglich ist, beschränken sich die Maßnahmen dort auf:

- Vermeidung oder Einschränkung von Stoffen, die eine explosionsfähige Atmosphäre bilden können
- Verhinderung oder Einschränkung des Austritts von brennbaren Stoffen.

Alle Maßnahmen dienen dazu, der Bildung explosionsfähiger Gemische vorzubeugen.

Sekundärer Explosionsschutz:

Vermeidung wirksamer Zündquellen

Tertiärer Explosionsschutz:

Begrenzung der Auswirkungen einer möglichen Explosion auf ein unbedenkliches Maß.

3.7.1 Flammendurchschlagsicherungen

Die Flammendurchschlagsicherung ist eine Armatur, die an der Öffnung eines Anlagenbauteils oder in der Rohrleitung innerhalb eines Anlagensystems eingebaut ist und in ihrer Funktion den Durchfluss des Mediums ermöglicht, aber einen Flammendurchschlag verhindert.

Diese Armaturen sind den verschiedenen Anforderungen, die an sie gestellt werden, angepasst. Hierzu zählen eine Sicherung gegen einen **Dauerbrand** oder eine **Explosion**. Bei der Explosion wird unterschieden zwischen:

- **Deflagration**
Explosion mit Unterschallgeschwindigkeit

- **stabiler Detonation**
gleichmäßiger Druck und Überschallgeschwindigkeit

- **instabiler räumlich begrenzter Detonation**
wachsende Geschwindigkeit und höhere Druckspitze als bei der stabilen Detonation

Alle Armaturen haben eine Flammensperre (wichtigstes Bauteil) und werden in folgende Bauarten unterteilt:

Dauerbrandsicherung

Die Dauerbrandsicherung hält einem langanhaltenden Brand und damit verbundener Temperatur- und Druckbeanspruchung stand, sie ist eine Endarmatur (z. B. Be- und Entlüftungshaube).

Deflagrationsendsicherung

Diese Sicherung wird bei dem Auftreten von atmosphärischen Explosionen eingesetzt, um den Durchschlag in die Anlage zu verhindern (z. B. Unterdruck-Belüftungsventil).

Deflagrationsrohrsicherung

Die Deflagrationsrohrsicherung ist in der Rohrleitung installiert, wobei sie sich in der Nähe der möglichen Zündquelle befindet. Sie wird vom Medium durchströmt.

Deflagrationsvolumensicherung

Eine Deflagrationsvolumensicherung verhindert in geschlossenen, geometrisch begrenzten Räumen ein Übergreifen der Explosion.

Detonationssicherung

Eine Detonationssicherung kann als Rohrleitungsarmatur an einer beliebigen Stelle in der Rohrleitung eingebaut werden und verhindert, dass sich die Detonation in andere Anlagenteile ausbreitet.

Beispiel Flammensperre

Die Flammensperre (Filter) ist ein Bauteil, das in flammendurchschlagsicheren Armaturen die Flamme löscht. Die Filterscheibe ist mit einem bestimmten Spaltmaß hergestellt und wirkt auf das brennende Medium wie ein Wärmetauscher – der Flamme wird Energie entzogen. Das Spaltmaß muss dem jeweiligen Gemisch angepasst sein.

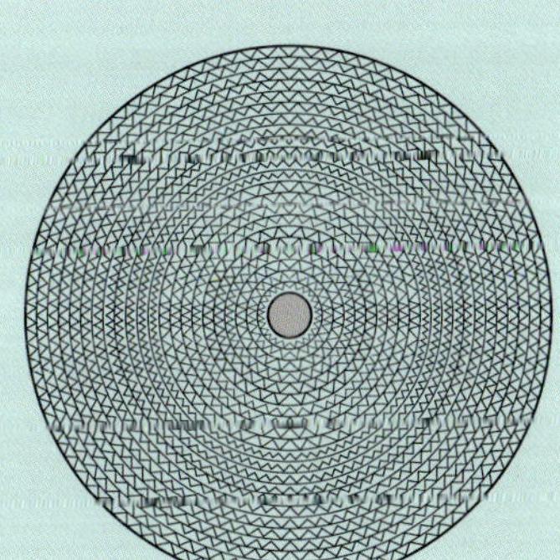

Abbildung 3-22 Schema eines Flammfilters

3.7.2 Druckentlastung bei Staubexplosion

Druckentlastungen leiten den durch eine Explosion auftretenden Überdruck durch eine definierte Entlastungsöffnung in eine ungefährliche Richtung ab. Ein weiterer Druckanstieg, der zur Zerstörung der Anlage oder von Anlagenteilen führen könnte, wird so vermieden. Die schnelle Druckentlastung wird durch den Einbau von Explosionsklappen oder Berstscheiben erreicht.

3.8 Fragen zum Kapitel Sicherheitsarmaturen

1. Beschreiben Sie die Wirkungsweise eines thermostatischen Kondensatableiters.
2. Erläutern Sie die grundlegenden Unterschiede zwischen einem gewichtsbelasteten Sicherheitsventil und einer Berstscheibe.
3. Nennen Sie Gründe für den Einsatz von Entlüftungsventilen in Rohrleitungen.
4. Wie unterscheiden sich Deflagration und Detonation?
5. Unterscheiden Sie die Wirkweise einer Rückschlagklappe und eines Rückschlagventils.
6. Nennen Sie Vor- und Nachteile eines Proportional-Sicherheitsventils.
7. Wo werden Berstsicherungen eingesetzt?
8. Nennen Sie 4 Betriebszustände, welche eine Sicherheitsarmatur verhindern soll.
9. Nach welchen Öffnungscharakteristiken lassen sich federbelastete Sicherheitsventile unterscheiden?
10. Warum wird ein Belüftungsventil in einem Rohrleitungssystem eingebaut?
11. Welche Armaturen werden für eine Druckentlastung bei Staubexplosionen verwendet?

4 Dichtungen und Dichtungssysteme

4.1 Allgemeines zu Dichtungen

Es werden zwei Arten von Abdichtungen unterschieden:

1. an ruhenden Flächen (z. B. Pumpengehäuse) und
2. an bewegten Flächen (z. B. Pumpenwelle).

4.1.1 Aufgaben von Dichtungen

Dichtungen haben die Aufgabe, verschiedene Räume vollständig von einander zu trennen und so den Austritt von Produkt in die Umwelt zu verhindern. Die Abdichtung geschieht zwischen Bauteilen, die starr miteinander verbunden sind (z. B. zwischen Flanschen) oder zwischen denen eine Bewegung stattfindet (z. B. Welle und Gehäuse).

Je nach Einsatzart werden vielfältige Anforderungen an die Werkstoffeigenschaften der Dichtungen gestellt. Es bedarf der ausreichenden Festigkeit gegenüber Drücken, der hinreichenden Temperatur- und Produktbeständigkeit sowie einer möglichst hohen Verschleißbeständigkeit der Dichtungen, die an bewegten Flächen eingesetzt werden.

4.1.2 Einteilung von Dichtungen

Je nach Verwendungszweck, Einsatz an ruhenden oder bewegten Dichtflächen, werden zwei Bauarten unterschieden: statische und dynamische Dichtungen.

Statische Dichtungen sind fest mit den Dichtflächen verbunden. Die Abbildungen 4-1 und 4-2 zeigen eine Flachdichtung zwischen zwei Flanschen einer Rohrleitung sowie O-Ringe zwischen Gehäuseteilen.

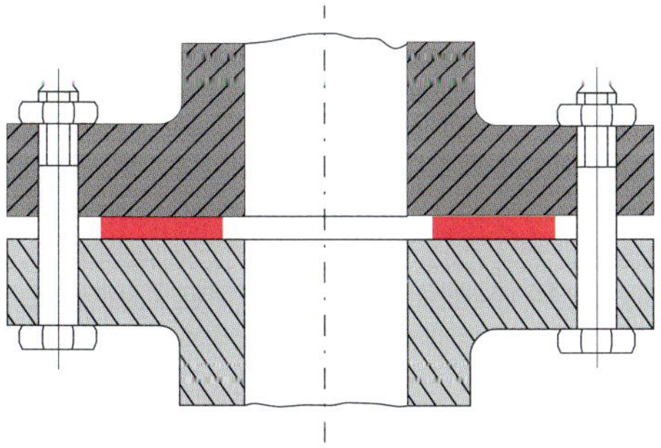

Abbildung 4-1 Flachdichtung zwischen den Flanschen einer Rohrleitung

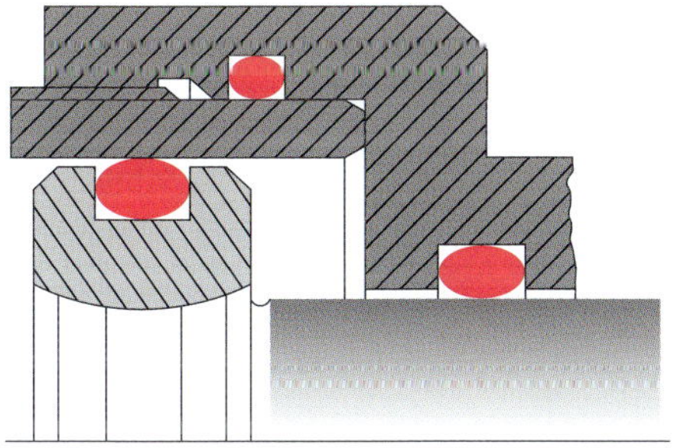

Abbildung 4-2 O-Ringe zur Dichtung zwischen Gehäuseteilen

Einsatzgebiete für **dynamische Dichtungen** sind z. B. Wellendurchführungen an Pumpen, Behältern und Armaturen. Hier ist in der Regel eine Drehbewegung abzudichten. Die Abdichtung einer gradlinigen Bewegung ist bei Zylinder und Kolben, z. B. beim Motor im PKW, erforderlich.

4.1.3 Abdichtung statischer Dichtflächen

In vielen Bereichen der Industrie finden statische Dichtungen ihre Anwendungen, beispielsweise um Verbindungsflächen von Maschinen, Apparaten, Rohrleitungen, Pumpen, Armaturen, Kesseln und Behältern abzudichten. Entsprechend der Vielzahl verwendeter Rohrleitungen ist die Flanschverbindung die am häufigsten eingesetzte statische Dichtung.

Die Kosten einer Abdichtung sind gegenüber den anderen Anlagenbauteilen relativ gering. Beim Versagen des Dichtungssystems können jedoch Folgekosten entstehen, die ein Vielfaches der Bauteilkosten betragen.

An eine Dichtung in einer Verbindung werden unterschiedliche Anforderungen gestellt, die die Auswahl der Abdichtungsart und des Dichtungswerkstoffes beeinflussen. In der Regel soll die statische Abdichtung Stabilität gegenüber Druck und mechanischen Belastungen besitzen sowie Temperatur- und Produktbeständigkeit aufweisen. Als statische Dichtungen können Flachdichtungen, Profildichtungen, Schweißringdichtungen und flüssige Dichtungswerkstoffe sowie Kitte und Lacke eingesetzt werden. Eine Einteilung der statischen Dichtungen zeigt Abbildung 4-3.

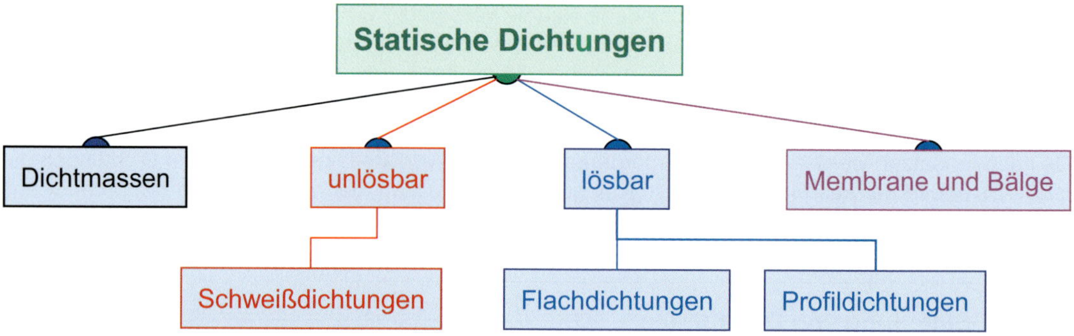

Abbildung 4-3 Übersicht zu statischen Dichtungen

Statische Dichtungen werden abhängig von der Einbaulage unterschiedlich belastet. Nach der Art der Kräfteübertragung befinden sich die Dichtungen dabei im Krafthauptschluss oder im Kraftnebenschluss (siehe Tabelle 4-5). Durch die Kräfte werden die Dichtungen elastisch oder plastisch verformt. Dabei passt sich der Dichtungswerkstoff den Unebenheiten der Dichtfläche an.

Dichtungen im Krafthauptschluss

Liegt die Dichtung im Krafthauptschluss, wird die gesamte Schraubenkraft auf die Dichtung übertragen. Die Dichtung muss neben der Abdichtfunktion auch noch Kräfte übertragen, wodurch die Gestaltung der Abdichtung erschwert wird. Für Dichtungen, die im Krafthauptschluss verwendet werden, sind härtere Werkstoffe besser als weiche Werkstoffe.

Die Bauteile der Behälter oder Rohrleitungsflansche sind durch die Dichtung getrennt. Eine typische Dichtung ist die Flachdichtung.

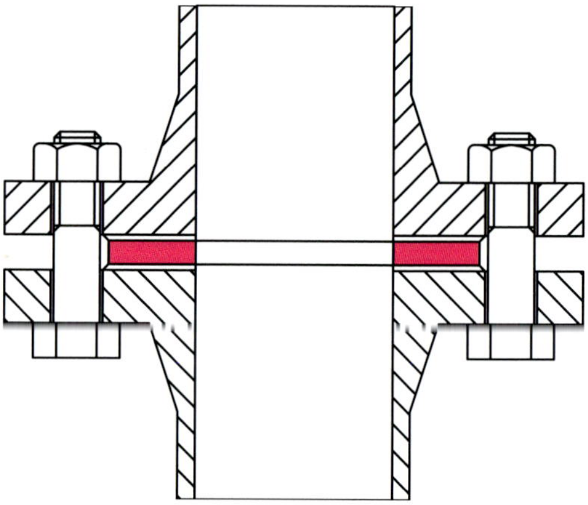

Abbildung 4-4 Dichtungen im Krafthauptschluss

Dichtungen im Kraftnebenschluss

Eine Dichtung befindet sich im Kraftnebenschluss, wenn sie in eine Nut eingelegt ist und die zu verbindenden Bauteile miteinander in Kontakt sind. Die Schraubenkraft wird von der Dichtung nur zum Teil übernommen, und der Kraftfluss geht direkt über die zu dichtenden Bauteile. Für Dichtungen im Kraftnebenschluss sind weichere Materialien besser geeignet.

Um die optimale Dichtheit zu erzielen, kommt der Nuttiefe eine besondere Bedeutung zu, denn sie bestimmt, bis zu welchem Maß die Dichtung verformt wird. Die Montage einer solchen Verbindung hat den Vorteil, dass keine besonderen Anzugsmomente der Schrauben beachtet werden müssen, solange der direkte Formschluss der abzudichtenden Bauteile gewährleistet ist. Eine typische Dichtung im Kraftnebenschluss ist der O-Ring.

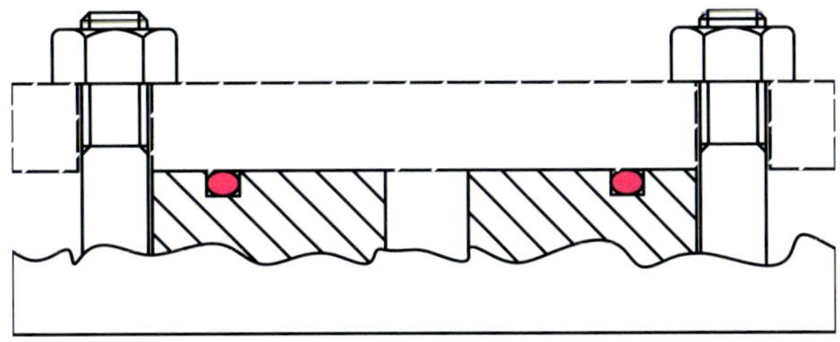

Abbildung 4-5 Dichtungen im Kraftnebenschluss

4.1.4 Abdichtung dynamischer Dichtflächen

Dichtmaterialien an bewegten Teilen sind weitaus höheren Belastungen ausgesetzt als Dichtungen an ruhenden Flächen. In der chemischen Anlage werden solche Abdichtungen erforderlich:

- an Wellenenden, die durch die Gehäusewand geführt werden (z. B. Pumpen) und
- an Ventil- oder Schieberspindeln, die aus dem Ventil- bzw. Schiebergehäuse heraustreten.

Als Abdichtung werden drei Arten von Wellenabdichtungen benutzt:

1. Radialwellendichtung
2. Stopfbuchse mit Packungsschnüren
3. Gleitring

Gleitring

Die Gleitringdichtung besteht aus einem ruhenden Gegenring und einem umlaufenden Gleitring. Der ruhende Gegenring ist fest mit dem Gehäuse verbunden, der umlaufende Gleitring ist auf der Welle befestigt.

Die Gleitringe sind aus sehr verschleißfestem Material und dichten ab durch genaues Aufeinanderlaufen der Ringe. Sie sind geeignet für mittlere bis hohe Drücke und geringe Leckage (Schmierung).

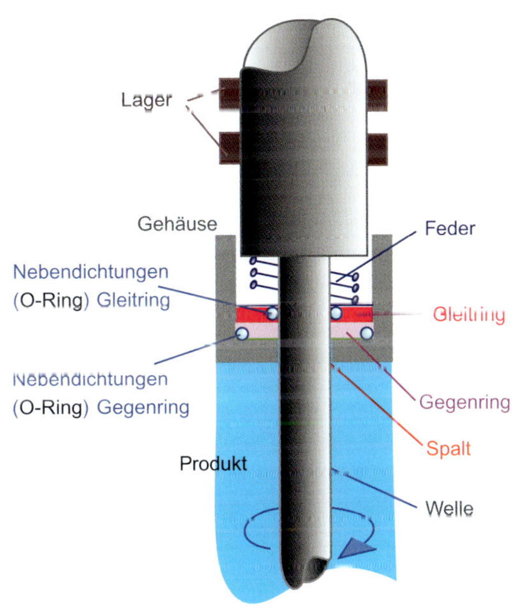

Abbildung 4-6 Gleitringdichtung

Stopfbuchse

Stopfbuchsen sind geeignet für überwiegend langsam drehende Wellen, z. B. Ventilspindeln. Die Packungsschnüre werden zwischen Welle und Gehäuse gelegt und durch die Stopfbuchsbrille angezogen.
Zwischen den Dichtflächen und den Packungsschnüren kommt es aufgrund der Bewegung zu Reibung. Stopfbuchsen, die an einer schnell laufenden Spindel eingesetzt sind, müssen daher durch eine geringe Flüssigkeitsleckage an der Abdichtung geschmiert werden.

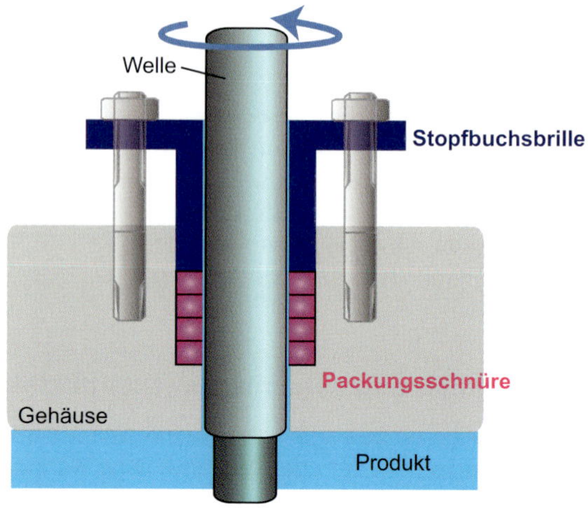

Abbildung 4-7 Stopfbuchse oder Packungsabdichtung

Radialwellendichtung

Die Radialwellendichtung – umgangssprachlich auch als Simmerring® bezeichnet – wird zur Abdichtung von drehenden Maschinenteilen verwendet, wenn der Unterschied zwischen Innen- und Außendruck gering ist.

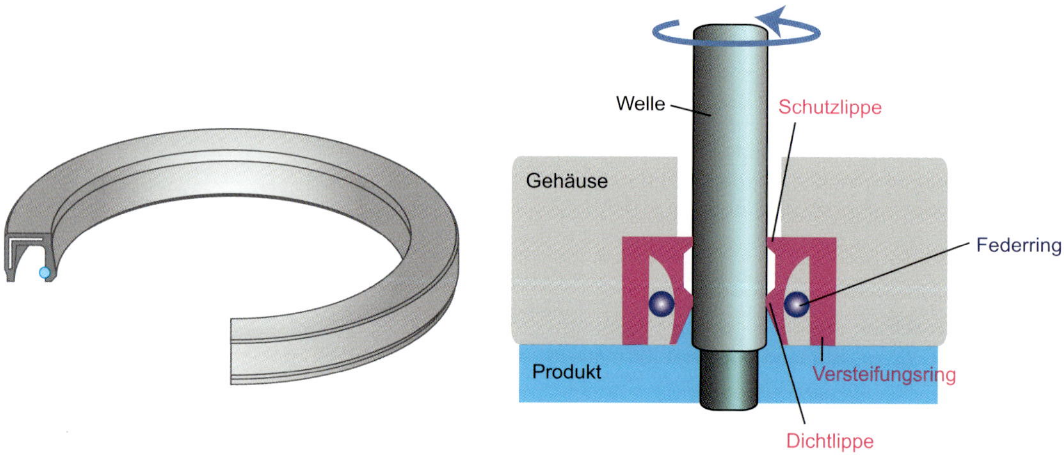

Abbildung 4-8 Radialwellendichtung

Die Radialwellendichtringe werden mit festem Sitz im Gehäuse oder Gehäusedeckel eingebaut. Ihre Dichtlippe läuft auf der Oberfläche der sich drehenden Welle und wird von einem Federring radial auf die Wellenoberfläche gedrückt. Um Verschleiß an der Gummilippe zu vermindern und die Dichtwirkung zu gewährleisten, werden hohe Anforderungen an die Beschaffenheit der Wellenoberfläche gestellt. Oft wird deshalb die Welle im Bereich der Dichtungslauffläche poliert.

4.2 Statische Dichtungen

Berührungsdichtungen an ruhenden Flächen (statische Dichtungen) können in Flachdichtungen, Profildichtungen und Schweißringdichtungen unterteilt werden. Für Flanschverbindungen sind die Dichtungen in der DIN EN 1541-1 geregelt.

4.2.1 Flachdichtungen

Flachdichtungen bestehen aus Scheiben, Ringen oder Rahmen, die sich gewöhnlich mit ihrer ganzen Breite der Dichtfläche anpassen. Sie bestehen entweder aus einem einheitlichen Werkstoff oder sind aus mehreren Werkstoffen zusammengesetzt.

Zwischen den Berührungsflächen der Dichtung und dem Flansch erfolgt die Abdichtung. Die Wahl des Dichtungstyps und des Werkstoffes ist abhängig vom Druck, dem Medium, der Temperatur, der Einbausituation sowie der zur Verfügung stehenden Schraubenkraft.

Flachdichtungen werden überwiegend im Apparate- und Rohrleitungsbau als Dichtelement zwischen Flanschen eingebaut und zählen zu den lösbaren Dichtungen.

Werkstoffe

Die Dichtungen werden eingeteilt in Weichstoff-Flachdichtungen, Metall-Flachdichtungen und Metall/Weichstoff-Flachdichtungen. Für Flachdichtungen stehen eine Vielzahl von Werkstoffen zur Verfügung, wie zum Beispiel Elastomere, Faserstoffe, Graphit, PTFE, Metall usw. Eine Übersicht gibt Tabelle 4-1.

Tabelle 4-1 Dichtungsmaterialien bei Flachdichtungen

Werkstoff	Dichtungstyp
Weichstoff	Faserdichtung
	PTFE-Dichtung
	Graphitdichtung
Metall	Metalldichtungen
Metall/Weichstoff*	Gummi-Stahl-Dichtung
	Metallummantelte Dichtung
	Wellringdichtung
	PTFE-ummantelte Dichtung
	Kammprofildichtung
	Spiraldichtung
	Konvexdichtung

(*Bei Metall-Weichstoffdichtungen wird der Weichstoff durch ein Metall gestützt oder ummantelt.)

Um bei weichen Werkstoffen die Diffusion durch die Dichtung zu verhindern, werden diese Dichtungen auch mit einem Metallband an der Innenkante umbördelt. Hierdurch wird die Standfestigkeit der Dichtung erhöht.

Dichtungsausführungen

Graphitdichtungen bestehen aus Graphit (Industriekohlenstoff mit 98 % C-Gehalt) mit oder ohne Einlage. Die Einlage besteht aus einem Glatt-, Klett- oder Spießblech. Diese Werkstoffkombination ist gegen viele Medien und hohe Temperaturen beständig und hat ein gutes Dichtverhalten. Graphitdichtungen haben einen Marktanteil von ca. 50 %.

Abbildung 4-9 Graphitdichtung

Gummi-Stahl-Dichtungen bestehen aus einem metallischen Träger, der mit einer geschlossenen oder offenen Umhüllung aus Gummi (Elastomere) versehen ist. Sie haben ein gutes Dichtverhalten, sind aber nur bedingt einsetzbar, da sie von einigen Lösemitteln angegriffen werden und für Temperaturen >100 °C nicht geeignet sind.

Abbildung 4-10 Gummi-Stahl-Dichtung

Spiraldichtungen bestehen aus einem Metallband und einem Weichstoff. Die beiden Materialien werden spiralförmig aufgewickelt. An der Innen- und Außenseite der Dichtung befinden sich in der Regel die Stützringe. Spiraldichtungen können bis zu einem Druck von 160 bar eingesetzt werden. Sie haben sich im Rohrleitungsbau in Raffinerien und Chemieanlagen bewährt.

Abbildung 4-11 Spiraldichtung

Kammprofildichtungen sind Dichtungen, die bei extremen Bedingungen eingesetzt werden. Der Dichtungsbereich besteht aus zweiseitigen Auflagen, die auf einem kammprofilierten Metallträger aufgeklebt sind. Der Druckbereich geht bis zu 400 bar. Sie dichten unter extremsten Bedingungen noch zuverlässig ab.

Abbildung 4-12 Kammprofildichtung

4.2.2 Profildichtungen

Allgemeines

Profildichtungen sind Scheiben, Ringe oder Rahmen, die infolge ihrer Querschnittsform nicht mit ihrer ganzen Breite aufliegen, sodass eine höhere Flächenpressung bewirkt wird. Der Querschnitt für ebene Dichtflächen kann z. B. kreisförmig, oval (ballig) oder rautenförmig sein. Sie gehören zu den lösbaren Dichtungen.

Verschiedene Querschnitte erfordern eine besondere Ausbildung der Dichtflächen, wie zum Beispiel die Linsendichtung oder den Formschlussdichtring (Ring Joint).

Werkstoffe

Profildichtungen bestehen aus einem metallischen oder weichen Werkstoff. Bei den metallischen Werkstoffen wird Weicheisen, warmfester Baustahl, Edelstahl oder z. B. Kupfer verwendet. Bei den weichen Werkstoffen finden hauptsächlich Elastomere, wie z. B. Nitril-Butadien-Kautschuk (NBR), Fluor-Karbon-Kautschuk (FPM), Ethylen-Propylen-Dien-Kautschuk (EPDM) oder Polytetrafluorethylen (PTFE) Anwendung.

Tabelle 4-2 Dichtungsmaterialien bei Profildichtungen

Werkstoff	Dichtungstyp
Metall	Linsendichtung
	RTJ-Dichtung
	Runddrahtring
Weichstoff	O-Ring

Dichtungsausführungen

Linsendichtungen bestehen aus einem Metallring mit einer balligen oder gekrümmten Dichtfläche. Sie werden bis zu einem Druck von 400 bar eingesetzt. Ihr Haupteinsatzgebiet sind Hochdruckanlagen. Sie haben ein gutes Dichtverhalten und sind technisch dicht.

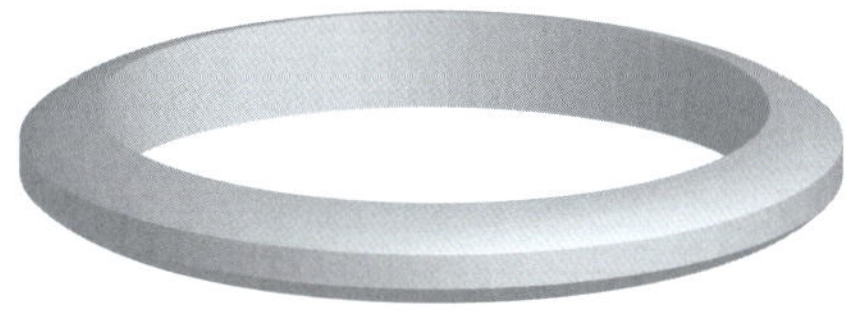

Abbildung 4-13 Linsendichtung

O-Ringe werden überwiegend zur Abdichtung ruhender Maschinenteile eingesetzt. Durch das Anziehen der Schrauben werden sie nur vorgepresst. Ihre Dichtpressung erhalten sie aus dem Systemdruck. Dadurch ist die Pressung im Betrieb des O-Ringes immer um die Vorpressung höher als der Systemdruck. Bei der Montage darf der O-Ring nicht über scharfe Kanten gezogen werden.

Abbildung 4-14 O-Ring-Dichtung

4.2.3 Schweißringdichtungen

Allgemeines

Schweißringdichtungen bestehen aus zwei Ringen, die jeweils mit einem Flansch und miteinander (siehe Abbildung 4-15) verschweißt sind. Sie werden bei gefährlichen Medien, die beispielsweise toxisch, leicht entzündlich oder umweltgefährdend sind, eingesetzt. Unterschieden werden Membran-Schweißringdichtungen, Torus-Schweißringdichtungen und Schweißringdichtungen. Diese Dichtungsart zählt zu den unlösbaren Dichtungsformen.

Werkstoff

Die Dichtungen bestehen entweder aus einem metallischen Werkstoff oder es ist in einer zusätzlichen Ausführung eine Flachdichtung mit eingearbeitet, wobei das Verschweißen der Verbindung entfällt. Der Werkstoff zum Verschweißen muss aus einem ähnlichen Werkstoff wie die Flansche gewählt werden.

Dichtungsausführungen

Schweißringdichtungen bestehen aus zwei Scheiben, die aus einem metallischen Werkstoff sind. Sie sind 30 mm dick und können wahlweise von innen oder außen verschweißt werden. Undichtigkeiten können ohne Demontage behoben werden. Sie sind unlösbar, weil nach dem Lösen der Schrauben die Dichtschweißnaht aufgetrennt werden muss.

Abbildung 4-15 Schweißringdichtung

Membran-Schweißringdichtungen sind die einfachsten Schweißringdichtungen. Sie werden zunächst innen mit jeweils einem Flansch verschweißt. Nach dem Zusammenbau der Flansche wird die Dichtnaht außen verschweißt.

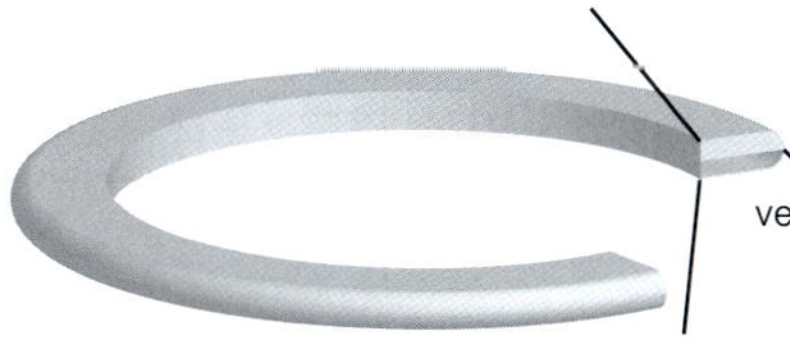

Abbildung 4-16 Membran-Schweißringdichtung

4.2.4 Dichtmasse

Als Dichtmasse werden pastöse oder flüssige Dichtmittel bezeichnet. Sie passen sich der Oberflächenstruktur der Dichtflächen, z. B. an Flanschen oder Gewinden, an und bilden dann harte oder elastische Dichtungen aus.

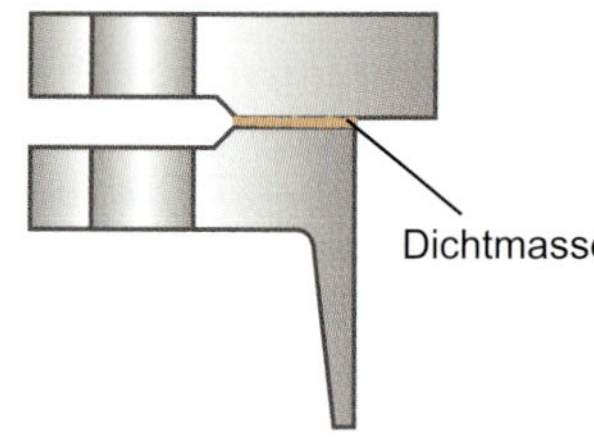

Abbildung 4-17 Dichtmasse

Sie finden in vielen Bereichen der Technik (z. B. Schraubendichtung) ihre Anwendung, da sie flexibel und leicht handhabbar sind.

4.2.5 Membrane und Balg

Eine Membrane oder ein Balg wird trotz der Beweglichkeit dieser Bauteile zu den statischen Dichtungen gezählt. Die fest eingeklemmte Abdichtung sorgt für „ruhenden Sitz" der Dichtfläche.

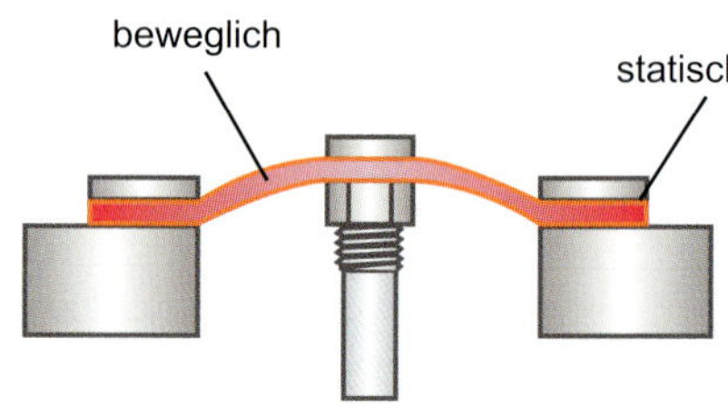

Abbildung 4-18 Membrandichtung

4.3 Dichtungen in Flanschverbindungen

Mit Flanschverbindungen werden Rohrabschnitte dicht, aber lösbar miteinander verbunden. Die Flansche unterliegen Maßnormen, die unabhängig von der Bauart sind. Aus diesem Grund ist es möglich, Flansche mit gleicher Nennweite und gleichem Nenndruck untereinander auszutauschen. Jeder Flansch besitzt eine durch vier teilbare Anzahl von Schraubenlöchern, die gleichmäßig auf dem Flansch verteilt sind.

4.3.1 Formen der Dichtflächen

Flansche werden nach der Form ihrer Dichtflächen unterschieden, wobei sie mit einem Kennbuchstaben versehen sind. Als Basis für die Maße sämtlicher Dichtflächen dient immer die Flanschblattdicke. Ausgehend von dieser werden die entsprechenden Ein- und Ausdrehungen für z. B. Nut- und Federausführungen vorgenommen. Die Bezeichnung für einen Flansch mit glatter Dichtleiste lautet z. B. DN25 / 33,7 PN16x2 1.4571 DIN EN 1092-1 (Rohrklasse 55 HL 12).

Tabelle 4-3 Druckeinsatzbereiche der Dichtungen

Form	Kennbuchstabe	Anwendbar für Nenndruck											
		1	6	10	16	25	40	64	100	160	250	320	400
glatte Dichtleiste	B1												
	B1												
	B2												
Feder und Nut	C												
	D												
Vor- und Rücksprung	E F												
Abschrägung für Membran-Schweißdichtung													
Linsendichtung													

Tabelle 4-4 Dichtungstypen

Form	Grafische Darstellung
glatte Dichtleiste	
Feder und Nut	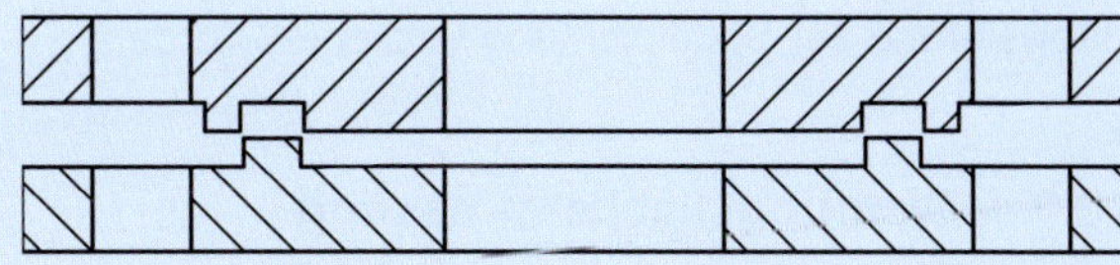
Vor- und Rücksprung	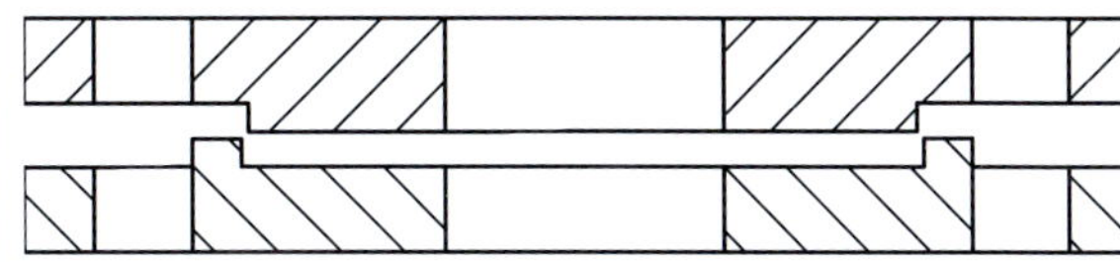
Abschrägung für Membran-Schweißringdichtung	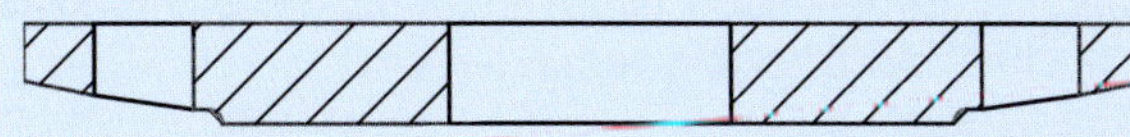
Eindrehung für Linsendichtung	

4.3.2 Einbauarten von Flanschdichtungen

Dichtungen in Flanschverbindungen können im Krafthauptschluss oder im Kraftnebenschluss eingebaut werden. Im **Krafthauptschluss** montiert, gehen alle Kräfte über die Dichtung und es besteht die Gefahr, dass sie durch den Druck des Mediums aus dem Sitz herausgedrückt wird.

Bei einem Flansch mit Feder und Nut oder Vor- und Rücksprung ist die Dichtung gekammert, und das sogenannte „Ausblasen" (Herausdrücken) der Dichtung kann nicht mehr auftreten.

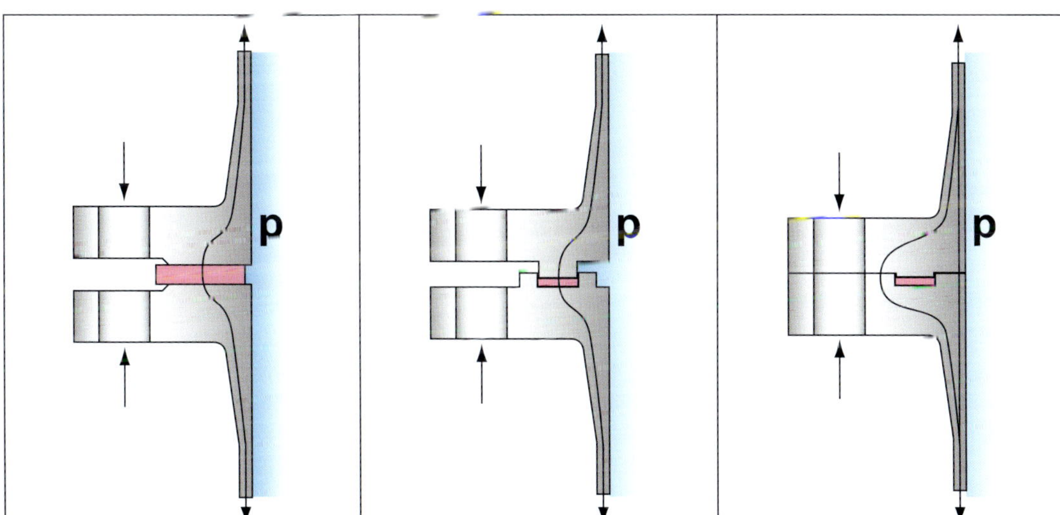

Krafthauptschluss	Krafthauptschluss gekammert	Kraftnebenschluss

Abbildung 4-19 Krafthaupt- und Kraftnebenschluss

Im **Kraftnebenschluss** soll die Dichtung nur abdichten und keine Kräfte übertragen; das Nut- und Dichtungsvolumen muss aber aufeinander abgestimmt sein.

Verbindungen im Kraftnebenschluss finden häufig ihre Anwendungen im Hochdruck- oder Armaturenbereich. Es werden viele Dichtungsvarianten eingesetzt, von denen eine die Spiraldichtung ist. Da die Dichtung in einer Nut gekammert ist, kann in diesem Fall auf den inneren und äußeren Stützring zur Stabilisierung der Spiraldichtung verzichtet werden.

4.3.3 Dichtungsflächenpressung

Jede Dichtung, die in einer Flanschverbindung eingebaut ist, muss mit einer Mindestflächenpressung eingebaut werden, damit die Dichtheit der Verbindung erreicht wird. Die Dichtung passt sich durch die aufgebrachte Schraubenkraft den Unebenheiten der Dichtflächen an.

Zusätzlich muss bei jeder Flanschverbindung auch die zulässige Höchstflächenpressung der Dichtung beachtet werden, damit eine Zerstörung der Dichtungsverbindung durch das sogenannte „Fließen" oder „Kriechen" der Dichtung verhindert wird.

So gibt es für die Flanschverbindungen verschiedene Dichtungsausführungen, mit denen unterschiedliche Flächenpressungen erreicht werden können. In Tabelle 4-5 sind Kennwerte für einige Dichtungsausführungen mit unterschiedlichen Werkstoffen zusammengestellt.

Tabelle 4-5 Dichtungsausführung

Dichtungsausführung	**Werkstoff**	**Anwendungsbereich**		**Flächenpressung im Einbauzustand**		
		Druck [bar]	Abmessung	min. [N/mm²]	max. [N/mm²]	[°C]
Flachdichtung aus Graphit	Reingraphit mit Spießblech	≤16	≤ DN 500	20	140	500
Gummidichtung mit Stahleinlage KHS	EPDM, NBR	PN 10 bis PN 40	< DN 3000	2	10	100
Spiraldichtung	Füllband aus Graphit	< 40	< DN 3000	50	150	500
Spiraldichtung mit Innen- und Außenring	Füllband aus Graphit	< 250	< DN 3000	50	300	500
Kammprofilierte Dichtung	Auflage aus Graphit	bis 400	< DN 3000	15	500	500

DN (Diameter Nominal) gibt die Nennweite an; PN = (Pressure Nominal) ist das Kennzeichen für die Nenndruckstufe

Durch die Inbetriebnahme der Rohrleitung wirkt der Innendruck des Mediums gegen die Schraubenkraft der Flanschverbindung und die Dichtflächenpressung nimmt ab, bzw. die Schraubenkraft zu. Die Dichtung hat somit bei der Montage ihre höchste Belastung.

Um die zulässige Flächenpressung zu erreichen, aber die Vorverformkraft und die Flanschbelastungen klein zu halten, wird eine möglichst schmale Dichtungsausführung empfohlen.

Beispiel Flächenpressung (Druckspannung) im Einbauzustand

In einem Flansch DN 50 wird eine Flachdichtung aus Reingraphit mit Spießblecheinlage eingebaut. Die Dichtflächenpressung muss mindestens 20 N/mm² (Druckspannung) betragen. Wie groß ist die Vorverformkraft *F* in N, bezogen auf den Außendurchmesser der Dichtleiste des Flansches und den Innendurchmesser der Dichtung (Wirkbreite der Dichtung)?

gegeben: Flächenpressung (Druckspannung) $\sigma = 20\ [N/mm^2]$
Dichtfläche DN 50 PN 10 Innendurchmesser $d = 62\ [mm]$
Außendurchmesser $D = 102\ [mm]$

gesucht: *F* in kN

Lösung:

$$\sigma = \frac{F}{A}$$

$$F = A \cdot \sigma$$

$$F = \frac{(D^2 - d^2) \cdot \pi}{4} \cdot \sigma$$

$$F = \frac{(102^2 - 62^2)\ [mm^2] \cdot 3{,}14}{4} \cdot 20 \left[\frac{N}{mm^2}\right]$$

$$F = 102.992\ [N]$$

$$F = 103\ [kN]$$

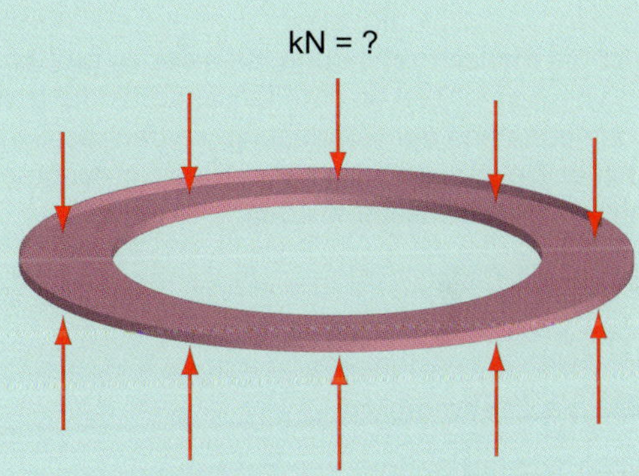

Abbildung 4-20 Flächenpressung

Die Vorverformkraft, um eine Mindestflächenpressung der Dichtung zu erreichen, beträgt 103 kN.

Exkurs Flächenpressung (Druckspannung)

Druckspannung ist Kraft durch Fläche:

$$\text{Druckspannung}\ \sigma = \frac{\text{Kraft}}{\text{Fläche}} \qquad \sigma = \frac{F}{A} \left[\frac{N}{mm^2}\right]$$

Als Kürzel wird ***σ*** (vom Griechischen *Sigma*) verwendet.

Als Maßeinheit für die **Kraft *F*** wird **N** (Newton) verwendet: $1\ N = 1\ \frac{kg \cdot m}{s^2}$

Als Maßeinheit für die Fläche ***A*** wird **mm²** verwendet.

Damit ergibt sich für die **Druckspannung** *σ* die Maßeinheit:

$$\sigma = \frac{F}{A} \left[\frac{N}{mm^2}\right] \text{ oder } \left[\frac{kg \cdot m}{s^2 \cdot mm^2}\right]$$

Kraft Fläche

4.3.4 Schraubenkraft und Drehmoment

Durch das Anziehen der Schrauben wird die Spannkraft für die Flächenpressung der Dichtung erzeugt. Die Kraft ist abhängig vom Drehmoment mit dem die Schrauben angezogen werden, wobei die Reibung im Gewinde und an den Kontaktstellen (Schraubenkopf, Mutter, Unterlegscheibe und Flansch) die Kraft reduziert. Durch die Schmierung der Kontaktstellen und des Gewindes kann diese Reibung vermindert werden.

Um die erforderliche Kraft zu erzeugen, die zur gewünschten Flächenpressung der Dichtung führt, ist es wichtig, die Schrauben mit dem richtigen Drehmoment anzuziehen. Dabei spielt die Auswahl der Schraube und die zugehörige Festigkeitsklasse eine wichtige Rolle.

Wird die Flanschverbindung mit einer zu großen Schraubenkraft angezogen, treten Verspannungen an der Flanschverbindung auf. Durch den Innendruck bei der Inbetriebnahme der Rohrleitung werden die Schrauben weiter beansprucht, was zu ihrer Dehnung führen kann. Eine Schraube mit einer zu geringen Festigkeitsklasse kann überlastet werden.

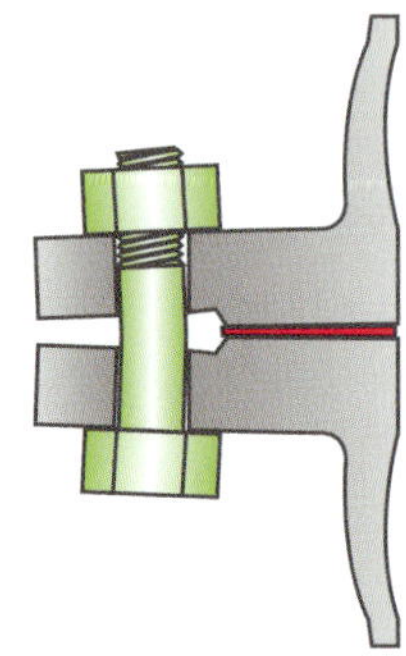

Abbildung 4-21 zu hohe Schraubenkraft

Exkurs Drehmoment

Drehmoment ist Kraft mal Hebelarm:

$$\text{Drehmoment} = \text{Kraft} \cdot \text{Hebelarm} \qquad M = F \cdot l$$

Als Kürzel wird **M** (Moment) verwendet

Als Maßeinheit für die **Kraft** F wird **N** verwendet: $1\ \text{N} = 1\ \frac{\text{kg} \cdot \text{m}}{\text{s}^2}$

Als Maßeinheit für den Hebelarm l wird **m** (Meter) verwendet.

Damit ergibt sich für das **Drehmoment** M die Maßeinheit: [N · m]

Beispiel Drehmoment *M*

Eine Flachdichtung aus Graphit mit Spießblecheinlage DN 50 PN10 soll mit einer Flächenpressung von mindestens 20 N/mm² eingebaut werden, wobei die Reibungszahl im Gewinde und an der Kopfauflagefläche 0,14 ist. Mit welchem Drehmoment müssen die 4 Schrauben angezogen werden? (vereinfachte Rechnung, Gewinde der Schrauben ist metrisches Regelgewinde)

gegeben:	Flächenpressung	σ	=	20 [N/mm²]
	Dichtfläche DN 50 PN 10			
	Innendurchmesser der Dichtung	d	=	62 [mm]
	Außendurchmesser der Dichtleiste	D	=	102 [mm]
	Schraubendurchmesser	d_s	=	16 [mm]
	Reibungswert	μ	=	0,14
	Anzahl der Schrauben	n_S	=	4
gesucht:	M in [Nm]			

Lösung:

$$F_s = \frac{\sigma \cdot A}{n_s}$$

$$F = \frac{\sigma \cdot (D^2 - d^2) \cdot \pi}{4 \cdot n_s}$$

$$F_s = \frac{20\ N \cdot (102^2 - 62^2)\ mm^2 \cdot \pi}{mm^2 \cdot 4 \cdot 4}$$

$$\underline{F_s = 25748\ N}$$

$$M \approx 1{,}3 \cdot \mu \cdot d_s \cdot F_s$$

$$M \approx 1{,}3 \cdot 0{,}14 \cdot 0{,}016\ [m] \cdot 25748\ [N]$$

$$M \approx 75\ [Nm]$$

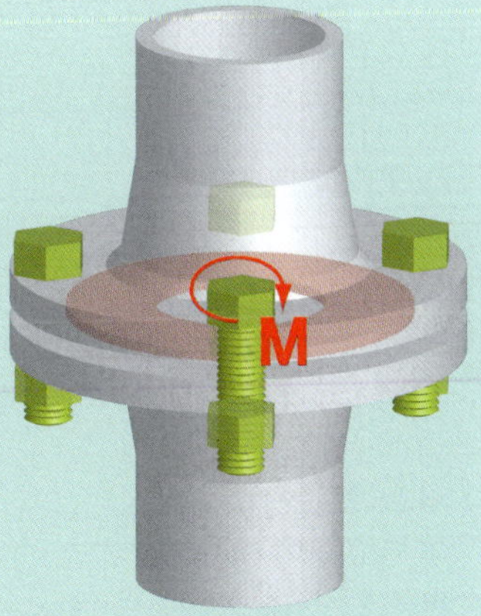

Abbildung 4-22 Drehmoment

(Bei dem Faktor 1,3 handelt es sich um einen mittleren Reibungsbeiwert für die Reibungsbeiwerte im Gewinde und in der Kopf- oder Mutterauflage.)

Jede Schraube wird mit einem Drehmoment von etwa 75 [Nm] angezogen.

Das Drehmoment für das Anziehen der Schrauben ist besonders bei hohen Temperaturen, Drücken und Nennweiten zu beachten, denn nur kontrolliert aufgebrachte Schraubenkräfte gewährleisten eine Dichtheit der Flanschverbindung.

In der Praxis wird die Kraft der Schrauben mit einem Ring- oder Maulschlüssel gleichmäßig auf die Flanschverbindung übertragen und bei einer Undichtigkeit während des Betriebs nachgezogen. Bei Zugrundelegung der allgemeinen Berechnungen für Flanschverbindungen ist auffällig, dass besonders bei kleineren Nennweiten (bis DN 100; PN 16) die Dichtungen bei der üblichen Montage über die zulässige Flächenpressung hinaus belastet werden, da die Schrauben (bis M16) mit der Hand zu stark angezogen werden.

Beispiel Handanzugskraft

Die Schrauben aus dem vorangegangenen Beispiel sollen mit einem Drehmoment von 75 Nm angezogen werden, um die erforderliche Dichtflächenpressung zu erreichen. Der Handwerker benutzt zum Anziehen der Schrauben einen Doppelringschlüssel, wobei die Hebellänge ca. 290 mm beträgt.

Wie groß muss die Handanzugskraft F_H in Newton sein?

gegeben: Anziehdrehmoment M = 75 [Nm]
Hebellänge l = 0,29 [m]

gesucht: Handanzugskraft F_H in [N]

Lösung:

$$M = F_H \cdot l$$

$$F_H = \frac{M}{l}$$

$$F_H = \frac{75\ [Nm]}{0{,}290\ [m]}$$

$$\underline{\underline{F_H = 258{,}62\ [N]}}$$

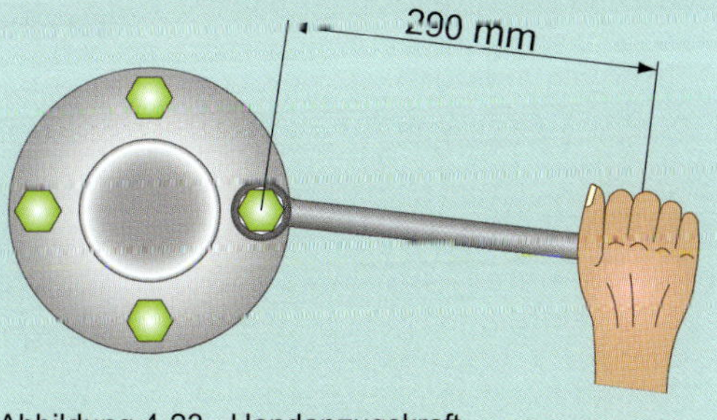

Abbildung 4-23 Handanzugskraft

Der Handwerker muss mit einer Kraft von etwa 260 N die Schraube anziehen. Dies entspricht der Gewichtskraft, die von der Masse 26 kg erzeugt wird.

Exkurs Exakte Berechnung des Anziehmomentes von Schrauben

Eine Flachdichtung aus Graphit mit Spießblecheinlage DN 50 PN10 soll mit einer Flächenpressung von mindestens 20 N/mm² eingebaut werden, wobei die Reibungszahl im Gewinde und an der Kopfauflagefläche 0,14 ist. Mit welchem Drehmoment müssen die 4 Schrauben angezogen werden?

gegeben:

Flächenpressung	σ	=	20 [N/mm²]
Innendurchmesser der Dichtung	d	=	62 [mm]
Außendurchmesser der Dichtleiste	D	=	102 [mm]
Schraubendurchmesser	d_S	=	16 [mm] (M16)
Steigung	ρ	=	2 [mm]
Flankendurchmesser	d_2	=	14,701 [mm]
Flankenwinkel	α	=	60°
Schraubenkopfauflagefläche Außendurchmesser	D_A	=	24 [mm]
Schraubenkopfauflagefläche Innendurchmesser	D_I	=	17,5 [mm]
Reibungswert	μ	=	0,14
Schraubenanzahl	n_S	=	4

gesucht: Drehmoment einer Schraube M in Nm

Lösung:

$$F_v = \frac{\sigma \cdot A}{n_s}$$

$$F_v = \frac{\sigma \cdot (D^2 - d^2) \cdot \pi}{4 \cdot n_s}$$

$$F_v = \frac{20\ \text{N} \cdot (102^2 - 62^2)\ [\text{mm}^2] \cdot \pi}{[\text{mm}^2] \cdot 4 \cdot 4}$$

$$F_v = 25748\ [\text{N}]$$

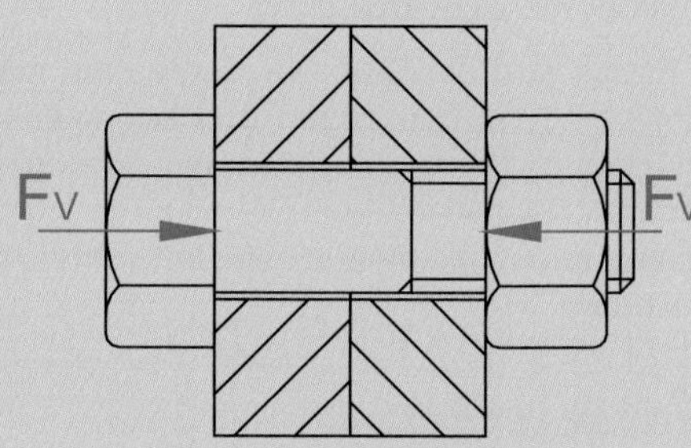

Abbildung 4-24 Vorspannkraft

Die Vorspannkraft F_V der Schraube beträgt 25,748 kN.

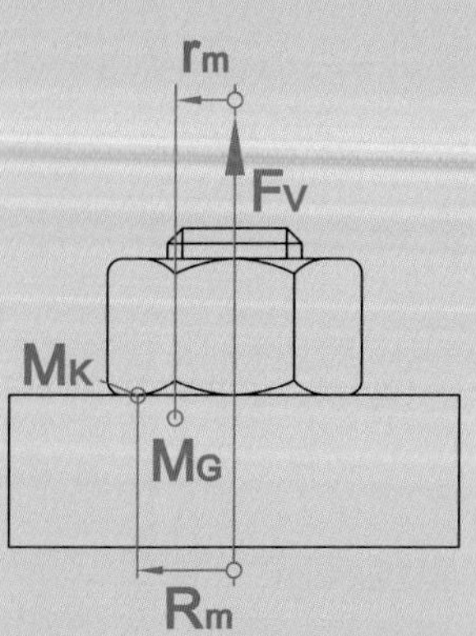

Abbildung 4-25 Reibungsmoment am Schraubenkopf

M_K = Reibungsmoment Schraubenkopf

M_G = Gewindereibungsmoment

$r_m = \frac{d_2}{2}$

R_m = mittlerer Durchmesser Auflagefläche

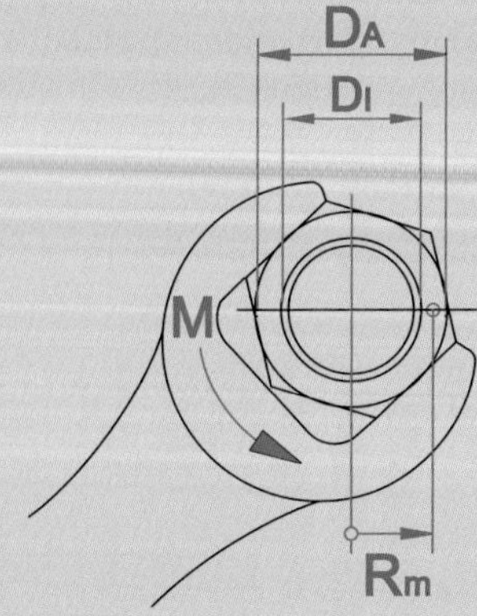

Abbildung 4-26 Reibungsmoment am Schraubenkopf

$$M = M_G + M_K$$

$$M = F_v \cdot r_m \cdot \tan(\alpha + \rho) + F_v \cdot R_m \cdot \mu$$

$$M = F_v \cdot (r_m \cdot \tan(\alpha + \rho) + R_m \cdot \mu)$$

$$M = F_v \cdot \left(\frac{d_2}{2} \cdot \left[\left(\frac{p}{d_2 \cdot \pi} \right) + \left(\frac{\mu}{\cos \frac{\alpha}{2}} \right) \right] + \mu \cdot \left(\frac{\left(\frac{D_A}{2} + \frac{D_I}{2} \right)}{2} \right) \right)$$

$$M = 25748\ \text{N} \cdot \left(\frac{14{,}701}{2} [\text{mm}] \cdot \left[\left(\frac{2\ [\text{mm}]}{14{,}701\ [\text{mm}] \cdot 3{,}14} \right) + \left(\frac{0{,}14}{\cos \frac{60}{2}} \right) \right] + 0{,}14 \cdot \left(\frac{\left(\frac{24\ [\text{mm}]}{2} + \frac{17{,}5\ [\text{mm}]}{2} \right)}{2} \right) \right)$$

$$M = 25748\ [\text{N}] \cdot (7{,}3505\ [\text{mm}] \cdot (0{,}043 + 0.162) + 0{,}14 \cdot 10{,}375\ [\text{mm}])$$

$$M = 25748\ [\text{N}] \cdot (1{,}5069\ [\text{mm}] + 1{,}4525\ [\text{mm}])$$

$$M = \frac{76.198{,}63\ [\text{Nmm}] \cdot 1\ [\text{m}]}{1000\ [\text{mm}]}$$

$$\underline{\underline{M = 76{,}2\ [\text{Nm}]}}$$

Jede Schraube muss mit einem Drehmoment von ca. 76 [Nm] angezogen werden.

4.3.5 Undichte Flanschverbindungen

Wird eine neu eingedichtete Flanschverbindung undicht, ist davon auszugehen, dass eine der folgenden Situationen eingetreten ist.

1. **Flanschverbindung war von Anfang an undicht**
   Undichtigkeiten können in der Verwendung fehlerhafter Bauteile und/oder mangelhafter Montage von Bauteilen begründet sein. So kann die Auswahl des Dichtungswerkstoffes falsch sein, die Dichtungsflächen oder die Flanschflächen weisen Beschädigungen auf oder die Flächenpressung der Dichtung ist ungenügend. Das kann passieren, wenn die Schrauben zu wenig angezogen sind und damit die Dichtung eine zu geringe Flächenpressung hat. Sind die Schrauben zu stark angezogen, kann dadurch die Fließgrenze der Schrauben oder der Dichtung überschritten werden.

2. **Flanschverbindung wird undicht bei der Druckprüfung**
   Ist die Flanschverbindung zunächst dicht, wird jedoch ab einem gewissen Innendruck undicht, dann liegt es nicht an der Dichtung, sondern an den auftretenden Kräften. Durch den Innendruck geht indirekt (Verformung) Schraubenkraft verloren und es sinkt damit die Flächenpressung der Dichtung. Durch die Wahl einer anderen Dichtungsausführung kann dieses Problem behoben werden. Eine Flanschverbindung mit schmalerer Dichtung hat – bei gleicher Schraubenkraft – eine höhere Dichtflächenpressung.

3. **Flanschverbindung wird bei der Inbetriebnahme bei ansteigender Temperatur undicht**
   In diesem Fall ist wahrscheinlich thermische Verformung die Ursache. Die unterschiedlichen Ausdehnungskoeffizienten der Schrauben, Unterlegscheiben, Flansche und Rohre können zu Verschiebungen der einzelnen Bauteile führen, die meistens eine Absenkung der Schrauben- und Dichtungskraft zur Folge hat.

4.4 Dynamische Dichtungen an Pumpen

In der chemischen Industrie werden dynamische Dichtungen und Dichtungssysteme sehr häufig an Pumpen eingesetzt. Die Dichtung befindet sich zwischen der Welle und dem Gehäuse und soll verhindern, dass das zu fördernde Medium in die Umwelt entweichen kann. Eine einfache und preiswerte Lösung stellen dabei die Stopfbuchsabdichtungen dar. In den meisten Fällen werden allerdings Gleitringdichtungen eingesetzt, da sie besser abdichten und zuverlässiger arbeiten.

4.4.1 Packungsabdichtung (Stopfbuchse)

Die Stopfbuchspackung galt lange Zeit als Standard in der Anlagentechnik. Umweltauflagen und wirtschaftliche Aspekte führten jedoch dazu, dass diese Form der Abdichtung heute für die meisten Medien nicht mehr einsetzbar ist. Der Grund liegt in der minimalen Leckage, die jede Stopfbuchspackung während des Betriebes benötigt. Diese gewollte Leckage dient dazu, sowohl die Welle als auch die Packungsschnüre zu kühlen und zu schmieren. Bei optimaler Einstellung der Stopfbuchse fällt eine Leckage von 10 bis 120 Tropfen pro Minute an. Dieser Wert ist abhängig vom Druck, der Gleitgeschwindigkeit, der Art und der Temperatur des Mediums und kann durchaus höhere Werte annehmen.

Die Stopfbuchspackungen werden durch eine Vielzahl zur Verfügung stehender Werkstoffe und Werkstoffkombinationen auf die speziellen betrieblichen Anwendungen angepasst. Die Packungsabdichtungen (Stopfbuchse) bestehen in ihrem Kern aus Packungsschnüren.

Beispiel Packungsschnur für Stopfbuchspackungen

Eine Packungsschnur ist aus Fasern (z. B. Aramid) geflochten und mit einer Substanz (z. B. PTFE Dispersion) imprägniert oder mithilfe eines Extruders als einheitlicher Strang gepresst. Mit der Auswahl der Faser, der Flechtart und der Imprägniersubstanz werden von den Herstellern Eigenschaften erzeugt, die für ganz bestimmte oder für ein breites Spektrum von Anwendungen geeignet sind.

Abbildung 4-27 Beispiele geflochtener Packungsschnüre

Um den Anforderungen im Betrieb gerecht zu werden, müssen Packungsschnüre besondere Eigenschaften aufweisen, z. B.

- hohe Zähigkeit und Festigkeit
- Temperaturbeständigkeit (Wärme und Kälte)
- gutes Gleitverhalten
- hohe Standzeit / geringer Verschleiß

Auch bei sorgfältiger Auswahl können in der Regel nicht alle Eigenschaften in gleichem Umfang erfüllt werden.

Den Aufbau einer Packungsdichtung veranschaulicht die Abbildung 4-28.

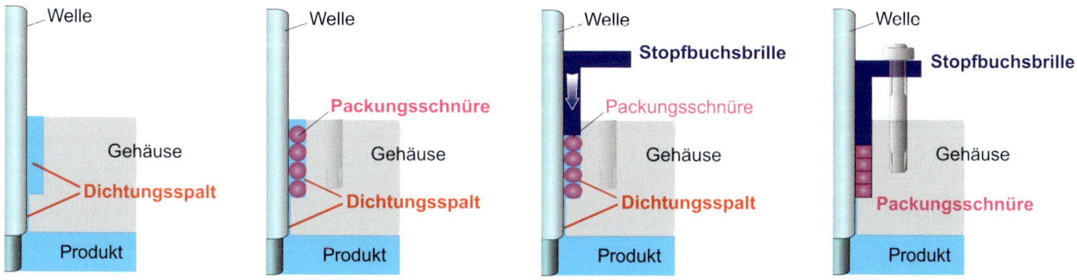

Abbildung 4-28 Aufbau einer Packungsdichtung

Die Packungsschnüre werden geschnitten und als Ringe zwischen Welle und Gehäuse gelegt. Die Gleitbewegung findet zwischen den Packungsschnüren und der Wellenschutzhülse statt. Die Packung wird durch das Anziehen der Stopfbuchsbrille zusammengedrückt. Dadurch legen sich die Schnüre gleichermaßen an die Oberflächen des Gehäuses und der Welle und sorgen für die Dichtwirkung.

Damit die Packungsschnüre nicht „verbrennen“, muss sichergestellt werden, dass stets ein Flüssigkeitsfilm zwischen den Schnüren und der Welle besteht. Dieser Flüssigkeitsfilm wird bei der vorgestellten Bauweise durch das zu fördernde Produkt (in Abbildung 4-29 blau dargestellt) gebildet.

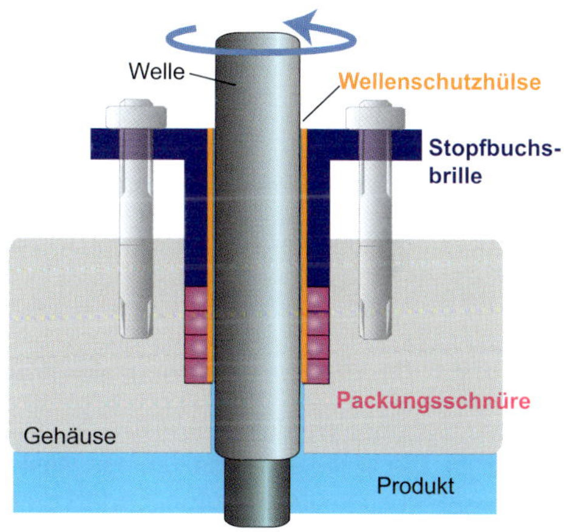

Abbildung 4-29 Stopfbuchse oder Packungsabdichtung mit Wellenschutzhülse

Um den Verschleiß der Welle zu minimieren, werden sogenannte Wellenschutzhülsen verwendet. Es kommt zwar immer noch zu Verschleiß, jedoch an einem preiswerteren Bauteil. Als Folge muss nicht mehr die Welle, sondern nur noch die Wellenschutzhülse ausgetauscht werden. Oft werden Wellen oder Wellenschutzhülsen zur Erhöhung der Verschleißfestigkeit mit einer Hartschicht aus Siliziumkarbid überzogen.

Achtung

Eine Packungsdichtung auf einer drehenden Welle muss stets leicht tropfen. Die Flüssigkeit ist für den Erhalt des Schmierfilms zwischen den gleitenden Bauteilen wichtig.

Trotz der kühlenden und schmierenden Funktion der Förderflüssigkeit kommt es im Bereich der Packungsschnüre zu einer sehr starken Abnutzung der Welle und der Packung. Beim Ausfall des Schmierfilms kommt es zur mechanischen und thermischen Überlastung. Die Packung versagt als Folge. Im schlimmsten Fall entsteht ein Brand. Um größere Leckagen zu vermeiden, muss die Stopfbuchsbrille in regelmäßigen Abständen nachgezogen werden. Früher oder später ist die Welle jedoch so stark eingelaufen, dass ein Abdichten nicht mehr möglich ist. In diesem Fall muss die Welle oder – wenn vorhanden – die Schutzhülse ausgetauscht werden.

Die notwendige Tropfleckage ist heute oftmals nicht mehr zulässig. Neue Sicherheits-, Gefahrstoff- und Umweltbestimmungen (z. B. Technische Anleitung Luft, Wasserhaushaltsgesetz, Betriebssicherheitsverordnung) haben in den letzten Jahrzehnten einen Wandel hervorgerufen. In vielen Einsatzbereichen in der chemischen Industrie wird die Packungsdichtung von der Gleitringdichtung abgelöst. Gleitringdichtungen weisen geringere Leckagen und oftmals höhere Standzeiten auf. Die Investitionskosten sind allerdings deutlich höher. Dazu kommt, dass Gleitringdichtungen aufgrund ihres technischen Aufbaus anfälliger für Störungen durch äußere Einflüsse sind.

4.4.2 Gleitringdichtungen

Aufbau von Gleitringdichtungen

Für die Durchführung der Welle durch ein Gehäuse ist ein Spalt notwendig, der die Drehbewegung gewährleistet. Dies bedeutet, dass entlang des Spaltes ohne weitere Maßnahmen eine deutliche Undichtigkeit entsteht.

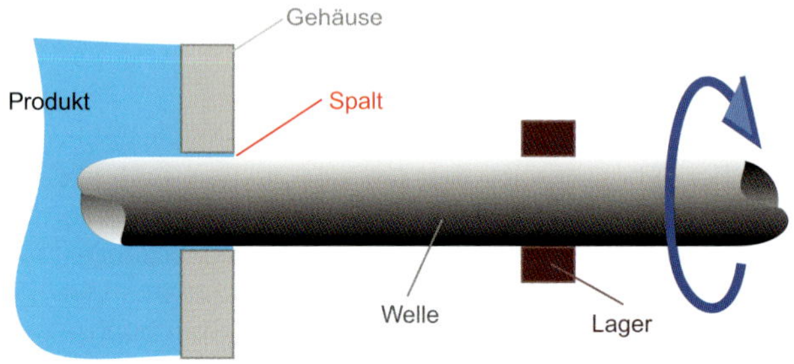

Abbildung 4-30 Durchführung einer Welle durch das Gehäuse

Um dennoch eine genügende Abdichtung zu erreichen, werden Maßnahmen ergriffen, die in den Abbildungen 4-31 bis 4-34 dargestellt sind.

Teilschritt 1 Dichtfläche senkrecht zur Welle

Welle und Gehäuse werden so konstruiert, dass die Dichtfläche (der Dichtspalt) senkrecht zur Welle angebracht ist. Die Welle erhält dazu einen Wellenabsatz. Um zu gewährleisten, dass Gehäuse und Welle stets senkrecht zueinander laufen, bedarf es einer guten Lagerung.

Das Gehäuse und die Welle wären jedoch als Dichtflächenpaar ungeeignet. Es käme durch zügig fortschreitenden Verschleiß der Gleitflächen sehr schnell zu einer deutlichen Leckage.

Grund dafür sind die Werkstoffe der Welle und des Gehäuses, die für die Gleitbeanspruchung im Allgemeinen ungeeignet sind. Im Falle der Undichtigkeit müssten die Welle und das Gehäuse ausgetauscht werden.

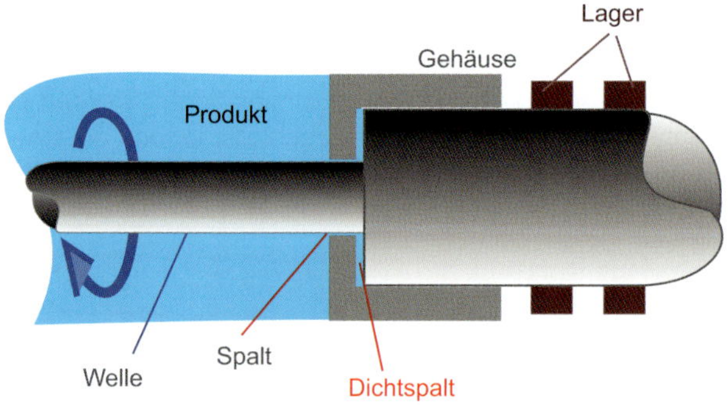

Abbildung 4-31 Durchführung einer Welle durch ein Gehäuse mit senkrechtem Dichtspalt

Teilschritt 2 Der Dichtspalt wird vom Gleit- und Gegenring gebildet

Daher ist es sinnvoll, die Dichtflächenelemente (Gleitflächen) aus einzelnen, austauschbaren Verschleißteilen zu konstruieren. Abbildung 4-32 veranschaulicht die Dichtflächenelemente. Auf der Welle befindet sich in diesem Beispiel der Gleitring. Der Gegenring ist im Gehäuse montiert.

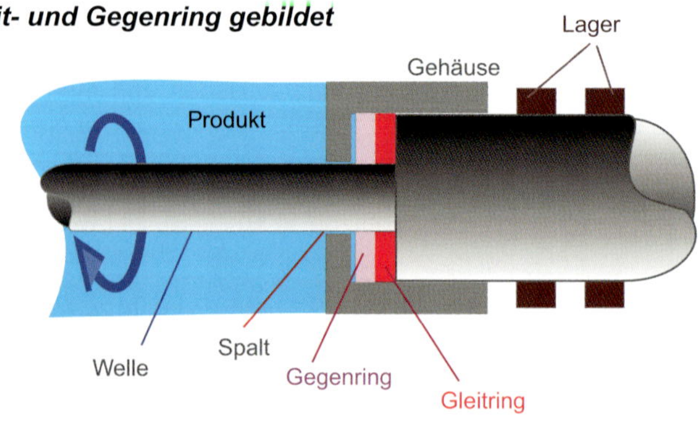

Abbildung 4-32 Einsatz von Gleit- und Gegenring

Die Werkstoffe für den Gleit- und Gegenring werden gemäß den Anforderungen (Verschleiß, Gleiteigenschaften, Produkt) gezielt ausgesucht. Durch diesen Schritt werden zwei weitere Spalte gebildet. Sie befinden sich zwischen dem Gleitring und der Welle sowie zwischen dem Gegenring und dem Gehäuse.

Teilschritt 3 Einsatz von Gleit- und Gegenring mit Nebendichtungen

Die Spalte können jedoch einfach durch statische Dichtungen (O-Ringe) abgedichtet werden. Die O-Ringe werden auch als Nebendichtungen bezeichnet.

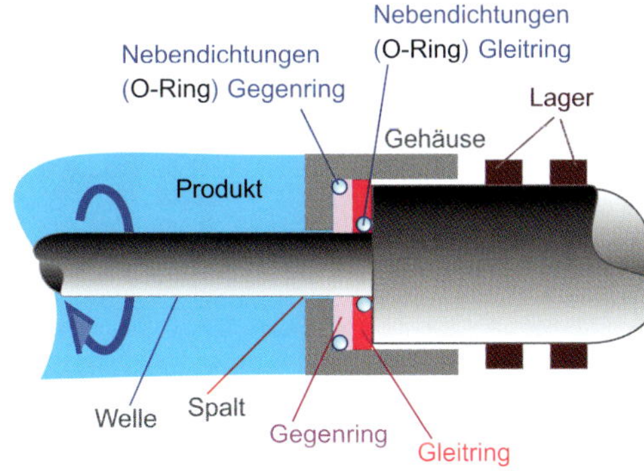

Abbildung 4-33 Einsatz von Gleit- und Gegenring mit Nebendichtung

Teilschritt 4 Gleitringdichtung mit ihren fünf Grundkomponenten

Auch bei optimaler Auswahl des Gleit- und Gegenringes kommt es im Laufe der Zeit zu Verschleiß. Zur Kompensation des Verschleißes wird eine Feder zwischen der Welle und dem Gleitring eingesetzt. Die Feder drückt den Gleitring an den Gegenring. Eine Gleitringdichtung hat also die fünf Grundelemente:

- Gleitringdichtung
- Nebendichtung (Gleitring)
- Gegenring
- Nebendichtung (Gegenring)
- Feder

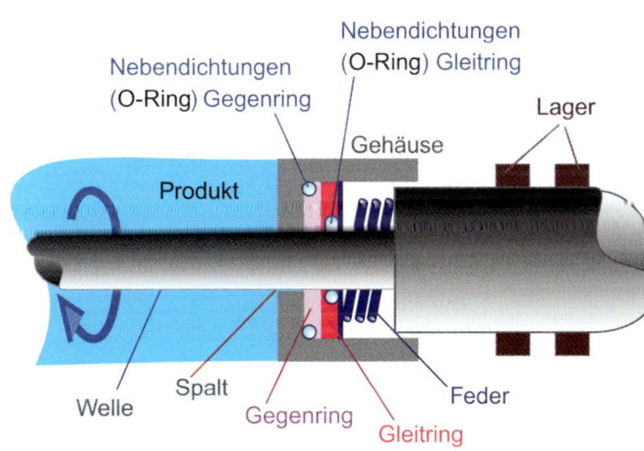

Abbildung 4-34 Gleitringdichtung mit ihren fünf Grundkomponenten

Die fünf Grundkomponenten finden sich je nach Typ der Gleitringdichtungen in vielfältig konstruierten Varianten wieder. Um die dynamische Dichtfläche (Spalt) eines Gleitringes möglichst eben zu gestalten, erfolgt die Fertigung der Gleitflächen durch Läppen, einem Bearbeitungsvorgang, der noch feiner als Schleifen ist. Das Läppen erhöht gleichzeitig den Traganteil der Gleitflächen und so ihre Belastbarkeit.

Achtung

Auch bei Gleitringen ist zwischen den Gleitflächen ein feiner Flüssigkeitsfilm zur Schmierung notwendig. Ohne den Schmierfilm käme es zum **Trockenlauf** der Dichtflächen. Die Folgen wären Erwärmung, starker Verschleiß und im Extremfall die Zerstörung des Abdichtsystems. Ideal ist ein Schmierfilm, der gerade so dick ist, dass sich die Gleitflächen nicht berühren.

Bauarten von Gleitringdichtungen

Einfach-wirkende Gleitringdichtungen

Bei einer einfach-wirkenden Gleitringdichtung wird mithilfe eines Gleit- und eines Gegenringes abgedichtet. Der Druck in der Pumpe wird durch den Druck einer Feder kompensiert. Beim Ausfall der Dichtung entsteht eine Leckage zur Atmosphärenseite und das zu fördernde Medium kann ungehindert in die Umgebung gelangen.

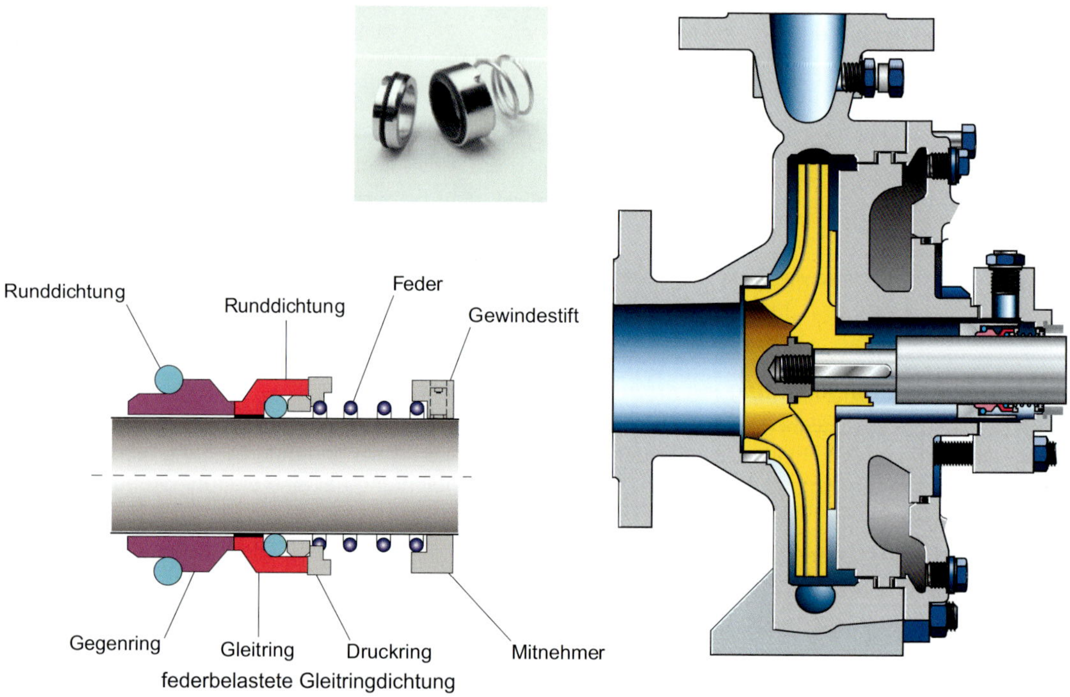

Abbildung 4-35 einfach-wirkende Gleitringdichtung (Firma Burgmann) eingebaut in einer Chemienormpumpe (CPK der Firma KSB)

Beispiel Bauarten einfach-wirkender Gleitringdichtungen

Die Abbildungen 4-36 und 4-37 zeigen weitere Bauarten von Gleitringdichtungen (Firma Burgmann).

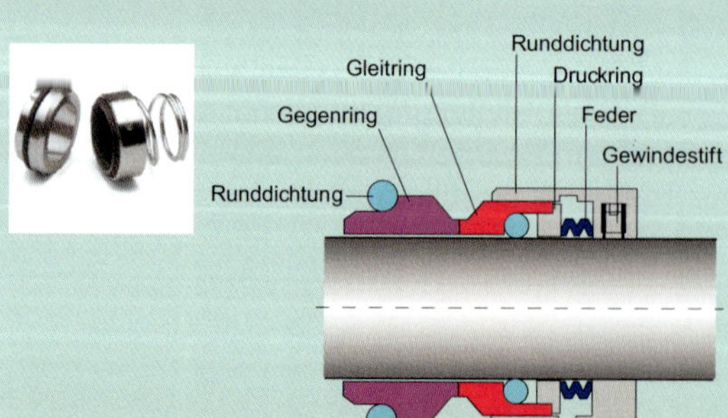

Abbildung 4-36 nicht druckentlastete Gleitringdichtung

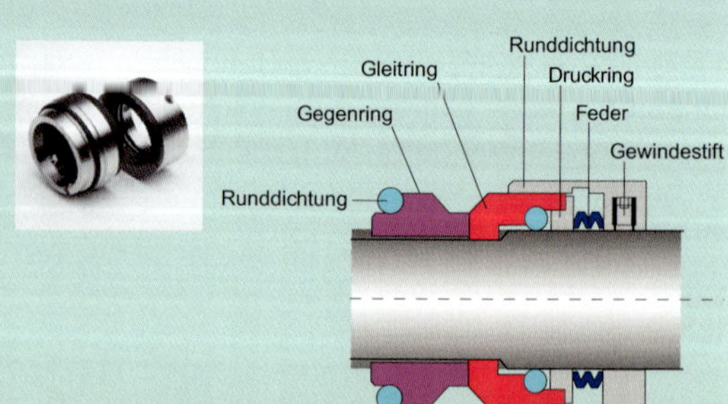

Abbildung 4-37 druckentlastete Gleitringdichtung

Für die Gleitringdichtung in Abbildung 4-37 gilt:

- Der Absatz in der Welle führt zu einer Reduzierung der wirksamen Fläche für den Produktdruck.
- An beiden Stirnseiten des Gleitrings wirkt der Produktdruck.
- Die Anpressung zwischen Gleit- und Gegenring wird entlastet.

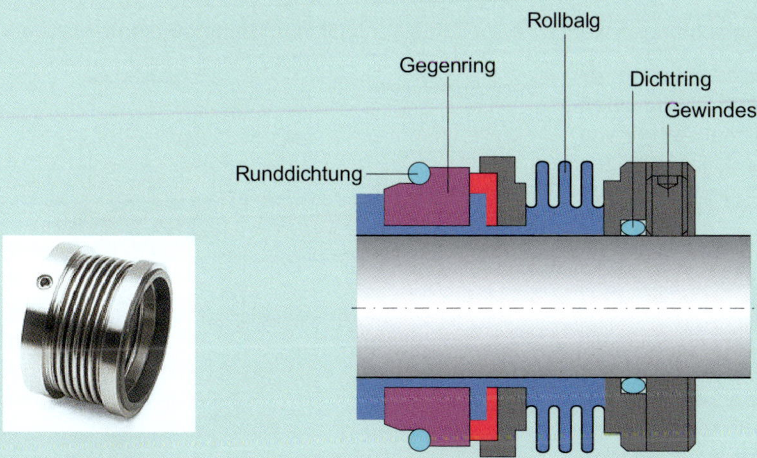

Abbildung 4-38 Falten- / Rollbalgdichtung

Der Rollbalg (Abbildung 4-38) ersetzt die Feder und die Nebendichtung des Gleitringes.

Doppelt-wirkende Gleitringdichtungen

Bedingt durch erhöhte Sicherheits- und Umweltbestimmungen wurde ein weiterer Dichtungstyp entwickelt, der beim Ausfall einer Gleitringdichtung verhindert, dass das zu fördernde Medium in die Umgebung (Atmosphäre) abgegeben wird. Die einfachste Möglichkeit diese Anforderung zu erfüllen besteht darin, zwei einfach-wirkende Gleitringdichtungen zu koppeln. Diese Konstruktion wird **doppelt-wirkende Gleitringdichtung** genannt.

Wie schon bei der einfach-wirkenden Gleitringdichtung hat die erste Gleitringdichtung die Aufgabe, die Förderflüssigkeit von der Atmosphäre zu trennen. Sollte diese Dichtung ausfallen, hält eine zweite Gleitringdichtung diese Undichtigkeit zurück und verhindert eine Leckage nach außen.

Da die zweite Gleitringdichtung aber erst dann zum Einsatz kommt, wenn die erste ausfällt, würde sie bis zu diesem Zeitpunkt nicht mit Förderflüssigkeit in Berührung kommen und damit ohne Kühlung und Schmierung arbeiten. Die Dichtung würde trocken laufen und direkt nach der Inbetriebnahme des Aggregats zerstört werden.

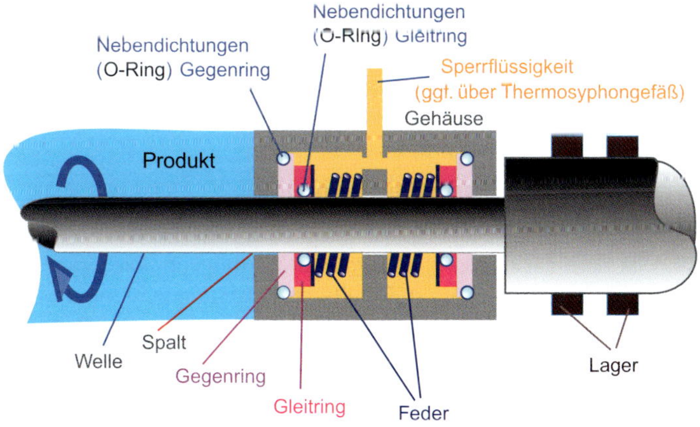

Abbildung 4-39 doppelt-wirkende Gleitringdichtung (back-to-back-Anordnung)

Aus diesem Grund wird der Zwischenraum über ein externes System mit einer produktverträglichen Flüssigkeit (im folgenden Sperrflüssigkeit genannt) befüllt und die Gleitringdichtung erhält die notwendige Kühlung und Schmierung.

Beispiel Einbauarten von doppelt-wirkenden Gleitringdichtungen

Doppelt-wirkende Gleitringdichtungen werden in drei unterschiedlichen Bauarten eingesetzt.

Tandem-Anordnung mit Ausrichtung von zwei einfach-wirkenden Gleitringdichtungen in identischer räumlicher Anordnung. Ca. 20 % der in der chemischen Produktion eingesetzten Gleitringdichtungen entsprechen dieser Bauart.

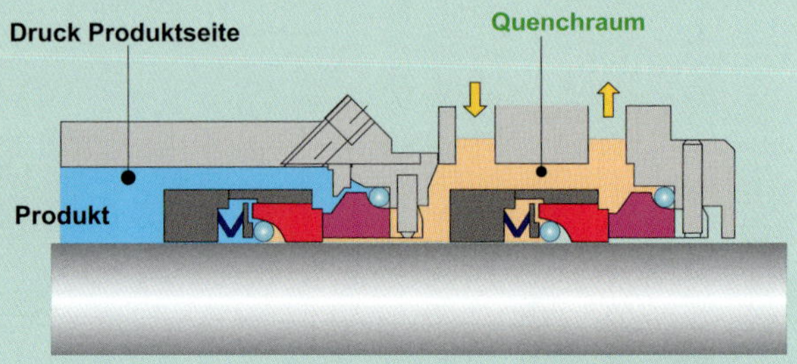

Abbildung 4-40 doppelt-wirkende Gleitringdichtung (tandem-Anordnung)

Back-to-back-Anordnung mit Ausrichtung von zwei einfach-wirkenden Gleitringdichtungen in der Anordnung „Rücken an Rücken". Ca. 80 % der in der chemischen Produktion eingesetzten Gleitringdichtungen entsprechen dieser Bauart.

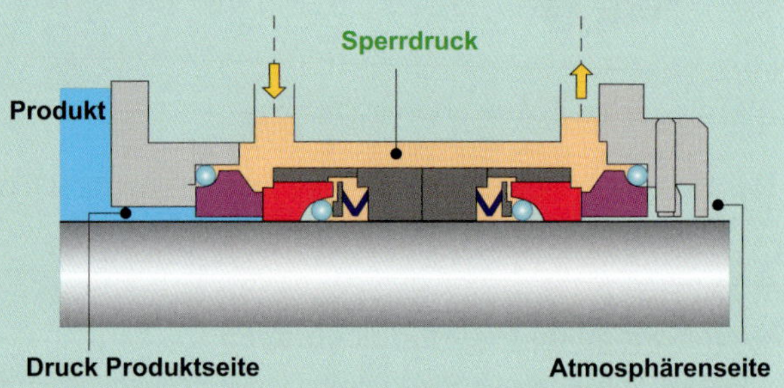

Abbildung 4 -41 doppelt-wirkende Gleitringdichtung (back-to-back-Anordnung)

Gründe für die back-to-back-Anordnung sind:

- Gewährleistung eines leckagefreien Betriebes der Pumpe bezogen auf die Produktflüssigkeit (Leckageflüssigkeit ist hier die Sperrflüssigkeit im Produkt),
- Erfüllung von Umweltauflagen (z. B. TA-Luft) und Sicherheitsbedingungen,
- Vermeidung der Benetzung der Gleitringflächen mit Produkt (Feststoffpartikel, Polymerisation auf den Gleitringflächen).

Face-to-face-Anordnung mit Ausrichtung von zwei einfach-wirkenden Gleitringdichtungen in Anordnung „Fläche an Fläche". Eventuell mitgeführte Feststoffe werden innerhalb der Förderflüssigkeit, bedingt durch die Zentrifugalkraft, von den Gleitflächen weggeschleudert. Dieser Typ ist derzeit nur in Spezialanwendungen in der chemischen Produktion zu finden.

Sperrsysteme für Gleitringdichtungen

Um die Wirksamkeit der Sperrflüssigkeit gewährleisten zu können, muss diese zirkulieren, denn nur dann ist eine ausreichende Wärmeabfuhr möglich. Die Sperrflüssigkeit wird durch eine Zulaufleitung von einem höher gelegenen Behälter zur Gleitringdichtung und über eine Rücklaufleitung wieder in den Behälter gefördert. Durch die Wärmeentwicklung an der Gleitringdichtung zirkuliert die Sperrflüssigkeit (natürlicher Umlauf, entspricht dem Prinzip der Schwerkraftheizung) ohne zusätzliche technische Maßnahmen. Die Zirkulation der Sperrflüssigkeit kann auch mithilfe einer Pumpe (Zwangsumlauf) erfolgen.

Quench-Behälter

Das Sperrsystem kann unter Einsatz des hydrostatischen Drucks erfolgen, in Form eines sogenannten Quench-Behälters. Das Dichtungssystem ist wie folgt aufgebaut:

- zwei Einzelgleitringdichtungen sind hintereinander geschaltet (produkt- und atmosphärenseitige Gleitringdichtung)
- der Raum zwischen den Gleitringdichtungen bildet den Quench-Raum
- der Quench-Raum wird mit sogenannter Quench-Flüssigkeit gefüllt
- die Bevorratung der Quench-Flüssigkeit erfolgt in einem Quench-Behälter (in der Regel drucklos)
- der Druck im Quench-Raum ist im Allgemeinen kleiner als der Produktdruck
- die Quench-Flüssigkeit muss zirkulieren (natürlicher Umlauf oder Zwangsumlauf).
- der Quench-Behälter (Vorlagebehälter) ist in der Regel ein druckloser, belüfteter Behälter.

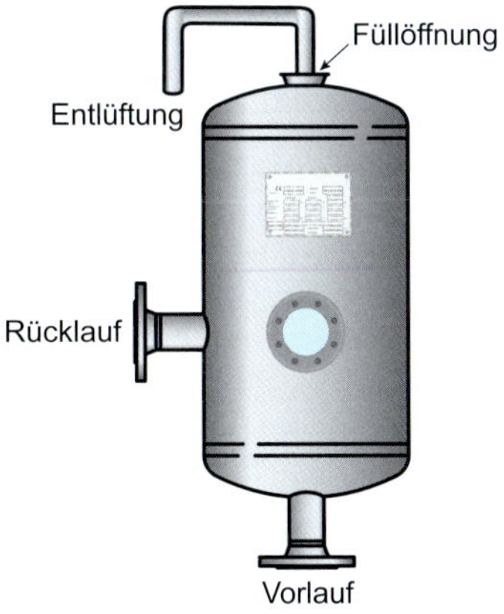

Abbildung 4-42 Quenchbehälter

Thermosiphon-Gefäß

Bei einem Ausfall der ersten Gleitringdichtung würde die Förderflüssigkeit in den Dichtungsraum gedrückt und in der Folge sowohl die Sperrflüssigkeit als auch die zweite Gleitringdichtung verunreinigt. Um diesen Fall zu vermeiden kommt ein System zum Einsatz, das den Druck der Sperrflüssigkeit ca. 1–2 bar über dem Druck der zu fördernden Flüssigkeit hält. Ein derartiges System wird als **Sperrdrucksystem** oder **Thermosiphonsystem** bezeichnet.

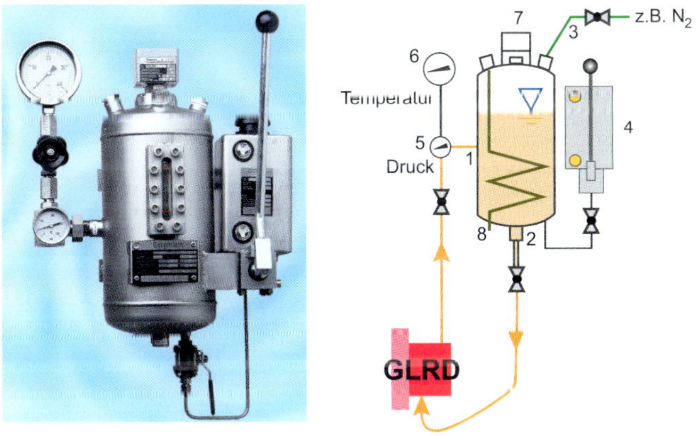

1 Rücklauf Sperrflüssigkeit von der Dichtung
2 Ausgang Sperrflüssigkeit zur Dichtung
3 Druckbeaufschlagung (z. B. N_2)
4 Vorratsbehälter Sperrflüssigkeit
5 Manometer zur Druckmessung
6 Temperaturmessung
7 Standmessung (optional)
8 Heiz- / Kühlschlange

Abbildung 4-43 Thermosiphongefäß

Dieses Dichtungssystem ist wie folgt aufgebaut:

- es besteht aus zwei Einzelgleitringdichtungen
- die Einzelgleitringdichtungen sind gegeneinander angeordnet (back-to-back-Anordnung)
- der Raum zwischen den Gleitringdichtungen bildet den Sperrraum
- der Sperrraum wird mit Sperrflüssigkeit gefüllt (wichtig: Entlüften)
- der Sperrdruck der Flüssigkeit muss stets größer als der Produktdruck sein,
- die Bevorratung der Sperrflüssigkeit und die Sicherstellung des Sperrdrucks erfolgt in der Regel durch ein Thermosiphon-Druckbehälter,
- die Sperrflüssigkeit muss zirkulieren (natürlicher Umlauf oder Zwangsumlauf).

Zur Überwachung der Funktionsfähigkeit des Dichtungssystems können Temperatur-, Druck- und Standmessungen vorgesehen werden. Die Temperaturmessung wird in die Rücklaufleitung eingebaut. Eine kontinuierliche Abnahme des Druckes oder des Flüssigkeitsstandes weist auf eine Undichtigkeit im Dichtungssystem hin.

Exkurs Inbetriebnahme einer Sperrdruckeinheit

Um die Sperrdruckeinheit in Betrieb zu nehmen, muss zunächst der Stand der Sperrflüssigkeit im Behälter (7 in Abbildung 4-43) kontrolliert werden. Gegebenenfalls wird mithilfe einer Handpumpe Sperrflüssigkeit aus dem Vorratsbehälter (4) in den Druckbehälter nachgefüllt. Als nächstes wird der Druckbehälter mit Druck (z. B. N_2 oder Pressluft) beaufschlagt und zwar so hoch, dass der Druck im Druckbehälter 1–2 bar höher ist als der zu erwartende Förderdruck der Pumpe. Der Druck im Thermosiphongefäß kann auf dem Manometer (5) abgelesen werden. Anschließend werden die Absperrventile für den Vor- und Rücklauf der Gleitringdichtung geöffnet. Beim Betrieb ist folgendes zu beachten (unbedingt Hersteller- und Betriebsangaben beachten):

- Die Sperrdruckeinheit ist zunächst zu entlüften.
- Es ist wichtig, dass der Sperrdruck vor dem Anfahren der Pumpe auf die Gleitringdichtung gegeben wird, damit kein Produkt in den Raum der Gleitringdichtung gelangen kann.
- Wenn der Gleitring undicht ist, strömt die Sperrflüssigkeit in den Förderraum der Pumpe.
- Ist die Pumpe nicht in Betrieb, wird der Sperrdruck der Gleitringdichtung dennoch aufrecht erhalten. Damit wird sichergestellt, dass das zu fördernde Medium auch bei Undichtigkeiten in der Pumpe nicht austreten kann.
- Der Druckbehälter wird in der Regel mit Temperatur-, Druck- und Standtiefalarmen ausgestattet, welche in den Leitstand der Produktionsanlage weitergegeben werden. Durch diese Maßnahme können Undichtigkeiten am Gleitring rechtzeitig erkannt werden.

Nachdem der Sperrdruck auf die Gleitringdichtung gegeben ist, kann die Pumpe angefahren werden.

4.4.3 Dynamische Dichtungen an Kolbenpumpen

Der entscheidende Unterschied zur Abdichtung mit Gleitringsystemen ist, dass an Kolbenpumpen hin- und hergehende Bewegungen abgedichtet werden müssen. Der Kolben muss für die Bewegung im Zylinder ein Mindestmaß an Beweglichkeit aufweisen, da er sonst während des Betriebs festklemmen würde. Dieses „Spiel“ zwischen Kolben und Zylinder führt zu Undichtigkeiten, die mithilfe von **Kolbenringen** oder **Einschliffdichtungen** beseitigt werden (Abbildung 4-44).

Einschliffringe werden in eine Nut eingelegt, die auf dem Umfang des Kolbens eingedreht ist.

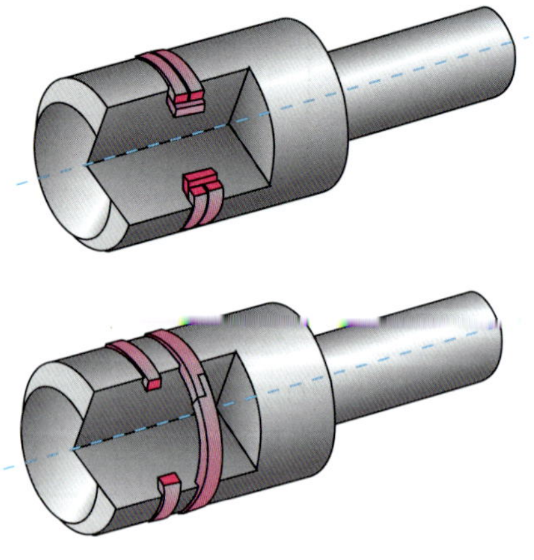

Abbildung 4-44 Einschliff-Kolbendichtungen

Bei Kolbendurchmessern < 20 mm erweist sich eine Einschliffdichtung als zuverlässige und preiswerte Lösung. Bei Drücken > 350 bar werden aus Festigkeitsgründen generell die Einschliffdichtungen eingesetzt.
Kolbenringe werden mit Schrauben auf dem Kolbenumfang fixiert. Sie werden bis zu Drücken von 350 bar eingesetzt.

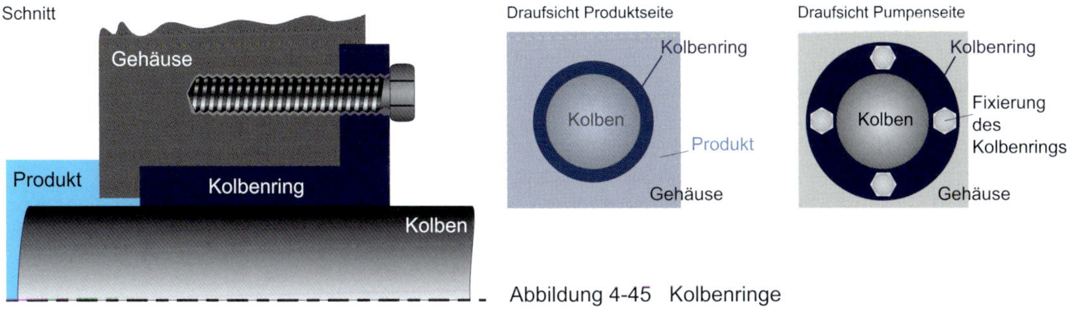

Abbildung 4-45 Kolbenringe

4.5 Fragen zum Kapitel statische und dynamische Dichtungen

1. Welche Aufgaben haben Dichtungen?
2. In welche drei Dichtungsarten werden statische Dichtungen unterteilt?
3. Für welche Medien werden Schweißringdichtungen eingesetzt?
4. In einem Rohrleitungssystem sind überwiegend Flanschverbindungen mit Flachdichtungen eingesetzt. Nennen Sie drei Eigenschaften, die ein Dichtungswerkstoff besitzen muss.
5. Für eine Rohrleitung DN 40 wird eine Flachdichtung mit einem Außendurchmesser von d_A = 92 mm und einem Innendurchmesser d_I = 49 mm benötigt. Berechnen Sie die wirksame Dichtfläche.
6. Eine Armatur wird durch eine Stopfbuchse abgedichtet. Sie stellen Undichtigkeiten im Bereich der Stopfbuchsdichtung fest. Nennen Sie Möglichkeiten, die Undichtigkeiten zu beseitigen. Beschreiben Sie eine der genannten Möglichkeiten.
7. In einer Hochdruckrohrleitung (PN 400) soll eine Dichtung erneuert werden. Aus welchem Werkstoff muss diese Dichtung bestehen?
   1. Leder
   2. Kork
   3. Gummi
   4. Kunststoff
   5. Stahl
8. Beschreiben Sie den Aufbau einer Stopfbuchsdichtung. Was muss bei der Montage beachtet werden?
9. Was ist bei der Auswahl des Packungsmaterials für die Stopfbuchse einer Rührerwelle **nicht** wesentlich?
   1. die äußere Form der Stopfbuchse
   2. der pH-Wert des Kesselinhalts
   3. der Druck im Behälter
   4. die Temperatur im Behälter
   5. die Drehzahl der Welle
10. Mit welcher Dichtung werden keine drehenden Teile abgedichtet?
    1. Radial-Wellendichtung
    2. einfach-wirkende Gleitringdichtung
    3. Stopfbuchspackung
    4. doppelt-wirkende Gleitringdichtung
    5. Flansch-Profildichtung
11. Vergleichen Sie Stopfbuchsdichtungen und Gleitringdichtungen und benennen Sie deren Vor- und Nachteile.
12. Was wird unter dem Begriff Sperrflüssigkeit verstanden?
13. Welche Systeme zur Nutzung von Sperrflüssigkeiten werden eingesetzt?

5 Allgemeine Grundlagen der Fördertechnik

5.1 Definitionen

5.1.1 Kraft

Als Kraft wird in der Physik die Fähigkeit bezeichnet, den Bewegungszustand oder die Form eines Körpers zu verändern. Sie kann zum Beschleunigen, zur Verzögerung, zur Änderung der Bewegungsrichtung und zur Verformung eines Körpers führen.

Dies gilt sowohl für den Ruhezustand als auch bei einer gleichförmigen, geradlinigen Bewegung. Die Eigenschaft, sich der Änderung des Bewegungszustandes zu widersetzen, wird auch die Trägheit eines Stoffes bezeichnet. Daraus ergibt sich, dass die Ursache jeder Änderung des Bewegungszustandes eines Körpers eine Kraft ist.

5.1.2 Arbeit

Wirkt eine Kraft auf einen Körper und legt dieser dadurch einen bestimmten Weg zurück, so verrichtet er Arbeit.

Die Arbeit *W* ist das Produkt aus Kraft mal Weg. $W = F \cdot s \quad \left[N \cdot m = J = Ws = \frac{kg \cdot m^2}{s^2}\right]$

5.1.3 Energie

Durch die an dem Körper verrichtete Arbeit wird dessen Energie vergrößert. Er wird dadurch in die Lage versetzt, selber Arbeit zu verrichten. Die Energie kann also als Arbeitsvermögen eines Körpers definiert werden.

Die Energie *E* hat dieselben SI-Einheiten wie die Arbeit: $\left[N \cdot m = J = Ws = \frac{kg \cdot m^2}{s^2}\right]$

Bei der mechanischen Energie wird zwischen der potentiellen Energie (Energie der Lage) und der kinetischen Energie (Energie der Bewegung) unterschieden.

Für die potentielle Energie gilt:

$$E_{pot} = G \cdot h = m \cdot g \cdot h$$

mit

E_{pot} = potentielle Energie
G = Gewichtskraft
m = Masse des Körpers
g = Fall- oder Erdbeschleunigung $g = 9{,}81 \frac{m}{s^2}$
h = Höhe, um die der Körper angehoben oder abgesenkt wird

Für die kinetische Energie gilt:

$$E_{kin} = \frac{1}{2} \cdot m \cdot v^2$$

mit

E_{kin} = kinetische Energie
m = Masse des Körpers
v = Geschwindigkeit des Körpers

In einem System bleibt die Energie erhalten, es kann also keine Energie gewonnen oder vernichtet werden. Es kann nur Energie von einer Form in eine andere überführt werden, z. B. potentielle in kinetische, elektrische in mechanische, mechanische in Wärmeenergie usw. In der Praxis erfolgt die Umwandlung einer Energieform in eine andere, aber nie vollständig. So entsteht zum Beispiel bei der Umwandlung der elektrischen Energie in Bewegungsenergie in einem Elektromotor immer auch Wärmeenergie. Dies wird umgangssprachlich oft als Verlust bezeichnet, da dieser Energiebetrag nicht mehr für eine Drehbewegung zur Verfügung steht.

5.2 Physikalische Grundlagen der Förderung

Als Fazit des vorhergehenden Kapitels kann für die Förderung von Stoffen folgendes zusammengefasst werden:

- Die Förderung von Stoffen findet nur dann statt, wenn von außen Kräfte auf die Stoffe einwirken.
- Mit den von außen einwirkenden Kräften wird Arbeit verrichtet.
- Diese Arbeit führt den Stoffen Energie zu.
- Die eingebrachte Energie kann in verschiedene Energieformen umgewandelt werden.

Exkurs Gesetz von Bernoulli

Während der Förderung von Stoffen wird mindestens eine der beiden Erscheinungsformen der Energie (potentielle oder kinetische Energie) erhöht. Diese Zusammenhänge werden in dem Gesetz von Bernoulli erfasst. Bei der Modellbetrachtung werden die innere Reibung und die Reibung an der Rohrwandung nicht berücksichtigt.

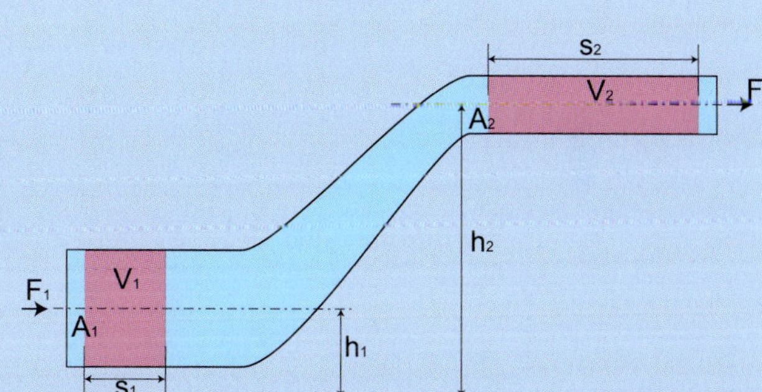

Abbildung 5-1 Gesetz von Bernoulli

Ausgehend davon, dass das pro Zeiteinheit geförderte Volumen V_1 gleich dem Volumen V_2 ist (Abbildung 5-1, Flüssigkeiten sind inkompressibel!), kann folgende Gleichung aufgestellt werden:

$$\frac{V_1}{t} = \frac{V_2}{t} \qquad \text{mit } V = A \cdot s:$$

$$\frac{A_1 \cdot s_1}{t} = \frac{A_2 \cdot s_2}{t} \qquad \text{mit } \frac{s}{t} = v:$$

$$A_1 \cdot v_1 = 1 \cdot A_2 \cdot v_2$$

mit
V = Volumen
t = Zeit
A = Fläche
s = Strecke
v = Strömungsgeschwindigkeit

Daraus ergibt sich, dass in dem engeren Querschnitt A_2 die Geschwindigkeit der Flüssigkeit höher sein muss.

Soll ein bestimmtes Volumen im Bereich des weiten Querschnitts verschoben werden, muss dazu Arbeit gegen den dort herrschenden Druck p_1 geleistet werden

$$W_1 = F_1 \cdot s_1 = p_1 \cdot A_1 \cdot s_1 = p_1 \cdot V$$

mit
W = Arbeit / Energie
F = Kraft
p = Druck

Dies gilt in gleicher Weise für den engeren Querschnitt.

$$W_2 = F_2 \cdot s_2 = p_2 \cdot A_2 \cdot s_2 = p_2 \cdot V$$

Aus der Differenz der beiden Energien ergibt sich der Anteil der Druckenergie, der dazu gebraucht wurde, die Flüssigkeit an der Verengung zu beschleunigen, also die kinetische Energie:

$$W = W_1 - W_2 = (p_1 - p_2) \cdot V$$

Wird die Energie W_1 und W_2 durch die kinetische Energie W_{kin1} und W_{kin2} ersetzt, so folgt:

$$W = W_{kin2} - W_{kin1} = \frac{1}{2} m \cdot (v_2^2 - v_1^2) = \frac{1}{2} \rho \cdot V \cdot (v_2^2 - v_1^2)$$

Da W gleich W ist, können die beiden vorhergehenden Gleichungen gleichgesetzt werden.

$$\frac{1}{2} \rho \cdot V \cdot (v_2^2 - v_1^2) = (p_1 - p_2) \cdot V$$

$$p_1 + \frac{1}{2} \rho \cdot v_1^2 = p_2 + \frac{1}{2} \rho \cdot v_2^2$$

Aus der Gleichung ergänzt um die potentielle Energie folgt:

$$p_1 + \frac{1}{2} \rho \cdot v_1^2 + \rho \cdot g \cdot h_1 = p_2 + \frac{1}{2} \rho \cdot v_2^2 + \rho \cdot g \cdot h_2$$

Der **Satz von Bernoulli** lautet:

Die Summe aller Drücke in einem System ist konstant.

$$p + \frac{1}{2} \rho \cdot v^2 + \rho \cdot g \cdot h = \text{const.}$$

5.3 Grundprinzip der Förderung (Arbeitsweise)

5.3.1 Fliehkraftprinzip

Druckdifferenz wird erzeugt durch
1. Beschleunigen der Flüssigkeit und
2. Drosseln der Flüssigkeitsgeschwindigkeit.

5.3.2 Verdrängungsprinzip

Druckdifferenz wird erzeugt durch Verkleinern des Arbeitsraumes.

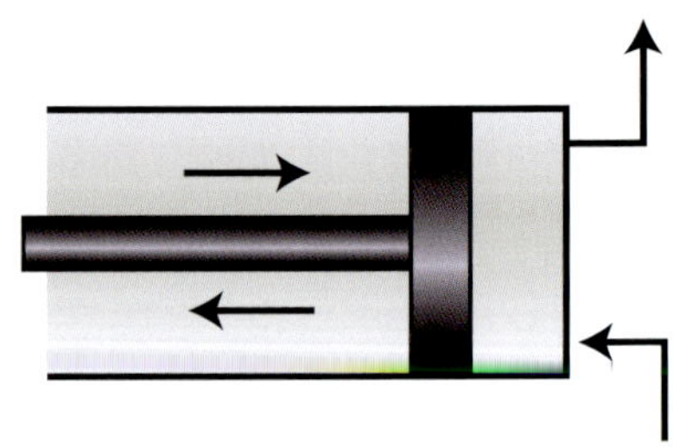

Abbildung 5-2 Verdrängungsprinzip

5.3.3 Bernoulli-Prinzip

Druckdifferenz wird erzeugt durch hohe Geschwindigkeit des Treibmittels und des daraus resultierenden statischen Druckes.

5.4 Fördern von festen Stoffen

Feststoffe können als Schütt- und Stückgüter vorliegen, wobei das Schüttgut rieselfähig sein und möglichst nicht zur Staubbildung neigen sollte.

Es wird unterschieden zwischen

- diskontinuierlichem Fördern (unstetig) und
- kontinuierlichem Fördern (stetig).

5.4.1 Diskontinuierliches Fördern

Diskontinuierliches Fördern ist das Bewegen von Fördergut zwischen beliebigen Punkten. Hierzu werden alle Arten von Hebezeugen und Flurförderzeugen verwendet.

Hebezeuge sind z. B.

- Flaschenzüge
- Kettenzüge
- Hebebühnen
- Winden
- Kräne
- Aufzüge

Flurförderzeuge sind z. B.

- Gabelstapler
- Hubwagen
- Gabelhubwagen
- Handkarren

5.4.2 Kontinuierliches Fördern

Unter kontinuierlichem Fördern wird das dauernde, taktweise Bewegen von Fördergut längs eines festgelegten Förderstranges verstanden.

Es wird unterschieden zwischen

- Fördern mit Gefälle (Schwerkraft)
- Fördern mit Maschinen (mechanische Kraft)
- Fördern mit strömendem Gas (Strömungskraft).

5.4.3 Fördern mit Maschinen

Folgende Maschinen werden zum Fördern von Feststoffen eingesetzt:

Rollenbahnen

Auf einer Bahn von losen oder angetriebenen Rollen wird das Fördergut entweder durch Schwerkraft (Neigung der Bahn) oder durch Antriebsrollen transportiert. Rollbahnen werden eingesetzt:

- nur für Stückgut mit gerader Auflagefläche,
- für waagerechte und leicht schräge Förderrichtung

Es sind große Förderstrecken möglich.

Bandförderer

Es gibt zwei Arten von Bandförderern, Gurtbandförderer und Plattenbandförderer. Auf einem endlos umlaufenden Band (Gummi, Metall, Kunststoff) wird das Fördergut mitgetragen.

- Es sind große Förderstrecken möglich.
- Die Förderrichtung ist waagerecht bis leicht schräg (18°).
- Es gibt mobile Ausführungen.

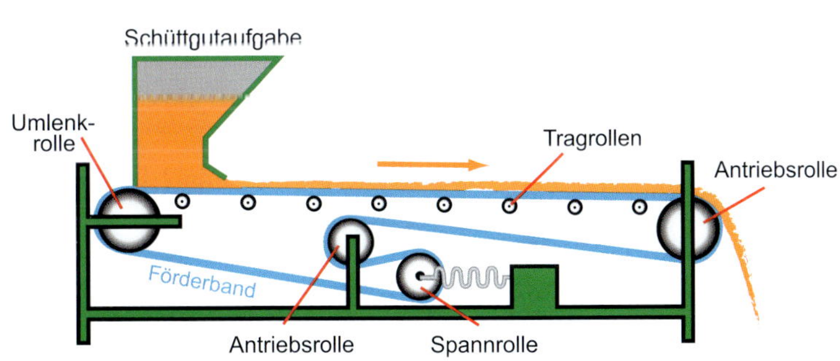

Abbildung 5-3 Bandförderer

Gurtbandförderer

Es gibt Gurtbandförderer mit muldenförmigem Band für Schüttgut und (Abbildung 5-4 links) und Förderer mit flachem Band für Schütt- und Stückgut (Abbildung 5-4 rechts). Gurtbandförderer mit flachem Band transportieren bei gleicher Bandbreite weniger als Gurtbandförderer mit muldenförmigem Band.

Abbildung 5-4 Gurtbandförderer

Gliederbandförderer

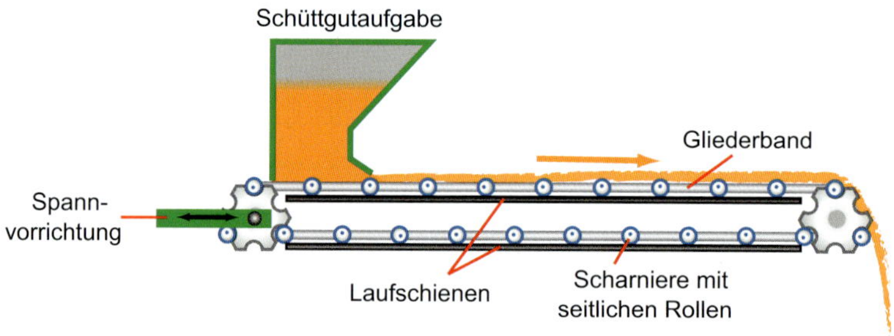

Abbildung 5-5 Gliederbandförderer

Bei einem Gliederbandförderer (Abbildung 5-5) sind auf dem Band Platten befestigt.

Kettenförderer (Kratzerförderer)

Durch einen geschlossenen Kanal wird durch eine endlos umlaufende Kette mit Querleisten das Fördergut mitgeschleppt (Abbildungen 5-6 und 5-7).

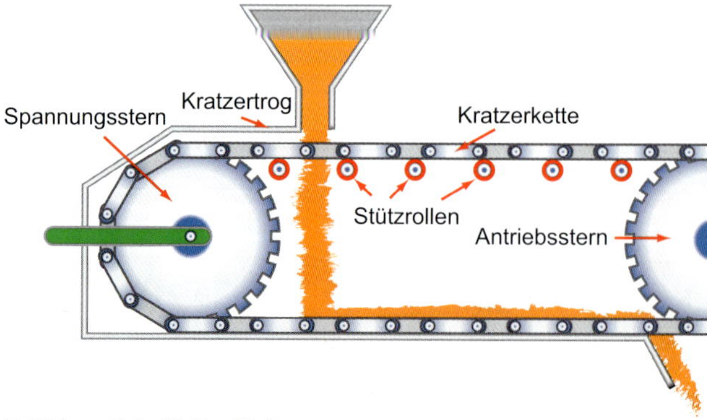

Abbildung 5-6 Kettenförderer

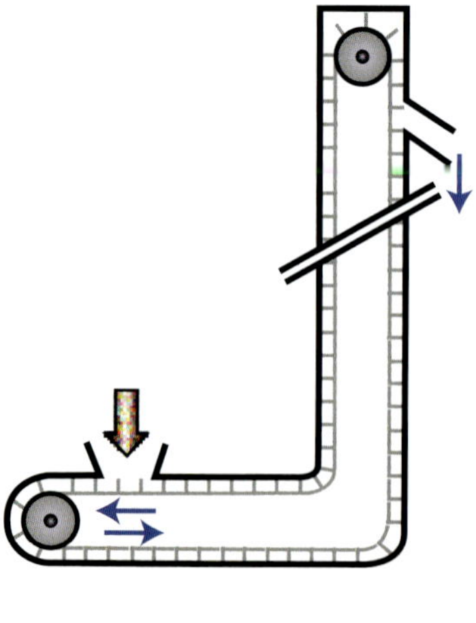

Abbildung 5-7 Kettenförderer

Kennzeichen von Kettenförderern sind:

- einsetzbar für fein- bis grobstückiges Schüttgut
- große Förderstrecken (bis 80 m) möglich
- Förderrichtung waagerecht, senkrecht, schräg
- das Fördergut wird beim Kettenförderer mechanisch stark beansprucht.

Becherförderer (Becherwerk, Elevator)

An einer endlos umlaufenden Kette sind in regelmäßigen Abständen Becher befestigt, die das Fördergut mitnehmen (Abbildung 5-8). Für Becherförderer gilt

- einsetzbar für fein- bis grobstückige Schüttgüter
- Förderrichtungen steil bis senkrecht.

Pendelbecherwerke (Abbildung 5-9) können praktisch in alle Richtungen fördern.

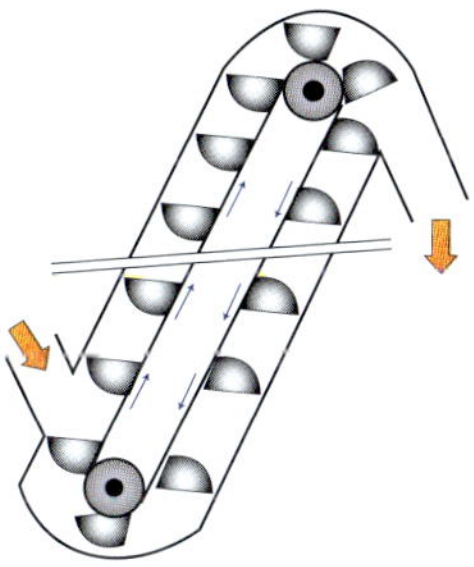

Abbildung 5-8 Becherförderer

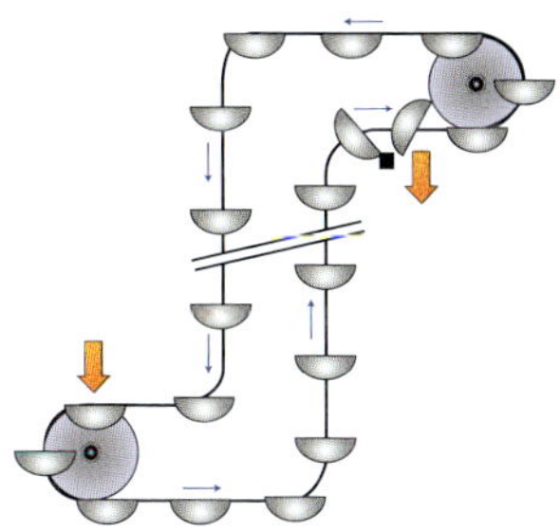

Abbildung 5-9 Pendelbecherwerk

Schwingförderer

Eine horizontale oder schwach geneigte Rinne ist federnd befestigt und wird durch einen Antrieb in Schwingung versetzt, wodurch das Fördergut bewegt wird.

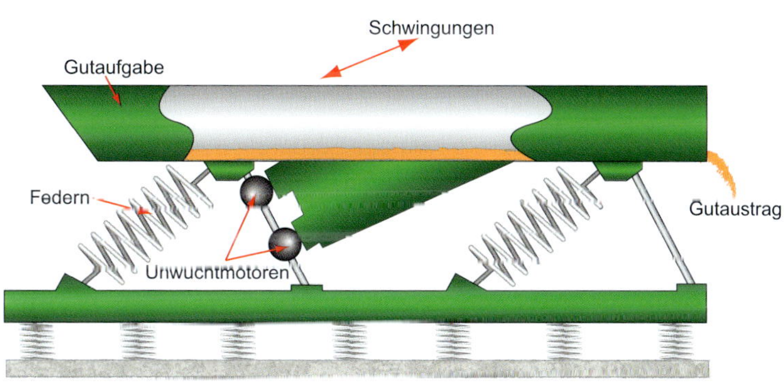

Abbildung 5-10 Schwingförderer

Das Schüttgut wird dabei in flachen Bögen nach vorne geworfen. Auf diese Art und Weise wird das Schüttgut von der Gutaufgabe zum Gutaustrag befördert. Eigenschaften von Schwingförderern sind:

- als Dosier- und Beschickungsvorrichtung einsetzbar
- geschlossene und offene Ausführung der Rinne möglich
- Förderrichtung waagerecht und leicht schräg
- auch zum gleichzeitigen Trennen einsetzbar (Lochblech)
- nur für Schüttgut einsetzbar.

Schneckenförderer

In einem offenen oder geschlossenen Trog dreht sich eine Schnecke, die das Fördergut in Längsrichtung bewegt.

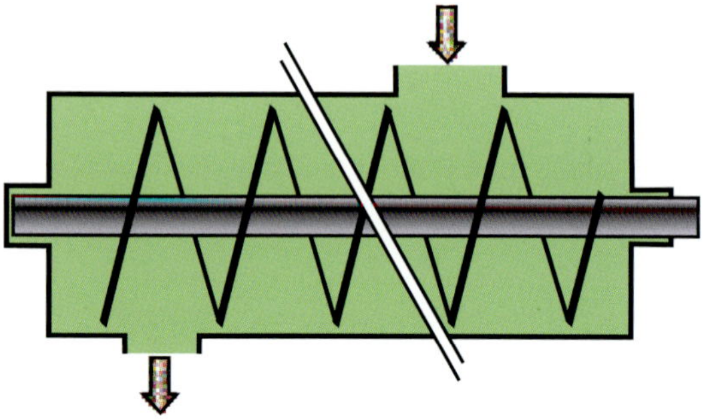

Abbildung 5-11 Schneckenförderer

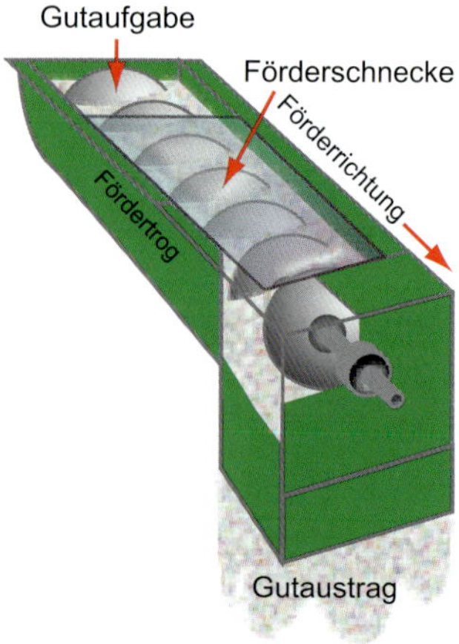

Abbildung 5-12 Schneckenförderer

Wichtige Merkmale sind:

- einsetzbar als Dosier-, Beschickungs- und Austragsvorrichtung
- für rieselfähiges Fördergut einsetzbar
- Förderrichtung waagerecht oder schräg
- Förderrichtung umkehrbar
- Fördermenge einstellbar (Drehzahl)
- Überfüllung führt zu Stauungen
- Fördergut wird mechanisch beansprucht.

Schneckenrohrförderer

Die Arbeitsweise entspricht dem Schneckenförderer, jedoch dreht sich hierbei das Rohr, während die Schnecke feststeht.

- das Fördergut wird mechanisch nicht so stark beansprucht
- Schneckenrohrförderer sind teurer als Schneckenförderer.

Pneumatische Förderer

Mit pneumatischen Förderern wird das Fördergut durch schnell strömende Luft oder Inertgas gefördert. Treibende Kraft ist dabei die Druckdifferenz, die zwischen Förderguteingang und Fördergutausgang herrscht. Die pneumatischen Förderer werden in Saugluftförderer und Druckluftförderer eingeteilt.

Saugluftförderer

Saugluftförderer dienen zur Förderung von Schüttgütern von verschiedenen Aufgabestellen zu einem zentralen Punkt:

- die Förderleistung ist durch die praktisch erreichbare Druckdifferenz (0,8 bar) begrenzt
- Saugluftförderer arbeiten staubfrei, dadurch geringe Gefahr der Staubexplosion
- sie sind für ein rieselfähiges, pulverförmiges Produkt geeignet.

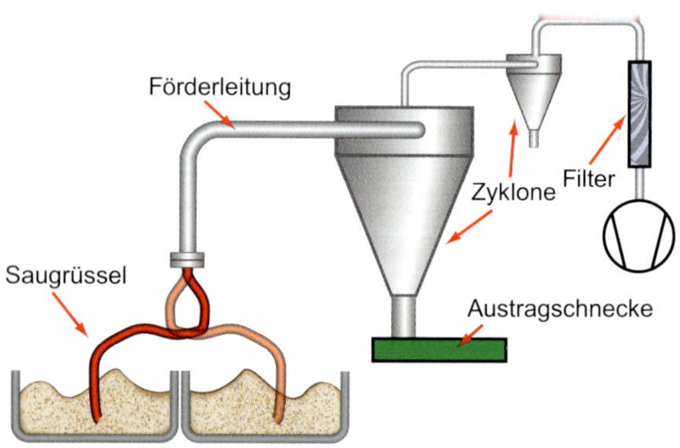

Abbildung 5-13 Saugluftförderer

Druckluftförderer

Druckluftförderer dienen zur Förderung von Schüttgütern von zentraler Aufgabestelle zu verschiedenen Verbrauchsstellen hin. Wichtige Eigenschaften sind:

- größere Förderleistung, da höhere Druckdifferenz möglich
- größere Entfernungen und Höhen als beim Saugluftförderer möglich
- arbeitet nicht staubfrei, daher Gefahr der Staubexplosion größer als bei Saugluftförderer
- einsetzbar für rieselfähiges, feinstückiges Schüttgut (Korngröße maximal 40 mm).

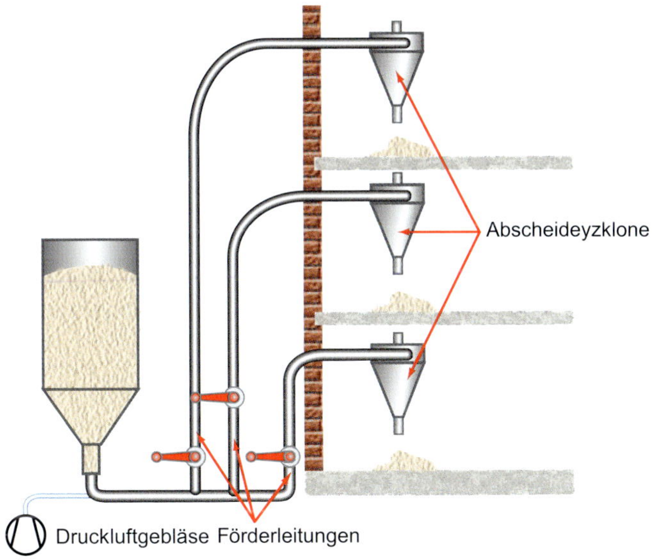

Abbildung 5-14 Druckluftförderer

5.5 Fördern von Flüssigkeiten

5.5.1 Fördern durch Gefälle

Beim Fördern durch Gefälle wird das Fördergut aufgrund seiner Schwerkraft zu seinem Bestimmungsort gefördert.

- Anfang und Ende der Förderstrecke liegen auf unterschiedlichen Höhen
- für hochviskose Flüssigkeiten ist diese Methode nicht geeignet.

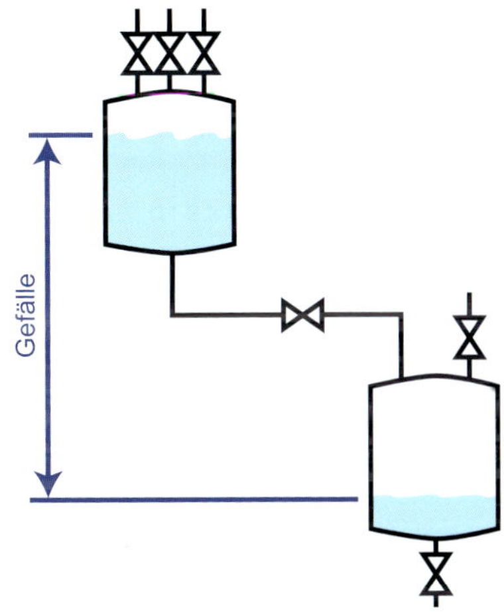

Abbildung 5-15 Fördern durch Gefälle

5.5.2 Fördern mit einem Heber

Beim Heber kommt der Flüssigkeitstransport zustande, weil der hydrostatische Druck zwischen Flüssigkeitsoberfläche und Auslauf zu einem Druckgefälle führt.

- Die Flüssigkeitsoberfläche und das Ende des Auslaufstutzens befinden sich auf unterschiedlichen Höhen.
- Wird das leere Heberrohr in die Flüssigkeit getaucht, so muss es zunächst über ein Ventil mit Flüssigkeit gefüllt bzw. entlüftet werden.

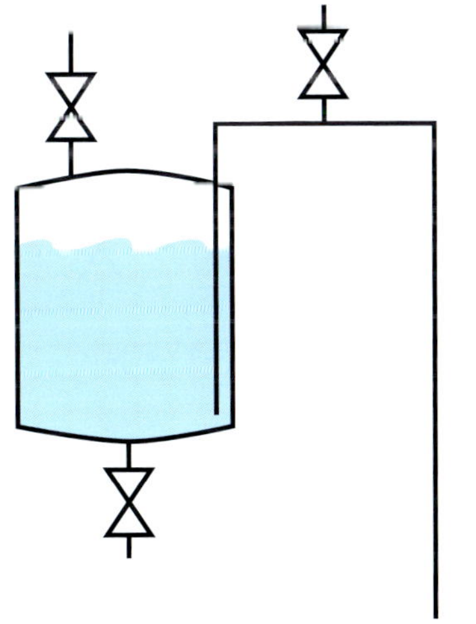

Abbildung 5-16 Fördern mit Heber

5.5.3 Fördern mit Druck

In einem geschlossenen Behälter wird Druck auf die Flüssigkeitsoberfläche ausgeübt, sodass durch ein Tauchrohr die Flüssigkeit aus dem Behälter gefördert wird.

Die Förderhöhe ist abhängig

- vom Druck im Behälter und
- von der Dichte ρ der Flüssigkeit.

Theoretisch könnte die Förderhöhe in einer solchen Anordnung unendlich hoch sein. Praktisch ist sie jedoch begrenzt durch die Festigkeit des Behälters.

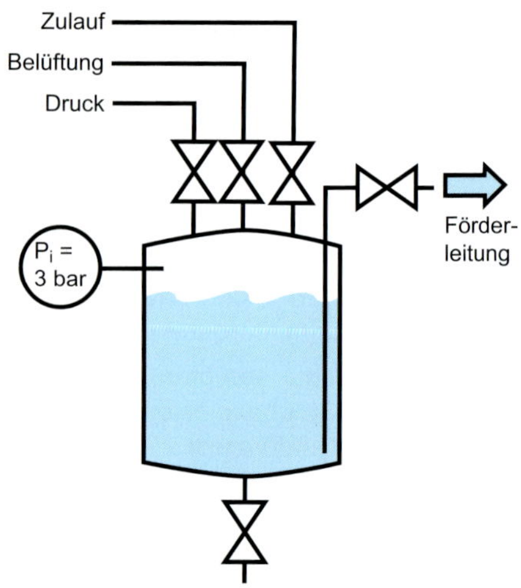

Abbildung 5-17 Fördern mit Druck

5.5.4 Fördern mit Vakuum

Das Fördern mit Vakuum funktioniert nach demselben Prinzip wie die Förderung mit Druck. Die Förderleistung und -höhe ist abhängig

- vom praktisch erreichbaren Vakuum
- vom Umgebungsdruck (p_{amb})
- von der Dichte der Flüssigkeit.

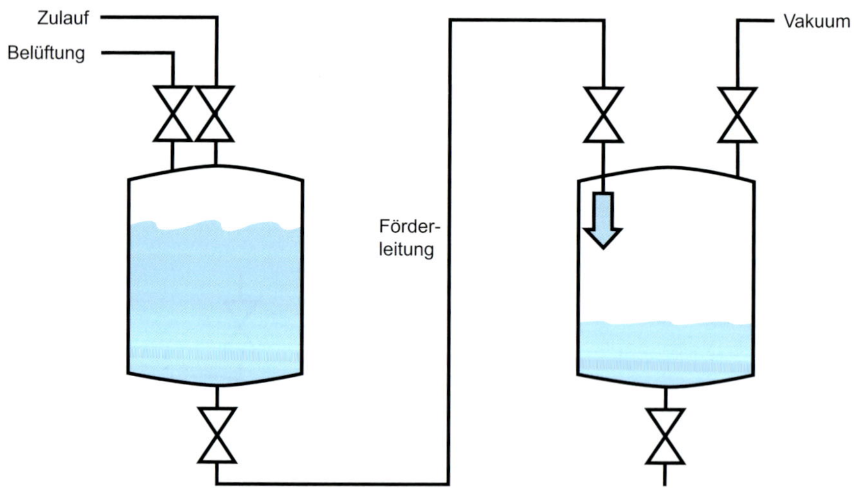

Abbildung 5-18 Fördern mit Vakuum

5.5.5 Fördern durch Pumpen

Die Arbeitsbedingungen (und damit die Auswahlkriterien) einer Pumpe sind charakterisiert durch den Nennvolumenstrom und durch die Nennförderhöhe.

Der **Nennvolumenstrom** ist der Volumenstrom in m^3/h, für den eine Pumpe ausgelegt ist bei

- einer bestimmten Drehzahl
- einer bestimmten Viskosität
- einem bestimmten Vordruck.

Die **Nennförderhöhe** ist die Höhe in m, für die eine Pumpe ausgelegt ist bei

- einer bestimmten Drehzahl
- einer bestimmten Viskosität
- einem bestimmten Volumenstrom.

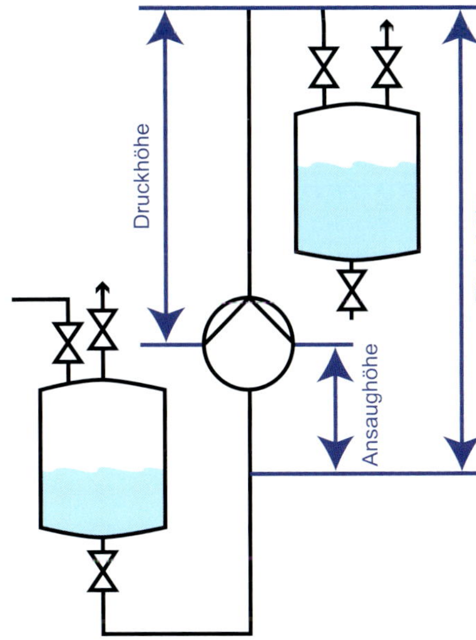

Abbildung 5-19 Fördern durch Pumpen

Für die Förderhöhe einer Pumpe gilt: **Förderhöhe = Saughöhe + Druckhöhe**

Die Förderleistung einer Pumpe errechnet sich aus

- dem Volumenstrom
- der Förderhöhe
- der Dichte der Flüssigkeiten
- der Erdbeschleunigung
- dem Wirkungsgrad.

Es gilt: $P = \dot{V} \cdot h_{ges} \cdot \rho \cdot g \left[N \cdot \frac{m}{s}\right]$

Achtung: Rohrreibungs- und Druckverluste werden hier nicht berücksichtigt.

5.6 Fördern von Gasen

Reale Gase bestehen aus freibeweglichen Molekülen, die ein bestimmtes Volumen einnehmen. Gase werden daher, genau wie Flüssigkeiten, durch Erzeugen von Druckdifferenzen gefördert.

Unter Verdichten wird in diesem Zusammenhang der Vorgang verstanden, bei dem das Volumen eines Gases verringert und gleichzeitig sein Druck erhöht wird.

Wird das Gas komprimiert, so wandelt sich die Bewegungsenergie in Druck- und Wärmeenergie um.

Dabei gilt: $\frac{V_0 \cdot p_0}{T_0} = \frac{V_1 \cdot p_1}{T_1}$

Wird die gesamte entstehende Wärme aus dem System abgeführt und bleibt die Temperatur gleich, so beschreibt dies eine sogenannte **isotherme Zustandsänderung** des Gases. Nach der oben stehenden Gleichung ändern sich das Volumen und der Druck entgegengesetzt proportional.

In der grafischen Darstellung (Abbildung 5-20) ergibt sich eine Hyperbel. Die Hyperbel verschiebt sich mit steigender Temperatur. Es folgt für jede Temperatur jeweils ein eigener Kurvenverlauf, die sogenannten **Isothermen**. Da es in der Praxis nicht möglich ist, die gesamte entstehende Wärme abzuführen, wird hierbei von einer polytropen Zustandsänderung gesprochen.

Weitere Arten der Zustandsänderungen werden durch die **Isobare** (konstanter Druck) und durch die **Isochore** (konstantes Volumen) dargestellt.

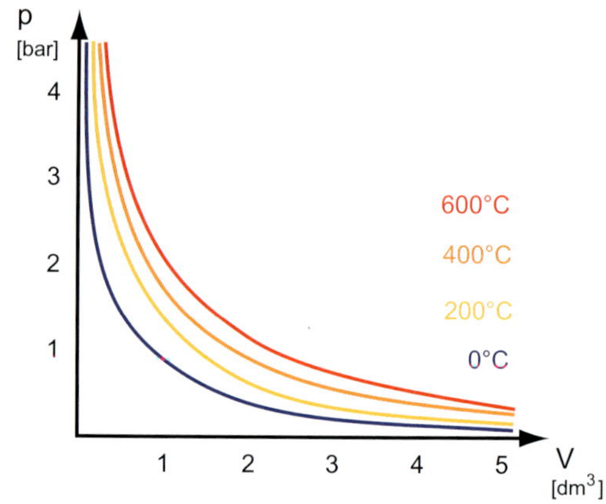

Abbildung 5-20 isotherme Zustandsänderung von Gasen

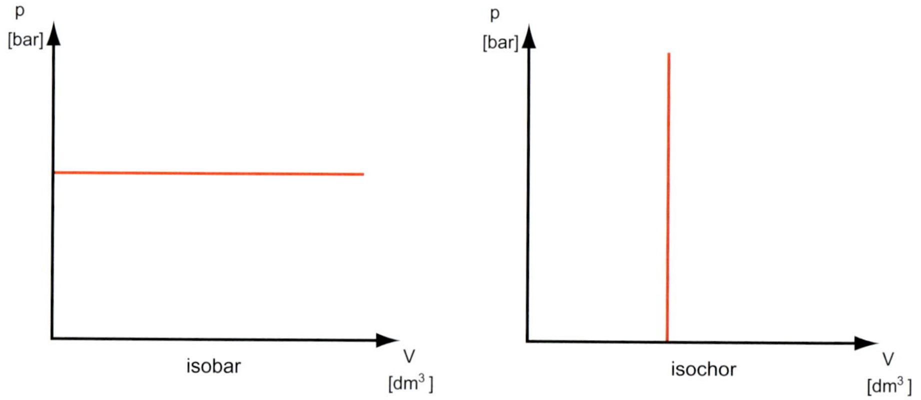

Abbildung 5-21 isobare und isochore Zustandsänderungen

Druckdifferenzen in Anlagen können auf verschiedene Arten erzeugt werden. So steigt der Druck in einem geschlossenen Behälter, wenn die Temperatur im Behälter ansteigt. Beim Kondensieren von Dämpfen verringert sich das Volumen und der Druck fällt unter den Anfangsdruck. Läuft eine chemische Reaktion unter Volumenverminderung ab, fällt der Druck ebenfalls.

In der Regel werden die zum Fördern der Gase erforderlichen Druckdifferenzen aber durch Maschinen erzeugt, z. B.

- Verdichter (Kompressoren)
- Gebläse
- Ventilatoren
- Strahlpumpen
- Flüssigkeitsringverdichter.

Eine Art der Unterscheidung der Fördereinrichtungen für Gase erfolgt nach der Höhe des erzeugten Druckes (Tabelle 5-1).

Tabelle 5-1 Unterscheidung von Fördereinrichtungen auf Basis des erzeugten Druckes

Verdichter:	3 bis 1000 bar
Gebläse:	1,1 bis 3 bar
Ventilatoren:	1 bis 1,1 bar

5.6.1 Einteilung der Einrichtungen zum Fördern von Gasen

Eine weitere Möglichkeit die Verdichter einzuteilen richtet sich nach der Art, wie die zum Fördern erforderliche Druckdifferenz erzeugt wird (Tabelle 5-2).

Tabelle 5-2 Fördereinrichtungen

Fördereinrichtung	Symbol nach DIN	Weitere Bezeichnungen
Verdichter (Pumpen) zum Fördern von Gasen	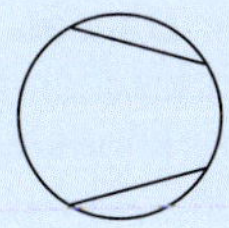	Verdichter allgemein
Zentrifugalverdichter		
Turboverdichter	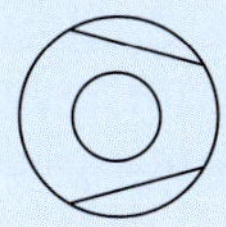	
Ventilatoren	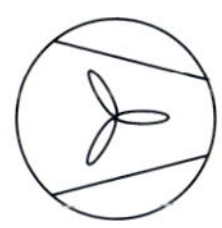	Ventilator allgemein
Verdrängerverdichter		
Schraubenverdichter		
Hubkolbenverdichter	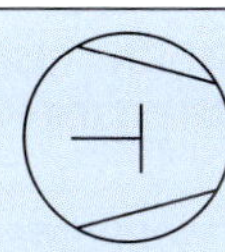	
Drehschieberverdichter		
Wälzkolbenverdichter	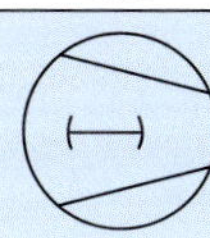	
Flüssigkeitsringverdichter		
Hubkolbenmembranverdichter	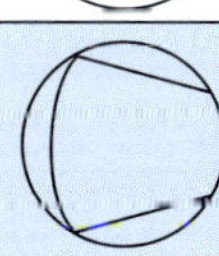	
Treibmittelverdichter		
Strahlverdichter (Treibmittel: Dampf, Gas, Flüssigkeit)	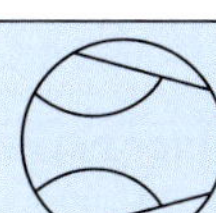	
Flüssigkeitsringverdichter	siehe oben	

5.6.2 Verdichter

Generell gilt, dass Verdichter auch als Kompressoren bezeichnet werden. Kennzeichnend ist die Förderung von kompressiblen Medien: Luft, Gase und Dämpfe. Das Ansaugen, Verdichten und Ausstoßen kann auf unterschiedlichste Weise erfolgen, sei es durch Kolben, Flügelräder oder andere Konstruktionen. Da das Angebot sehr breit gefächert ist, kann pauschal kein Wirkungsgrad angeben werden. Verdichter können aufgrund der Arbeitsweise unterteilt werden in:

- Kolbenverdichter
- Rotationskolbenverdichter
- Turboverdichter.

Abbildung 5-22 mehrstufiger Kolbenverdichter (Kompressor)

Verdichtungsverhältnis

Das Verdichtungsverhältnis sagt aus, wie stark ein Gas im Verhältnis zu seinem Anfangsdruck komprimiert wird. Es gilt:

$$N = \frac{p_d}{p_s}$$

mit N = Verdichtungsverhältnis
p_d = Enddruck (Druckseite)
p_s = Anfangsdruck (Saugseite)

In der Praxis wird meistens mit einem Verdichtungsverhältnis zwischen 2 – 5 gearbeitet.

Kolbenverdichter

Das Arbeitsprinzip der Kolbenverdichter ist das gleiche wie das der Kolbenpumpen für Flüssigkeiten. Kolbenkompressoren sind meistens zusätzlich mit Kühlvorrichtungen versehen, um die Kompressionswärme abzuführen.

Bauart:	einfach- oder doppelwirkend / ein- oder mehrstufig
Verwendung:	für Höchstdrücke (bis 3000 bar)
	für Grobvakuum (bis 80 mbar)
Verdichtungsverhältnis:	etwa 5 : 1.

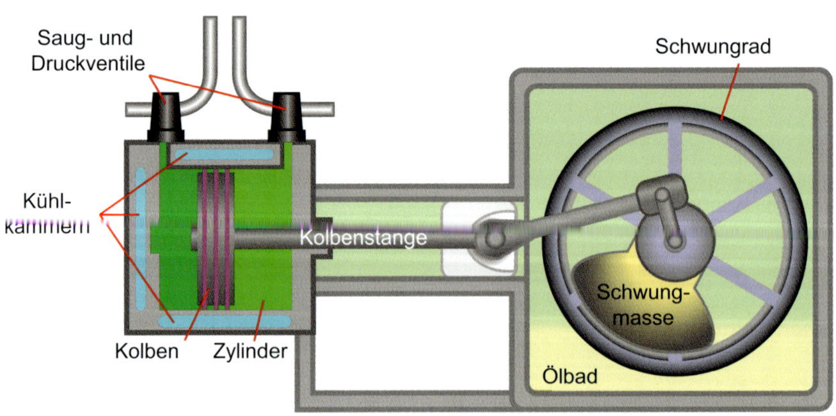

Abbildung 5-23 Kolbenverdichter

In der Abbildung 5-23 ist ein doppeltwirkender einstufiger Kolbenverdichter dargestellt.

Kolbenverdichter benötigen wegen ihres schweren Aufbaus starke Fundamente. Aufgrund der Schmierung von Kolben und Zylinder kann Öl im Druckgas enthalten sein (wartungsintensiv).

Turboverdichter

Die den Kreiselpumpen ähnlichen Turboverdichter werden in mehrstufigen Ausführungen eingesetzt. Sie besitzen für die Übertragung der Energie Laufräder, die mit hoher Drehzahl rotieren. Jede Stufe (Kreiselrad) hat ein Verdichtungsverhältnis von ca. 1,3 bis 3.

Am Laufradumfang verlässt das Gas mit großer Geschwindigkeit die Laufradzwischenräume und strömt in den sich erweiternden radialen Diffusor.

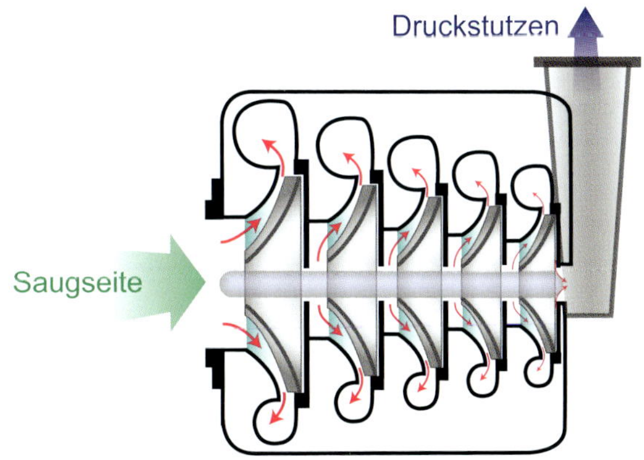

Abbildung 5-24 Turboverdichter

Von dort gelangt das Gas in das spiralförmige Sammelrohr, wo es umgelenkt und stark abgebremst wird. Die dabei freiwerdende kinetische Energie wird in statische Druckenergie umgewandelt. Der komprimierte Gasstrom verlässt den Turboverdichter durch den Druckstutzen.

Schraubenverdichter

Schraubenverdichter arbeiten zyklisch und zeichnen sich durch geringe Volumenströme sowie hohe Druckverhältnisse aus. In einem Schraubenkompressor befinden sich zwei Rotoren, die parallel im Gehäuseblock angeordnet sind. Der Hauptrotor wird vom Motor angetrieben, der Nebenrotor wird über Zahnräder vom Hauptrotor mit der gleichen Drehzahl bewegt. Die Rotoren laufen in gegenläufigem Drehsinn. Über eine im Gehäuse angeordnete Ansaugöffnung strömt das zu komprimierende Gas in den Zahnlückenraum. Bedingt durch unterschiedliche Winkelgeschwindigkeiten der Rotoren und unterschiedliche Windungen der Rotoren wird das eingeschlossene Volumen kontinuierlich verdichtet. Entlang der Rotoren wird das Gas unter stetiger Druckerhöhung innerhalb einer Kammer von der Saug- zur Druckseite transportiert und ausgeschoben. Der komplette Verdichtungsprozess erfolgt als ruhiger und schwingungsarmer Lauf, was als entscheidender Vorteil gegenüber Kolbenverdichtern gilt.

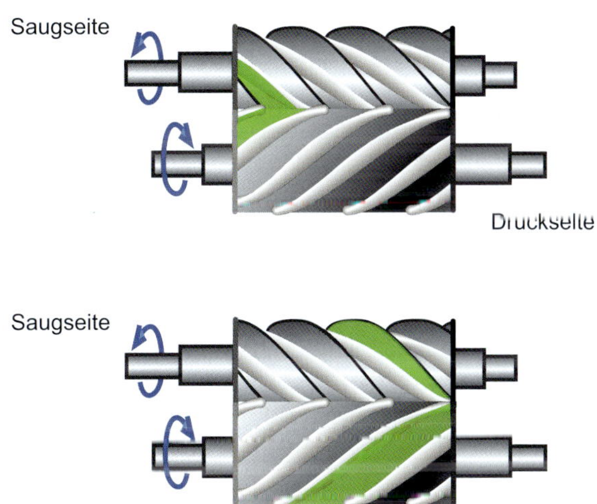

Abbildung 5-25 Schraubenverdichter

Rotationszellenverdichter

Der exzentrisch gelagerte Drehkolben ist an seinem Umfang mit Schlitzen versehen, in denen sich verschiebbar gelagerte Dichtungsleisten befinden. Durch die auftretenden Fliehkräfte oder durch zusätzlich angebrachte Federn werden die Dichtungsleisten an die Gehäusewand gedruckt und dichten so die einzelnen Segmente gegeneinander ab. Durch die exzentrische Lagerung des Drehkolbens entstehen so bei der Drehung Segmente mit immer kleiner werdendem Volumen. Das enthaltene Gas wird dadurch komprimiert und zur Druckseite gefördert.

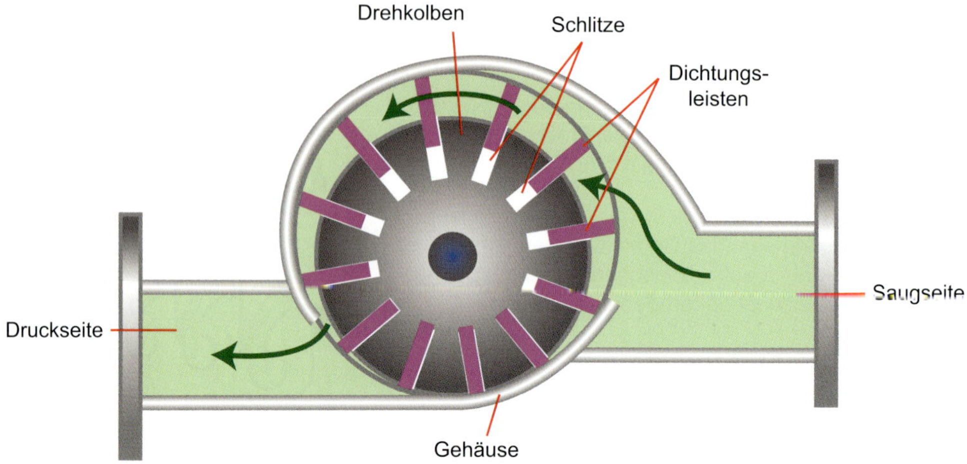

Abbildung 5-26 Rotationszellenverdichter

5.6.3 Gebläse

Die Gebläse sind mit den Kolben- und Turboverdichtern weitgehend baugleich. Der Unterschied besteht darin, dass die Stufenzahl und damit der Verdichtungsgrad der Gebläse niedriger ist. Sie werden dort eingesetzt, wo eine große Fördermenge bei mittlerem Druck verlangt wird.

- Fördermenge > 100 000 m^3/h
- Förderdruck 1,1 bis 3 bar.

Wälzkolbengebläse („Roots-Gebläse")

Wälzkolbengebläse finden dort Anwendung, wo Feinvakuum bei großer Fördermenge benötigt wird. Sie arbeiten jedoch erst ab einem bestimmten saugseitigen Druck (Vakuum) wirtschaftlich. Aus diesem Grund werden den Wälzkolbenpumpen häufig andere Vakuumpumpen (z. B. Flüssigkeitsringverdichter) vorgeschaltet.

Die gegenläufig drehenden Wälzkolben bilden den Arbeitsraum. Sie dienen gleichzeitig dazu, die Saug- und Druckseite zu trennen und dichten an der Gehäusewand ab. Das eingeschlossene Gasvolumen wird beschleunigt und auf der Druckseite ausgestoßen. Erst hier bildet sich durch den Gegendruck der Leitung der Gasdruck auf. Aus diesem Grund können mit den Gebläsen dieser Bauart nur Drücke bis zu 3 bar erzeugt werden.

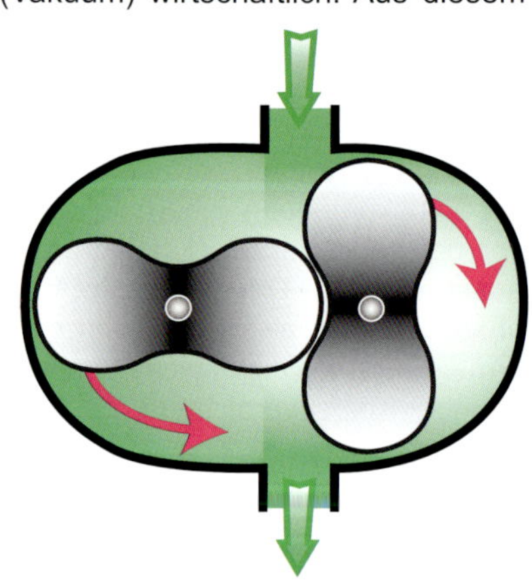

Abbildung 5-27 Roots-Gebläse

Turbogebläse und Flügelzellengebläse entsprechen im Aufbau und der Funktionsweise den vorher beschriebenen Verdichtern, sind jedoch für größere Fördermengen bei geringeren Drücken ausgelegt.

5.6.4 Ventilatoren

Ventilatoren haben die Aufgabe, große Volumina Gas bei geringem Druck (1 bis 1,1 bar) zu fördern. Beispiele für die Anwendung sind die Be- und Entlüftung von Räumen oder die Zwangsbelüftung an Kühltürmen. Es werden zwei Bauarten unterschieden: Axialventilatoren und Radialventilatoren.

Aufbau und Förderprinzip der Ventilatoren entsprechen weitgehend dem der Kreiselpumpen.

Axialventilatoren

Axialventilatoren fördern große Luftmengen bei kleinem Förderdruck. Der Motor treibt das auf der Welle montierte Laufrad an. Die Luft erfährt dadurch eine Beschleunigung in Richtung der Achse. Oft ist in den Elektromotoren selbst ein kleines Radiallaufrad eingebaut, damit die Verlustwärme, die beim Umwandeln elektrischer in mechanische Energie auftritt, abgeführt wird.

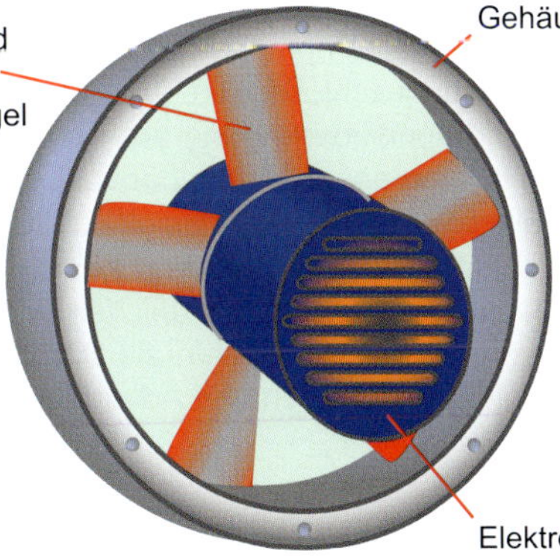

Abbildung 5-28 Axialventilatoren

Radialventilatoren

Bei den Radialventilatoren sind Ansaug- und Druckstutzen in verschiedenen Ebenen angeordnet. Über den horizontalen Saugstutzen gelangt das zu fördernde Gas in das System. Nach geringer Verdichtung verlässt es über den vertikalen Druckstutzen das Spiralgehäuse. Durch die offene Bauform sind auch hier nur geringe Drücke zu erzielen.

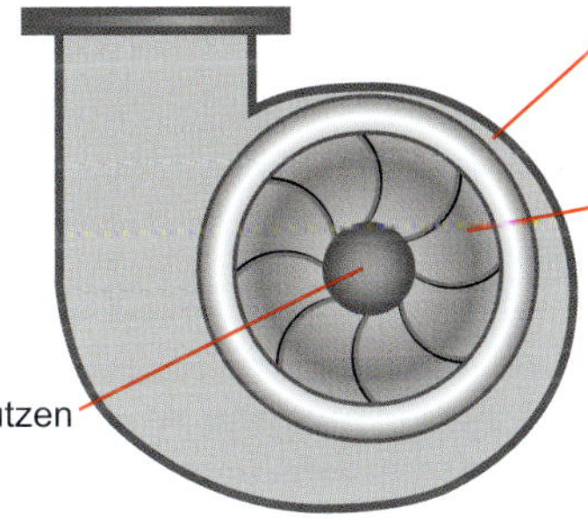

Abbildung 5-29 Radialventilatoren

5.6.5 Vakuumerzeuger

Vakuum

Ein Absolutdruck (p_{abs}), der deutlich unterhalb des Umgebungsdrucks liegt, wird in der Regel als Vakuum bezeichnet. Zur Erzeugung von Vakuum werden die gleichen Fördereinrichtungen eingesetzt wie zur Förderung von Gasen. Die in Tabelle 5-3 aufgelisteten Fördereinrichtungen werden umgangssprachlich als „Pumpen" bezeichnet. Es handelt sich streng genommen jedoch um Verdichter, da im Inneren der Pumpen zur Erzeugung des Vakuums Verdichtungsvorgänge ablaufen.

Tabelle 5-3 Fördereinrichtungen zur Vakuumerzeugung

Vakuum	Definition	wird erzeugt mit
Grobvakuum	$p_{abs} > 1$ mbar	Kolbenpumpen Flüssigkeitsringverdichter Strahlpumpen (Wasser oder Dampf)
Feinvakuum	$p_{abs} = 1 - 10^{-3}$ mbar	Drehschieberpumpen Strahlpumpen (mit Öl- oder Quecksilberdämpfen) Wälzkolbenpumpen
Hochvakuum	$p_{abs} = 10^{-3} - 10^{-6}$ mbar	Molekularpumpen Diffusionspumpen

Vakuumerzeuger werden nach ihrem physikalischen Wirkprinzip in Gastransfervakuumpumpen und in gasbindende Vakuumpumpen eingeteilt. **Gastransfervakuumpumpe**n transportieren Teilchen entweder in einem geschlossenen Arbeitsraum (Verdrängervakuumpumpen, kinetische Vakuumpumpen) oder durch Impulsübertragung auf die Teilchen (z. B. durch Stöße). Zu den Gastransferpumpen gehören Membranpumpen, Hubkolbenvakuumpumpen, Drehschieberpumpen, Sperrschiebervakuumpumpen, Wälzkolbenpumpen, Flüssigkeitsringvakuumpumpen, Schraubenvakuumpumpen, Molekularpumpen, Turbomolekularpumpen und Flüssigkeitsstrahlpumpen. **Gasbindende Vakuumpumpen** erzielen ihre Pumpwirkung, indem sie Teilchen an Festkörperoberflächen binden und so den Druck vermindern. Dieser Vorgang wird allgemein als Sorption bezeichnet. Zu den gasbindenden Vakuumpumpen gehören z. B. die Kryopumpen und Adsorptionspumpen.

Gasballast

Wenn Gase mit Anteilen an kondensierbaren Dämpfen gefördert werden, besteht die Gefahr, dass diese Dämpfe im Pumpenraum auf der Druckseite kondensieren. Das entstandene Kondensat kann Korrosion, Kavitation und, wenn es zurück auf die Saugseite der Pumpe kommt, verminderte Saugleistung zur Folge haben. Durch Zudosierung von Permanentgas während des Komprimierens (Gasballast) wird der Anteil an kondensierbaren Gasen soweit verringert, dass in der Pumpe keine Kondensation auftritt.

Flüssigkeitsringverdichter

In einem kreisrunden Gehäuse befindet sich ein exzentrisch gelagertes Flügelrad. Der Raum, in dem das Flügelrad läuft, wird mit etwas Flüssigkeit gefüllt, sodass bei laufendem Flügelrad ein Flüssigkeitsring an der Gehäusewand entsteht. In diesen Flüssigkeitsring tauchen die Flügel unterschiedlich tief ein und lassen damit einen Arbeitsraum zwischen Flüssigkeitsring und Zentrum des Kreisels kleiner bzw. größer werden.

Die Betriebsflüssigkeit (meistens Wasser) nimmt zum einen die Kompressionswärme auf und führt sie aus dem Pumpenraum. Zum anderen dichtet die Flüssigkeit die gasführenden Zellen des Laufrades gegeneinander ab. Während des Betriebes geht ein Teil der Betriebsflüssigkeit durch Undichtigkeit und Verdampfung verloren. Um den Flüssigkeitsring aufrecht und auf möglichst niedriger Temperatur zu halten, muss der Pumpe immer frische („kalte") Betriebsflüssigkeit zugeführt werden.

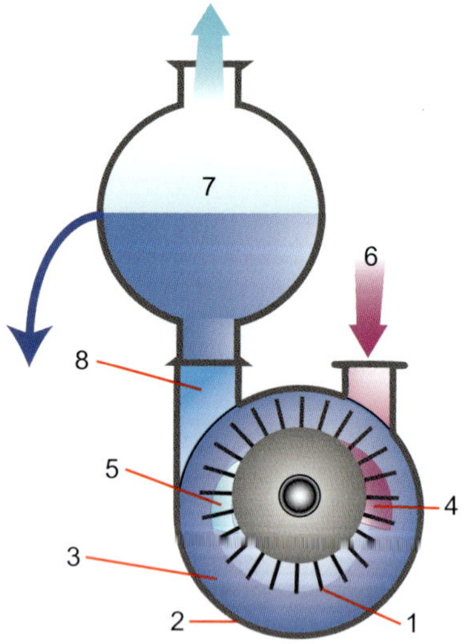

1 Flügelrad
2 Gehäuse
3 Flüssigkeitsring
4 Saugschlitz
5 Druckschlitz
6 Saugseite
7 Abscheider
8 Druckseite

Abbildung 5-30 Flüssigkeitsringverdichter

Flüssigkeitsringverdichter eignen sich besonders zur Förderung bzw. Absaugung verunreinigter, aggressiver und explosiver Gase und Dämpfe. Eine wichtige Eigenschaft liegt darin, dass eine Temperaturerhöhung durch Kompression kaum stattfindet, da die Kompressionswärme von der Betriebsflüssigkeit aufgenommen und abgeführt wird (häufigste Anwendung: Vakuumpumpe).

Drehschieberverdichter

In einem exzentrisch gelagerten Rotor befinden sich die beiden Schieber. Die Schieber werden über eine Feder gegen die Gehäusewand gedrückt und dichten damit die zwei Segmente gegeneinander ab. Dreht sich der Rotor, so wird zunächst das Volumen hinter dem Schieber vergrößert. Dadurch erfolgt die Ansaugung des Gases. Verschließt der zweite Schieber den Ansaugstutzen, so wird das Volumen vor dem ersten Schieber ständig verkleinert, bis das komprimierte Gas über das Druckventil ausströmt.

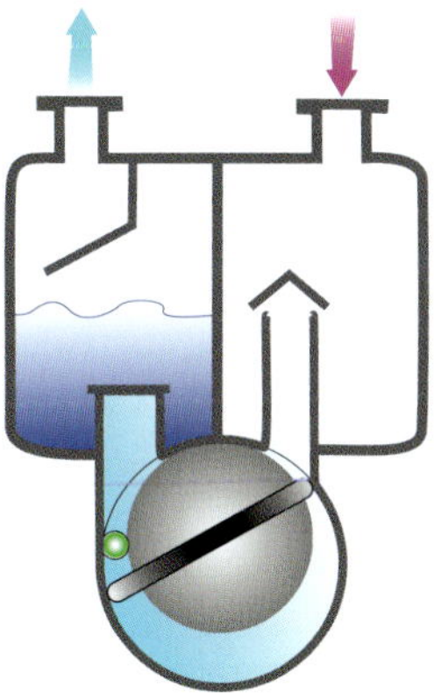

Abbildung 5-31 Drehschieberverdichter

Treibmittelpumpen

Bei den Treibmittelpumpen wird ein schnell bewegtes, flüssiges, gas- oder dampfförmiges Treibmittel zum Fördern benutzt. Treibmittelpumpen haben keine beweglichen Teile und unterliegen daher, mit Ausnahme der Treibdüse, keinem mechanischen Verschleiß. Treibmittel werden zur Förderung von Gasen und zur Erzeugung von Vakuum verwendet.

Wichtiges Merkmal der Treibmittelpumpen ist die Vermischung des Treibmittels (Gas, Dampf, Flüssigkeit) mit dem Fördergut. Wird eine Treibmittelpumpe als Vakuumerzeuger eingesetzt, so ist das maximal erreichbare Vakuum abhängig

- vom Dampfdruck des Treibmittels (bei flüssigem Treibmittel)
- von der Temperatur des Treibmittels (wenn flüssig)
- vom Aggregatzustand des Treibmittels (flüssig, dampf- oder gasförmig)
- vom Druck, mit dem das Treibmittel in die Pumpe eintritt.

Zur Erreichung von Feinvakuum werden häufig Dampfstrahler mehrstufig hintereinander geschaltet. In speziellen Treibmittelpumpen, den Diffusionspumpen, wird Öl- bzw. Quecksilberdampf als Treibmittel eingesetzt. Der Unterschied zu o. g. Treibmittelpumpe besteht darin, dass das Treibmittel in der Diffusionspumpe verdampft wird. Treibmittelpumpen arbeiten nach dem **Bernoulli-Prinzip.**

Das Bernoulli-Prinzip besagt: Durch die hohe Strömungsgeschwindigkeit des Treibmittels fällt der statische Druck im Treibmittel unter den Umgebungsdruck. Die Druckdifferenz zwischen statischem Druck und Umgebungsdruck ist die Triebkraft zur Förderung.

Eine Strahlpumpe (z. B. Dampfstrahlpumpe) ist eine praktisch häufig eingesetzte Treibmittelpumpe zur Erzeugung von Vakuum. Als Treibmittel wird in diesem Fall Dampf eingesetzt.

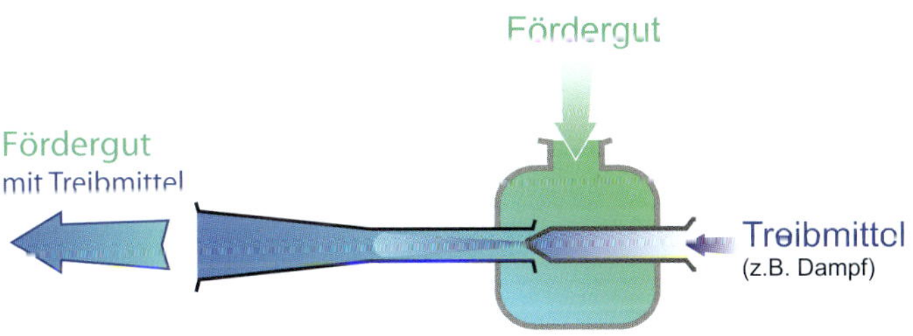

Abbildung 5-32 Strahlpumpe

Diffusionspumpen

Diffusionspumpen arbeiten nach dem Prinzip der Strahlpumpe, werden aber mit Flüssigkeiten wie Öl oder Quecksilber betrieben. Die Flüssigkeit wird zum Sieden gebracht. Die entstehenden Dämpfe werden dabei über die konzentrische Röhre zu den einzelnen Glocken geleitet. Der austretende Dampf wird stark beschleunigt, dabei diffundieren die Gasteilchen in den Dampf. Der Dampf wird bei Diffusionspumpen an der Außenwand abgekühlt. Die Gaspartikel kondensieren und laufen nach unten. Das Kondensat gelangt zum Vorvakuumanschluss und wird abgesaugt. Deshalb benötigen Diffusionspumpen immer eine Vorvakuumpumpe. Diffusionspumpen erzielen ein Vakuum von 10^{-3}–10^{-6} mbar.

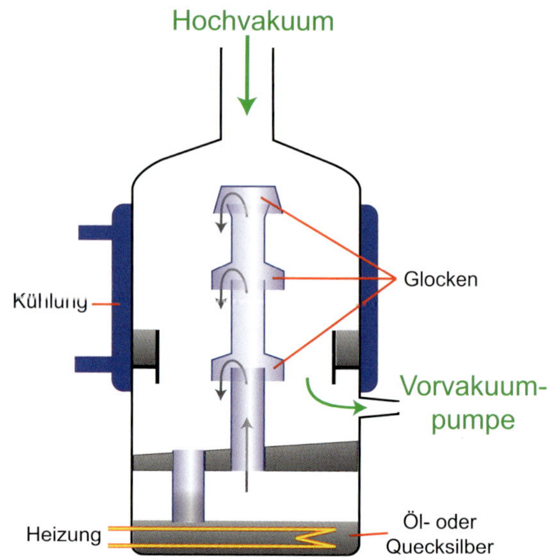

Abbildung 5-33 Diffusionspumpe

5.7 Fragen zum Kapitel Fördertechnik

1. In welche Förderarten wird das kontinuierliche Fördern von Feststoffen eingeteilt?
2. Welche Stoffe werden mit Kettenförderer transportiert?
3. Welche Arten von pneumatischen Förderern gibt es?
4. Durch welche drei Grundprinzipien kann eine Flüssigkeit gefördert werden?
5. Welche Parameter sind zur Berechnung der Förderleistung einer Pumpe erforderlich?
6. Welche Arbeitsweisen werden bei Verdichtern unterschieden?
7. Welche Arten von Fördereinrichtungen werden – abhängig vom erzeugten Druck – für Gase eingesetzt?
8. Was beschreibt der Begriff Vakuum?
9. Welche prinzipiellen Unterschiede bestehen zwischen Verdichtern, die nach dem Verdrängungsprinzip arbeiten, und den Treibmittelverdichtern?

6 Pumpentechnik

6.1 Grundlagen der Pumpentechnik

Pumpen sind Maschinen, die zur Förderung von in der Regel flüssigen Medien eingesetzt werden. Um Druck- und Höhendifferenzen zu überwinden, wird den zu fördernden Medien mithilfe der Pumpen Energie zugeführt. Die Energiezufuhr wird durch unterschiedliche „Förderprinzipien" erreicht:

- in Verdrängerpumpen durch Verkleinern und Vergrößern des Arbeitsraumes der Pumpe mithilfe eines oszillierenden oder rotierenden Verdrängers (z. B. Kolben)
- in Kreiselpumpen durch Übertragung der Bewegungsenergie eines Schaufelrades auf das Fördermedium
- durch Impulsaustausch in Strahlpumpen und Seitenkanalpumpen
- durch Nutzung der Auftriebskraft von Luftblasen in Flüssigkeit in sogenannten Mammutpumpen.

Größe und Bauart der Pumpen werden durch den erforderlichen Volumenstrom, den notwendigen Druck der Anlage, die zulässigen Drehzahlen der Pumpen und die Beschaffenheit des Fördermediums bestimmt. Als Volumenstrom wird das je Zeiteinheit von der Pumpe geförderte Flüssigkeitsvolumen bezeichnet.

Die nach dem Strömungsprinzip arbeitenden Kreiselpumpen und die rotierenden bzw. oszillierenden Verdrängerpumpen stellen den überwiegenden Teil der in der chemischen Industrie eingesetzten Pumpen dar. Hinzu kommen für Sonderanwendungen Strahlpumpen und Mammutpumpen.

6.2 Einteilung der Pumpen

Die Pumpen werden eingeteilt nach der Art, wie die zum Fördern erforderliche Druckdifferenz erzeugt wird.

Tabelle 6-1 Einteilung der Pumpen

Bezeichnung	Unterteilung	Symbol nach DIN
Flüssigkeitspumpen	***Zentrifugalkraftpumpen*** Kreiselpumpe: • ein- und mehrstufig • radial/axial • Spaltrohrkreiselpumpe	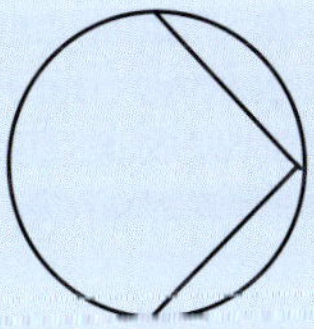
	Verdrängerpumpen • Kolbenpumpe • Membranpumpe • Zahnradpumpe • Exzenterschneckenpumpe • Schlauchpumpe	
Treibmittelpumpen	• Strahlenflüssigkeitspumpen (Treibmittel: Dampf, Gas, Flüssigkeit) • Mammutpumpe (Treibmittel: Gas) • Heber (Treibmittel: Luft)	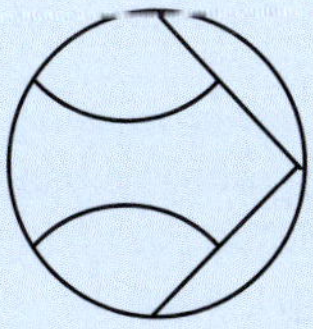

6.2.1 Verdrängermaschinen

Die Verdrängerpumpen sind **zwangsfördernde Pumpen**, weil das Volumen im Arbeitsraum pro Hub oder Umdrehung festgelegt ist. Der Arbeitsraum ist durch Trennelemente zur Saug- und Druckseite abgegrenzt. Er wird periodisch (pro Hub) oder gleichförmig (je Umdrehung) verkleinert und vergrößert.

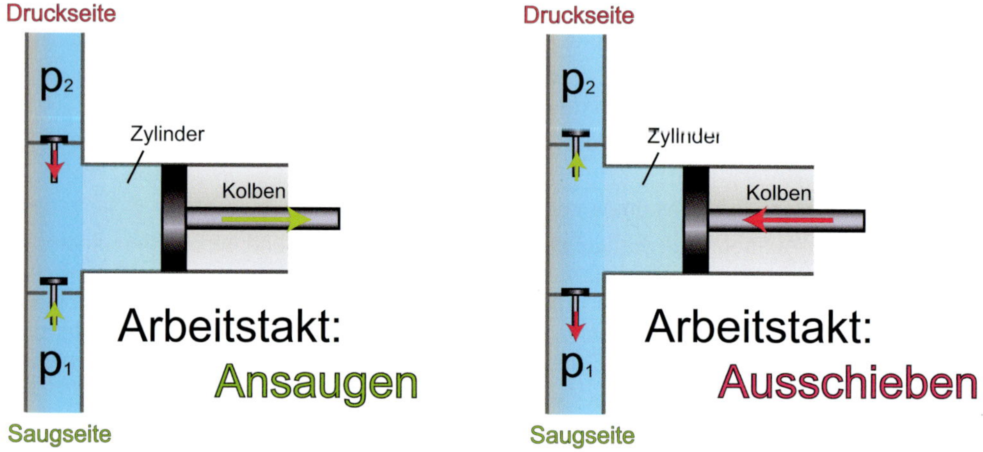

Abbildung 6-1 Verdrängerprinzip

Abhängig von der Bewegung wird unterschieden zwischen **oszillierenden** (z. B. Kolbenpumpe) und **rotierenden** (z. B. Zahnradpumpe) Verdrängerpumpen. Die oszillierende Bewegung des Kolbens ist der Grund, dass sich der Arbeitsraum periodisch in seiner Größe verändert. Der Volumenstrom ist beim Saughub auf der Druckseite und beim Druckhub auf der Saugseite gleich Null.

Verdrängerpumpen, die für die Förderung exakter Volumina bestimmt sind, werden auch als **Dosierpumpen** bezeichnet. Dabei wird zwischen Kolbendosierpumpen, Membrandosierpumpen und Faltenbalgdosierpumpen unterschieden. Kolbendosierpumpen besitzen eine Einrichtung zur Verstellung der Kolbenhublänge, mit deren Hilfe der Förderstrom stufenlos eingestellt werden kann. Die Ventile in den Dosierpumpen arbeiten in der Regel selbstständig und werden durch die Druckunterschiede im Förderraum der Pumpe bei Umkehr der Verdrängerbewegung gesteuert. Es gibt eine Vielzahl verschiedener Konstruktionen der Pumpenköpfe und Pumpentriebwerke. Jede dieser Bauarten hat ihre Besonderheit in der Anwendung. Deshalb ist es wichtig zu beachten, dass jede Dosierpumpenart eine eigene Bedienungsanleitung hat.

Oszillierende Verdrängermaschinen arbeiten mit kleineren Volumenströmen und können hohe Drücke erzeugen. Die ständige Bewegung des Kolbens verursacht eine stetige Beschleunigung und Verzögerung dieses Bauteils und der Flüssigkeit. Daraus resultiert eine Begrenzung der Drehzahl, weil sonst die Kräfte zum Beschleunigen der bewegten Bauteile zu groß werden.

6.2.2 Strömungsmaschinen

Kreiselpumpen gehören zu den Strömungsmaschinen. Diese besitzen offene Laufräder mit konstantem Volumen und verfügen über keinen geschlossenen Arbeitsraum.

Die Drehbewegung des Laufrads überträgt sich auf die Flüssigkeit. Dadurch werden Zentrifugalkräfte (Fliehkräfte) wirksam, die die Flüssigkeit vom Zentrum des Laufrades weg nach außen bewegen. Am äußersten Rand des Laufrads erfolgt keine weitere Beschleunigung der Flüssigkeit. Dort wird durch das Pumpengehäuse die Flüssigkeit abgebremst – die Folge ist eine Umwandlung der Strömungsgeschwindigkeit (kinetische Energie) in Druckerhöhung (potentielle Energie).

Die Druckerhöhung (Förderhöhe) und der Volumenstrom hängen direkt von der Umfangsgeschwindigkeit des Laufrades ab und werden bestimmt

- durch den Durchmesser des Kreiselrades
- von der Drehzahl des Kreiselrades.

In der Praxis können Kreiselpumpen zwar große Mengen Flüssigkeit fördern, erzielen im Vergleich zu den Verdrängermaschinen aber einen relativ geringen Förderdruck. Volumenstrom und Druck werden allein durch die hydraulische Wirkung des Kreiselrades (Laufrades) erzeugt.

Abbildung 6-2 Laufrad einer Kreiselpumpe

Aus physikalischer Sicht lassen sich theoretisch mit Strömungs- und Verdrängermaschinen alle Parameterpaare für $\dot{V}$ (Volumenstrom) und Δp (Druckdifferenz) realisieren. Wirtschaftlich können die erforderlichen Parameter ($\dot{V}$, Δp) jedoch nur mit bestimmten Bauarten erreicht werden.

Beispiel

Ein Sportwagen ist zum schnellen Fahren geeignet, ein LKW zum Transport von Fracht.

6.3 Einteilung der Pumpen nach ihrem Wirkprinzip

Der konstruktive Aufbau einer Pumpe bildet die Grundlage für deren Wirkprinzip. Aufgrund der unterschiedlichen Anforderungen, die an eine Pumpe gestellt werden, sei es um große Fördermengen oder viskose Flüssigkeiten oder Gase zu fördern, müssen unterschiedliche Wirkprinzipien angewendet werden. Dabei werden folgende Eigenschaften unterschieden:

6.3.1 Strömungspumpen (nicht selbst ansaugend)

Kreiselpumpen

Generell gilt bei einer Pumpe des in Abbildung 6-3 dargestellten Typs, dass der Fördervorgang nur eingeleitet werden kann, wenn sowohl die Pumpe als auch deren Saugleitung mit Förderflüssigkeit gefüllt sind.

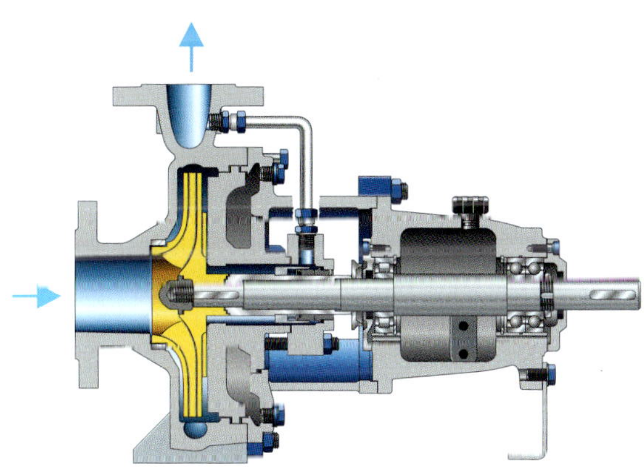

Abbildung 6-3 Kreiselpumpe der Firma KSB

Die Pumpe muss entlüftet, also frei von Gasblasen sein. Diese Anforderung muss auch während des Betriebes erfüllt sein, da Kreiselpumpen nur begrenzt in der Lage sind, Gasanteile mit der Flüssigkeit zu fördern.

Die Betriebsgrenze liegt bei Kreiselpumpen mit Radialrädern normaler Bauart bei Gasanteilen von ca. 5–7 % (Volumenanteilen). Bei Laufrädern in offener Ausführung (mit Laufrädern ohne Deckscheibe) können ca. 10 % Gasanteile transportiert werden.

6.3.2 Strömungspumpen (selbst ansaugend)

Seitenkanalpumpe

Seitenkanalpumpen gehören zu den bedingt selbst ansaugenden Strömungspumpen. Durch das spezielle Förderprinzip, das physikalisch gesehen durch Impulsaustausch zustande kommt, sind sie in der Lage, über größere Höhen anzusaugen. Ein weiterer Unterschied zur Kreiselpumpe ist das Vermögen, große Mengen an Gasen mitzuführen. Sie haben einen geringeren Wirkungsgrad als Kreiselpumpen.

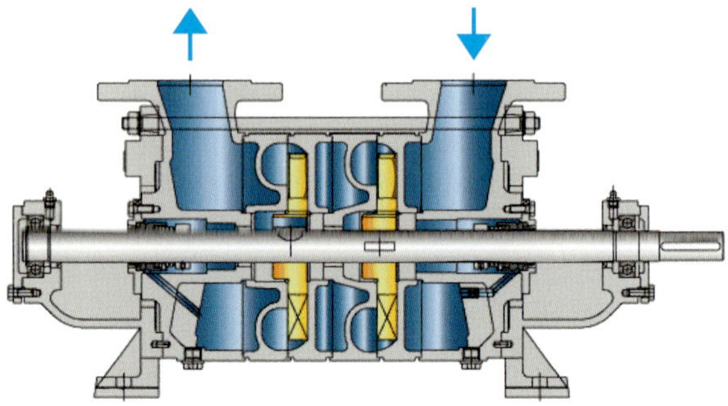

Abbildung 6-4 Seitenkanalradpumpe der Firma Sterling

6.3.3 Verdrängerpumpen (schwingend bzw. oszillierend)

Kolbenpumpe, Membranpumpe, Kolbenmembranpumpe

Alle oszillierenden Verdrängerpumpen sind selbstansaugend. In entsprechender Ausführung können sie Drücke bis ca. 3000 bar aufbauen.

Kolbenpumpen enthalten Ventile, die meist durch Druckunterschiede im Fördermedium betätigt werden. Sie erzeugen einen pulsierenden Förderstrom.

Allgemein werden sie für **geringe Förderströme** bei **großer Förderhöhe**, oft als **Dosierpumpen**, eingesetzt.

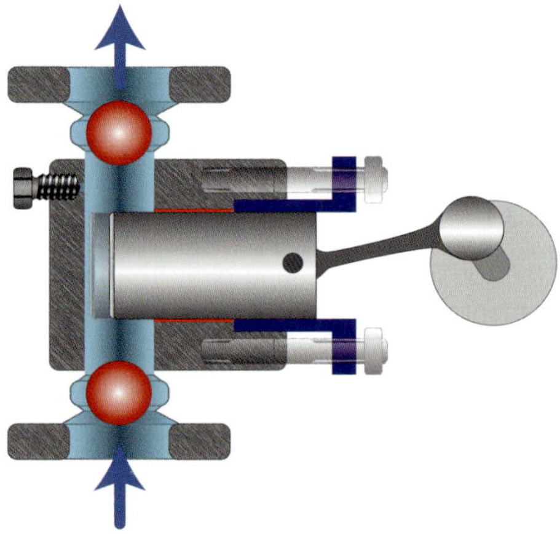

Abbildung 6-5 Kolbendosierpumpe

6.3.4 Verdrängerpumpen (rotierend)

In rotierenden Verdrängerpumpen wird durch einen oder zwei **abwälzende Drehkörper** ein Volumen im Pumpengehäuse verdrängt. Dabei wird der Arbeitsraum im Bereich der Saugseite vergrößert und zur Druckseite hin stetig verkleinert. Fließt das Medium am Umfang, bewirkt der exzentrisch gelagerte Rotor die periodische Änderung des oder der Arbeitsräume. Das zu fördernde Medium wird infolgedessen angesaugt und mit einer Druckerhöhung in die Druckleitung geschoben.

Generell gilt, dass Pumpen mit rotierendem Verdränger keine Ventile besitzen und einen relativ gleichmäßigen Förderstrom aufweisen, der allerdings niedriger als bei Kreiselpumpen ist.

Kreiskolbenpumpe

Übersteigt die Viskosität eines Mediums die Grenze, bis zu der eine Kreiselradpumpe gerade noch wirtschaftlich fördert, so treten an ihre Stelle Zahnrad- oder Kreiskolbenpumpen. Sie eignen sich für große Mengen bei niedrigen Drücken.

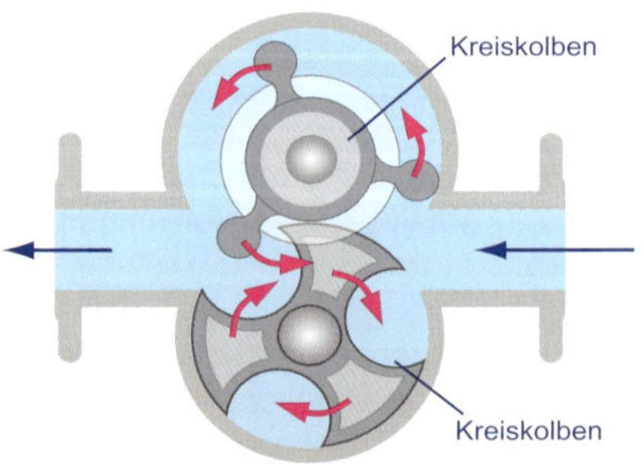

Abbildung 6-6 Kreiskolbenpumpe

Beim Abwälzen dichten die Kreiskolben permanent zwischen Druck- und Saugseite ab. Stetige Vergrößerung und Verkleinerung der Arbeitsräume bewirken das Ansaugen und Ausschieben der Flüssigkeit. Dabei entstehen Druckschwankungen, die sich aber nicht so deutlich wie bei oszillierenden Maschinen auswirken.

Zahnradpumpe

Zahnradpumpen bestehen aus zwei ineinander greifenden Zahnrädern, die formschlüssig in einem Gehäuse im Gegensinn (Drehrichtung gegen die Saugseite gerichtet) zueinander laufen. Die Zahnräder erfassen mit ihren Flanken auf der Saugseite die Flüssigkeit und transportieren sie in den Zahnlücken an der Gehäusewand entlang. Durch das Zusammenlaufen der Zahnräder auf der Druckseite wird das Zurücklaufen des Mediums verhindert und es wird komprimiert.

Dabei schließen die Zähne die Lücken schon ab, bevor das Restmedium aus den Zwischenräumen völlig entwichen ist. Um die so entstehende Verdichtung des Restmediums zu verhindern, werden in die axial an den Zahnrädern anliegenden Gehäuseteile Entlastungsnuten gefräst, über welche das Restmedium entweichen kann. Außenverzahnte Zahnradpumpen sind einfach im Aufbau, robust und preiswert.

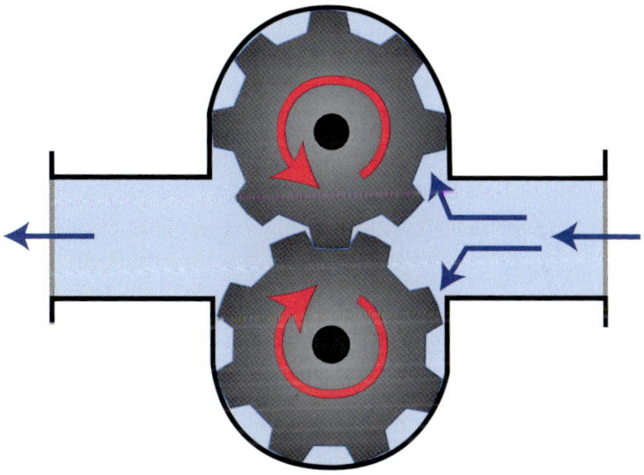

Abbildung 6-7 Zahnradpumpe

Typisches Einsatzgebiet dieser Pumpen ist die Förderung hochviskoser Flüssigkeiten, z. B. Polymerschmelzen, Lacke, Kleber und Schmieröl. Zahnradpumpen erlauben Einsatztemperaturen bis 400 °C und Drücke bis 700 bar. Wichtig sind in diesem Zusammenhang ausreichende Vorheizzeiten, um Verschleiß der Zahnradflanken zu vermeiden.

Exzenterschneckenpumpe

Bei dieser Pumpenart dreht sich eine eingängige Schnecke in einem zweigängigen Gehäuse, auch Stator genannt. Es bilden sich im freien Schneckengang Hohlräume zwischen Stator und der Schnecke, die sich axial fortbewegen und so die Flüssigkeit fördern.

Diese Pumpe wird eingesetzt für höher viskose Flüssigkeiten und Suspensionen, die keine abrasiven (schmirgelnde) Bestandteile enthalten. Trockenlauf muss bei Exzenterschneckenpumpen unbedingt vermieden werden, da schnelle Zerstörung des Stators die Folge wäre.

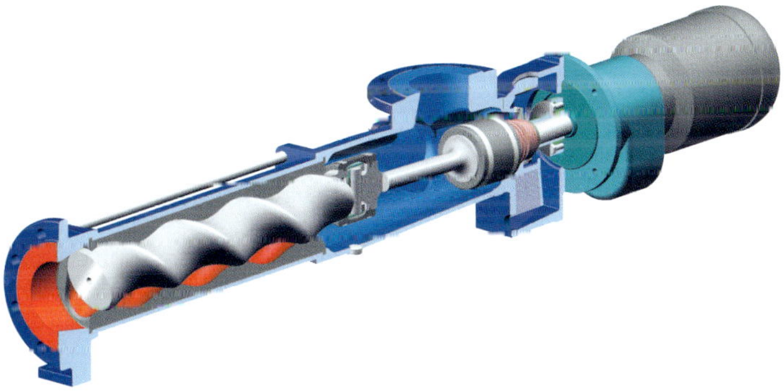

Abbildung 6-8 Exzenterschneckenpumpe

Schlauchpumpe

In Schlauchpumpen werden Flüssigkeiten durch verschiebendes Abquetschen eines Schlauches mithilfe von Rollen gefördert. Hierzu drücken zwei bis vier umlaufende Rollen einen kreisförmig im Gehäuse angeordneten, hochelastischen Kunststoffschlauch an den Berührungsstellen zusammen.

Das zwischen den Rollen eingeschlossene Flüssigkeitsvolumen wird durch die umlaufenden Rollen von der Saug- zur Druckseite gefördert.

Die Flüssigkeit hat dabei keinen Kontakt zu den umlaufenden Geräteteilen und deshalb ist dieser Pumpentyp gut für aggressive Medien geeignet. Er wird ebenfalls eingesetzt, um (hochviskose) Flüssigkeiten und Suspensionen, die keine abrasiven Bestandteile enthalten, zu transportieren. Abrasive Bestandteile oder Trockenlauf zerstören den Schlauch binnen kurzer Zeit.

Schlauchpumpen sind selbstansaugend.

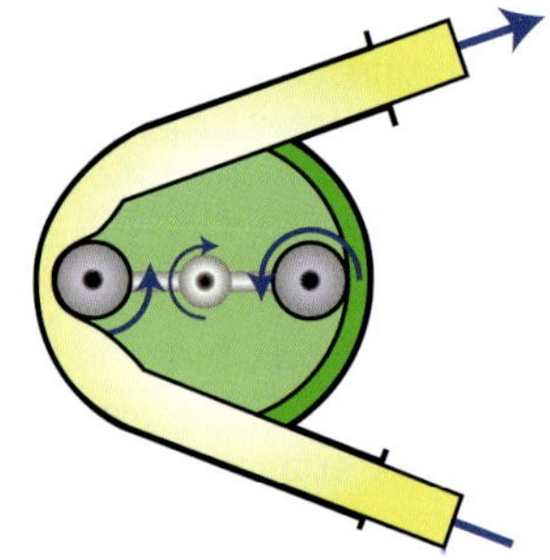

Abbildung 6-9 Schlauchpumpe

6.4 Einteilung der Pumpen nach der Aufstellungsart

Je nach Platzangebot in einer Anlage können unterschiedliche Bauformen einer Pumpe eingesetzt werden, die aber nach gleichem Wirkprinzip arbeiten. Dadurch wird die Montage einer Pumpe zum Beispiel unmittelbar an oder sogar in einem Behälter ermöglicht. So kann eine Kreiselpumpe beispielsweise sowohl in Grundplattenbauweise sowie als Block-, Inline- oder Tauchpumpe ausgeführt werden.

Es werden im Wesentlichen die nachfolgenden Bauformen unterschieden. Es muss an dieser Stelle erwähnt werden, dass es weitere Sonderkonstruktionen gibt, die hier nicht weiter berücksichtigt werden.

6.4.1 Grundplattenpumpe

Die Grundplattenpumpe ist die wohl am häufigsten vorkommende Bauart. Auf der Grundplatte werden Pumpe und Motor befestigt und über eine Kupplung zueinander ausgerichtet. Die Vorteile sind eine freie Auswahl der Antriebsmaschine und der Antriebsart. Nachteilig wirken sich der hohe Platzbedarf und die erforderliche genaue Ausrichtung von Motor zur Pumpe aus.

6.4.2 Blockpumpe

Bei Blockpumpen wird auf eine Grundplatte verzichtet, indem Motor und Pumpe über einen Flansch miteinander verbunden werden. Bei manchen Blockpumpen bilden Motor und Pumpe eine Einheit, die direkt, also ohne eine Flanschverbindung, ineinander übergeht. Dadurch entfällt ein Ausrichten der beiden Baugruppen und der Platzbedarf ist wesentlich geringer als bei einer Grundplattenpumpe. Der Nachteil ist, dass im Gegensatz zu den Grundplattenpumpen nur bestimmte Antriebsgrößen verwendet werden können.

6.4.3 Inlinepumpe

Die Konstruktion von Inlinepumpen ähnelt der Bauform von Blockpumpen mit dem Unterschied, dass diese Pumpen direkt in ein gerades Stück Rohrleitung integriert werden können. Antrieb und Pumpe werden zueinander ausgerichtet und über eine Kupplung miteinander verbunden. Die Pumpe kann aus dem Gehäuse genommen werden ohne den Antrieb zu demontieren.

Diese Bauform benötigt noch weniger Raum als die Blockpumpe, jedoch ist auch hier die Auswahl des Antriebes begrenzt.

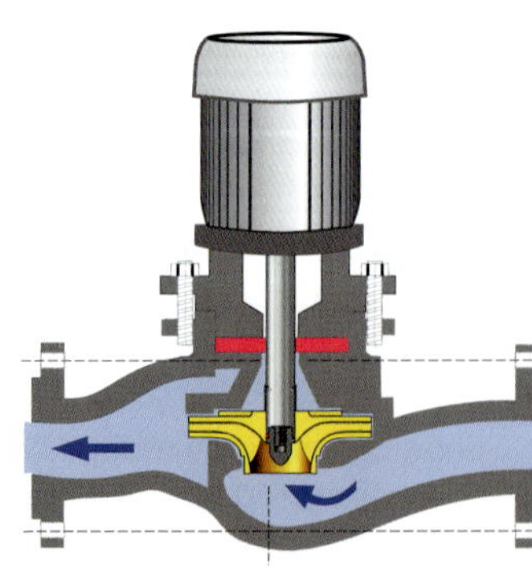

Abbildung 6-10 Inlinepumpe

6.4.4 Vertikalpumpe

Die Bauart der Vertikalpumpe ermöglicht eine Pumpe direkt in einen Behälter oder Pumpensumpf einzubauen. Dadurch entfällt die Saug- bzw. Zulaufleitung. Des Weiteren kann sie auch außerhalb eines Behälters angebracht werden.

6.4.5 Tauchmotorpumpe

Bei Tauchmotorpumpen wird Antrieb und Pumpe direkt in einem Pumpensumpf eingebaut. Das heißt, dass sich beide Baugruppen innerhalb der zu fördernden Flüssigkeit befinden. Dadurch entfällt auch hier eine Saug- bzw. Zulaufleitung. Bei Tauchmotorpumpen werden wegen des ständigen Flüssigkeitskontakts sehr hohe Anforderungen an die elektrische Isolierung gestellt. Ein Versagen der Isolierung hätte schlimmstenfalls das Verbrennen des Motors durch Kurzschluss zur Folge.

6.4.6 Tauchpumpen

Tauchpumpen sind ähnlich wie die Vertikalpumpen konstruiert. Der Pumpenkopf taucht in die Flüssigkeit (z. B. in eine Sammelgrube) ein. Der Antrieb erfolgt über eine lange, oft mehrfach gelagerte Welle durch den außerhalb der Grube angebrachten Motor. Tauchpumpen sind speziell für die Förderung aus tieferen Behältern bzw. Gruben ausgelegt. Die Einbaulänge ist jedoch wegen der erforderlichen Lagerung der Antriebswelle eingeschränkt.

6.5 Einteilung der Pumpen nach ihrer Dichtungsart

Hierbei wird im Wesentlichen unterschieden, ob eine Pumpe durch eine Wellenabdichtung (Gleitringdichtung, Stopfbuchspackung) abgedichtet wird oder durch andere Konstruktionsweisen auf diese verzichtet werden kann. Die Art der Abdichtung hat keine Auswirkungen auf das Wirkprinzip einer Pumpe, sondern nur auf die Bauweise.

6.5.1 Pumpen mit Wellenabdichtung

Zu Pumpen mit Wellenabdichtung zählen in der Regel zum Beispiel Kreiselpumpen, Seitenkanalpumpen, Exzenterschneckenpumpen und viele andere Bauarten, die durch einfache Stopfbuchspackungen sowie die Gleitringdichtungen abgedichtet werden können. Letztere werden sowohl als einfach-wirkend, doppelt-wirkend, mit und ohne Spülung, Quenchung und in anderen Konstruktionen ausgeführt.

6.5.2 Pumpen ohne Wellenabdichtung

Pumpen ohne Wellenabdichtung sind Spaltrohrmotorpumpen und Nassläufermotorpumpen. Es handelt sich hierbei um Bauarten, bei denen die Lager und der Anker des Elektromotors im Fördermedium laufen. Das erfordert eine hermetische Abdichtung der elektrischen Leiter, die zum Beispiel durch den Einbau dünnwandiger Edelstahlauskleidungen zwischen Rotor (Anker) und Stator erfolgen.

6.5.3 Pumpen mit Permanentmagnetkupplung (Magnetpumpen)

Bei Pumpen mit Permanentkupplung wird das Drehmoment durch zwei konzentrische Permanentmagneten übertragen. Das heißt, dass der innere Magnetring (Rotor), der in der Förderflüssigkeit läuft, getrennt durch einen Spalttopf vom äußeren Magnetring (Stator) angetrieben wird.

Diese Art der Kraftübertragung besitzt den Vorteil, dass eine hermetische Abdichtung der Förderflüssigkeit zur Atmosphäre gewährleistet ist. Sie kann bei Kreisel- und Seitenkanalpumpen sowie anderen Pumpenbauarten zum Einsatz kommen.

6.6 Wichtige grafische Symbole

Tabelle 6-2 führt einige wichtige grafische Symbole für Pumpen gemäß der DIN EN ISO 10628-2 für verfahrenstechnische Anlagen auf.

Tabelle 6-2 Symbole für die Pumpenarten

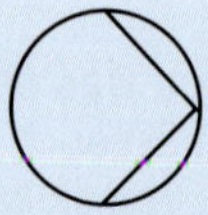	Flüssigkeitspumpe, allgemein	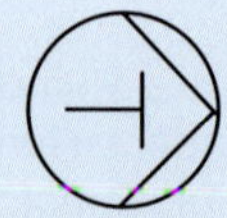	Hubkolbenpumpe
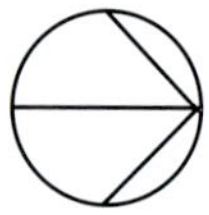	Kreiselpumpe	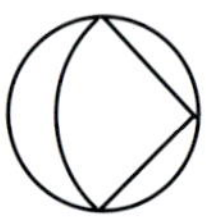	Membranpumpe
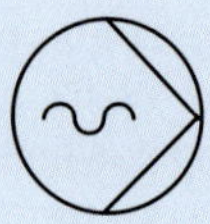	Exzenterschneckenpumpe		Strahlflüssigkeitspumpe
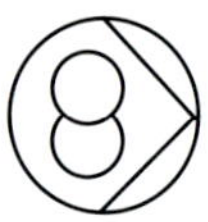	Zahnradpumpe		Schraubenspindelpumpe

6.7 Hermetisch dichte Pumpen

Ein verstärktes Umweltbewusstsein und entsprechend verschärfte Vorschriften haben in den letzten Jahren zum häufigen Einsatz von hermetisch dichten Chemiepumpen geführt, oft in Form von sogenannten Spaltrohrmotorpumpen oder Pumpen mit Spalttopf.

Der Einsatz derartiger Pumpen erfolgt überall dort, wo keine Leckagen zulässig sind. Häufig fördern sie giftige, explosive Stoffe oder Medien, die die Umwelt belasten. Die Pumpen arbeiten wartungsfrei und die Standzeiten liegen weit über den von konventionellen Pumpen mit Gleitringdichtungen.

6.7.1 Aufbau von Pumpen mit Spalttopf

Pumpen mit Spalttopf sind hermetisch dichte Kreiselpumpen mit Permanentmagnet-Kupplung, ohne Wellendurchführung zur Atmosphäre. Der Spalttopf dichtet das Fördermedium mit gekammerter Flachdichtung (Nut- und Federdichtung) sicher nach außen ab.

Die Pumpen sind in der Regel einstufige Spiralgehäusepumpen mit geschlossenen Laufrädern in Prozessbauweise. Der Saugstutzen ist axial angeordnet, der Druckstutzen senkrecht nach oben zeigend.

Die maximalen Fördermengen liegen zurzeit bei 320 m^3/h und die maximalen zulässigen Betriebsdrücke betragen 40 bar.

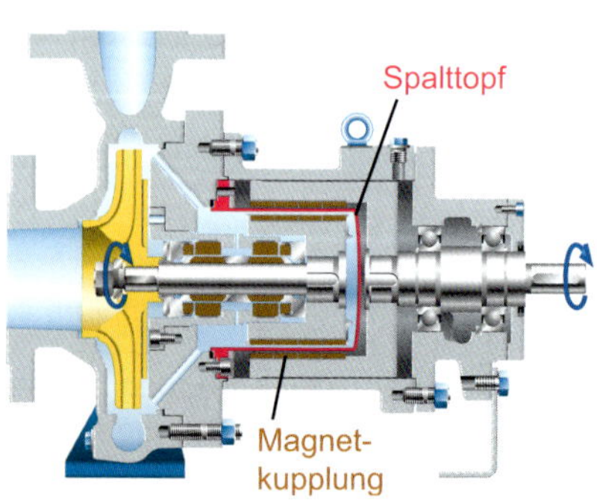

Abbildung 6-11 KSB Magnochem

Spalttopf

Der Spalttopf dient ausschließlich der Trennung von Produkt und Atmosphäre. Er wird aus korrosionsbeständigem Metall angefertigt, welches den Magnetismus zwischen Rotor und Stator nicht wesentlich beeinträchtigt.

Magnetkupplung

Die einzelnen Elemente der mehrpoligen Magnetkupplung sind aus einem Dauermagnetwerkstoff gefertigt. Außen- und Innenmagnet sind durch ihre magnetischen Feldlinien kraftschlüssig miteinander verbunden, laufen synchron zueinander und übertragen so die erforderliche Antriebsleistung auf das Laufrad. Der Außenmagnetträger, angeordnet auf der Antriebswelle, treibt – durch den stationär angeordneten Spalttopf hindurch wirkend – den Innenmagnet an. Die Nennleistung der Magnetkupplung wird so festgelegt, dass eine Überlastung im normalen Betrieb nicht möglich ist. Eine deutliche Überlastung würde dazu führen, dass die Magnetverbindung abreißt und das Laufrad stehen bleibt.

Spaltspiel

Der Spalt zwischen Rotor und Spalttopf beträgt zwischen 1,0 und 2,0 mm, sodass in Verbindung mit der verschleißfesten Gleitlagerung auch die Förderung von Medien möglich ist, die geringfügig mit Feststoffen beladen sind. Es muss aber in jedem Fall gewährleistet sein, dass die Feststoffe nicht zum Verschließen der Spalte führen.

Es gibt speziell für das Fördern von Wärmeträgerölen ausgelegte Pumpen. In diesen Fällen trennt ein Lagergehäuse mit gegossenen Kühlrippen den bis zu 400 °C heißen hydraulischen Teil (Spiralgehäuse und Laufrad) von der Magnetkupplung. Magnetkupplungen können ohne Kühlung mit Temperaturen bis 250 °C belastet werden.

6.7.2 Aufbau von Pumpen mit Spaltrohr

Bei einer einstufigen Spaltrohrpumpe werden steife, dünne (ca. 0.3 mm), zylinderförmige Rohre aus nicht magnetisierbarem, korrosionsbeständigem Material (z. B. Edelstahl oder eine Nickellegierung) verwendet, um den fluidgefüllten Bereich zu isolieren. Diese befinden sich im Spalt zwischen Stator und Rotor der Maschine und werden deswegen als Spaltrohre bezeichnet.

Die üblicherweise eingebauten hydrodynamischen Gleitlager befinden sich im flüssigkeitsgefüllten Bereich der Pumpe, innerhalb des Stator-Spaltrohres. Um den oft schlechten Schmierungseigenschaften des Fördermediums zu begegnen, werden die Lager häufig aus verschleißfestem Siliziumkarbid gefertigt.

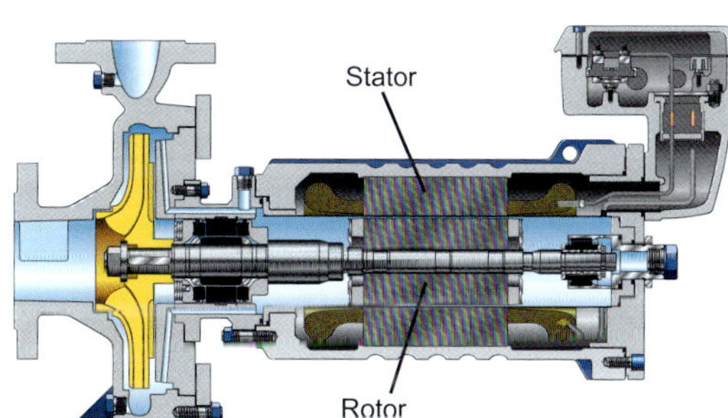

Abbildung 6-12 Schnittbild der KSB Secochem

6.8 Kupplungen

Drehelastische Klauenkupplungen (wie z. B. N-EUPEX-Kupplungen der Firma Flender) werden zur Verbindung von Maschinen eingesetzt, um Vibrationen im Betrieb der Pumpe oder einen geringen Wellenversatz auszugleichen.

1 Kupplungsteil
2 elastische Pakete
3 Nockenteil
4 Zwischenstück
5 Kupplungsteil

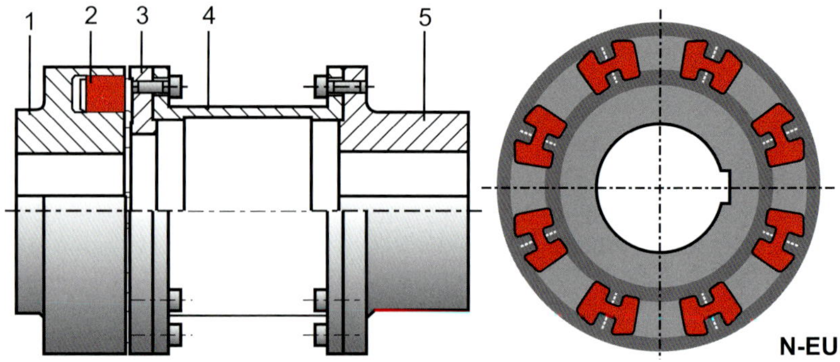

Abbildung 6-13
Kupplung

Die Kupplung besteht aus dem Kupplungsteil (1 in Abbildung 6-13) mit eingesetzten elastischen Paketen (2), dem Nockenteil (3), dem Kupplungsteil (5) und dem Zwischenstück (4), das Teil 5 und Teil 3 miteinander verbindet. Dieses Zwischenstück ermöglicht z. B. in Kreiselpumpenantrieben den Ausbau des Lagerstuhles mit Laufrad, ohne Abbau des Motors.

6.8.1 Betrieb, Störungen und Ursachen

Während des Betriebes der Kupplung ist zu achten auf

- veränderte Laufgeräusche
- plötzlich auftretende Erschütterungen.

Die Kupplung muss in allen Betriebsphasen geräuscharm und erschütterungsfrei laufen. Abweichendes Verhalten ist als Störung zu betrachten, die umgehend zu beheben ist.

Tabelle 6- 3 häufige Betriebsstörungen bei Pumpen

Störung	Mögliche Ursache	Abhilfe
plötzliche Änderung des Geräuschpegels und/oder plötzlich auftretende Erschütterungen	elastische Pakete verschlissen	• die Anlage außer Betrieb setzen • Kupplung demontieren und die Paketreste ausbauen • Kupplungsteile prüfen und beschädigte Kupplungsteile austauschen
	Veränderung der Ausrichtung	• die Anlage außer Betrieb setzen • Grund der Veränderungen der Ausrichtung beheben (z. B. lose Fundamentschrauben befestigen) • Ausrichtung prüfen und ggf. korrigieren • Verschleißüberprüfung

Die aufgeführten Störungen können nur Anhaltspunkte für eine Fehlersuche sein. Die Störungsbehebung darf nur von autorisiertem Fachpersonal durchgeführt werden.

Bei einer komplexen Anlage müssen auch immer alle anderen Komponenten mit in die Störungssuche einbezogen werden.

6.8.2 Betrieb nach Zerstörung der elastischen Pakete

Bei bestimmten Bauarten (z. B. Bauart HDS der Fa. Flender) findet auch bei zerstörten Paketen (Pos. 2 in Abbildung 6-13) keine metallische Berührung statt, die Metallteile sind nicht formschlüssig konstruiert. Diese Kupplungsbauart besitzt keine „Notlaufeigenschaft“. Die Pakete werden schub- und druckbelastet, sodass bei deutlicher Überlast die Pakete zerstört werden und die Drehmomentübertragung unterbrochen wird.

Spezielle Bauarten (z. B. Bauart H) gestatten auch nach Zerstörung der Pakete noch einen „Notbetrieb“. Die formschlüssige Konstruktion der Metallteile verhindert das sofortige Durchschlagen der Kupplungshälften. Der dabei entstehende direkte Kontakt der Metallteile führt jedoch zur Schädigung der Metallteile und kann zur Zündquelle werden, was im Ex-Bereich unbedingt vermieden werden muss. Dies bedeutet, dass die Kupplung schnellstmöglich außer Betrieb genommen werden muss. Zur Prävention müssen die Kupplungen in regelmäßigen Abständen überprüft werden.

Abbildung 6-14
defekte Kupplung (abrasive Zerstörung)

Abbildung 6-15 neue Kupplung

Die Pakete werden primär druckbeansprucht, damit ist der Verschleiß der Pakete bei seltenen, deutlichen Überlastmomenten relativ gering.

6.8.3 Wartung und Instandhaltung von Kupplungen

Soweit für den Betrieb der Kupplung ein erhöhtes Kupplungsspiel nicht von Nachteil ist, können die elastischen Pakete bis zum Erreichen einer definierten Verschleißgrenze im Einsatz verbleiben, bevor sie auszuwechseln sind. Bei Überprüfung des Verdrehspiels wandern die auf dem Umfang der Kupplung angebrachten Markierungen auseinander. Der Abstand zwischen den Markierungen ergibt das Sehnenmaß *SV*. Überschreitet dieses Maß den zulässigen Höchstwert (Herstellerangabe), muss die Kupplung instand gesetzt werden.

Achtung Sicherheitsvorkehrungen bei der Instandsetzung von Kupplungen

- Arbeiten an Kupplungen dürfen nur von dazu autorisierten Personen vorgenommen werden
- Arbeiten an der Kupplung dürfen nur bei Stillstand durchgeführt werden.
- Das Antriebsaggregat muss gegen unbeabsichtigtes Einschalten gesichert werden.
- An der Einschaltstelle ist ein Hinweisschild anzubringen, aus dem hervorgeht, dass an der Kupplung gearbeitet wird.
- Die Kupplung muss durch entsprechenden Berührungsschutz gegen unbeabsichtigtes Berühren gesichert sein.
- Das Antriebsaggregat ist sofort außer Betrieb zu setzen, wenn während des Betriebes Veränderungen an der Kupplung festgestellt werden.

6.8.4 Berührungsschutz an einer Kupplung

Durch Verwendung eines neuartigen Kupplungsschutzes kann künftig auf die Abstellung der Arbeitsmaschinen und damit eines rund zweistündigen Produktionsausfalls verzichten werden. Sowohl die elektrische Freischaltung, die Demontage des Kupplungsschutzes als auch die externe Überprüfung des Spaltmaßes und Drehwinkelversatzes können „vor Ort" geschehen. Neben einer deutlichen Kostenersparnis wird auch das Gefahrenpotenzial durch das Vermeiden von Anfahrfehlern (z. B. durch Rückwärtslauf) minimiert. In den Berührungsschutz der Kupplung ist ein Sichtfenster eingearbeitet, das den Blick auf die Kupplung während des Betriebes zulässt. Die regelmäßige Überprüfung (basierend auf der Gefährdungsbeurteilung, die gemäß Betriebssicherheitsverordnung durchgeführt werden muss) kann dadurch ohne Einstellung des Pumpenbetriebes umgesetzt werden.

Abbildung 6-16
Überprüfung des Zustandes der Kupplung unter Zuhilfenahme einer Stroboskop-Lampe

→

Abbildung 6-17
nur visueller Stillstand

Mithilfe einer Stroboskoplampe ist es möglich, bei laufender Pumpe die Kupplung „visuell stillstehen zu lassen". Die Frequenz der Stroboskoplampe wird dabei auf die Drehzahl der Kupplung eingestellt und die scheinbar stillstehende Kontrollskala zeigt den Verschleißzustand der Kupplungspakete an.

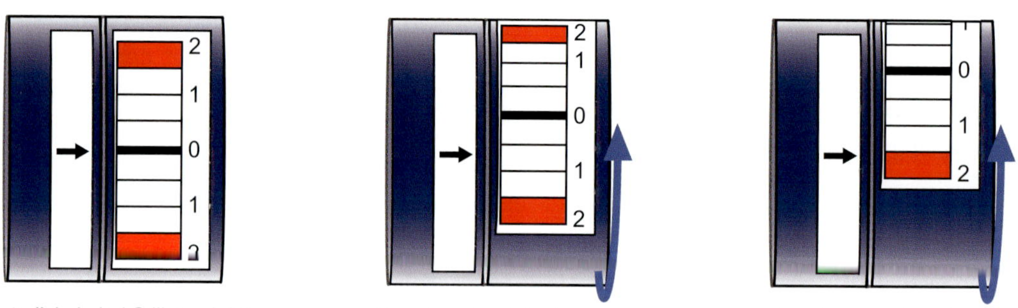

Kontrollskala bei Stillstand der Kupplung

Kupplung im Betrieb und Normalzustand

Kupplung im Betrieb mit abgenutzten Paketen

→ Pakete müssen ausgetauscht werden

Abbildung 6-18 Kontrolle der Kupplung durch Stroboskopstandbild

Durch das neuartige Prüfverfahren kann die Schädigung an einer Kupplung schon früh erkannt und die Gefahr eines Totalausfalles für den Betreiber drastisch reduziert werden. Der Kupplungsschutz wurde von der Evonik Industries AG patentiert.

6.9 Bestimmen der Förderhöhe einer Pumpe

Als **geodätische Förderhöhe** H_g wird die Summe aus Saughöhe und Druckhöhe bezeichnet. Die Förderhöhe beschreibt die direkte Höhe, die eine Pumpe zu überwinden hat, als gerade Linie. Dabei wird die **Saughöhe** H_S ab der Oberkante der anzusaugenden Flüssigkeit bis zum Mittelpunkt der Pumpe, die **Druckhöhe** H_d von der Mitte der Pumpe bis zum Flüssigkeitsspiegel des zu füllenden Behälters gemessen.

Der sich am Druckrohr einstellende Druck wird als **manometrische Förderhöhe** bezeichnet und ist abhängig von der Dichte der Flüssigkeit.

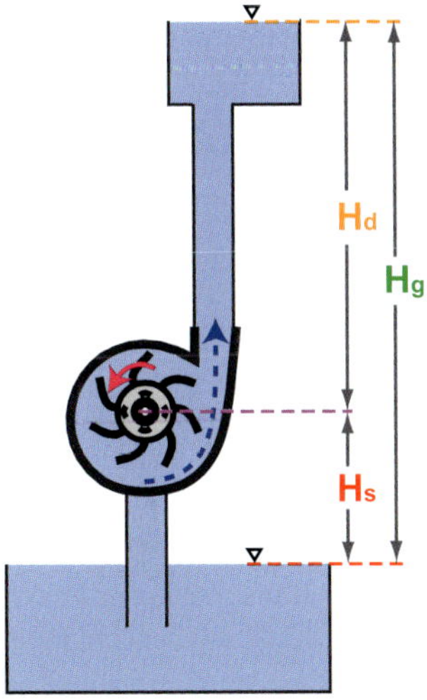

Abbildung 6-19 Bestimmung der Förderhöhe

Beispiel Manometrische Förderhöhe für Wasser (Gesamtförderhöhe)

Wird Wasser mit der Dichte ρ = 998,4 [kg/m³] auf eine Höhe von 45 m gefördert, so stellt sich am Manometer unmittelbar an der Druckseite der Kreiselpumpe ein Druck von ca. 4,4 bar ein. Der Druck ergibt sich aus dem Druck, den die Pumpe erzeugt. Er ist genauso hoch wie der hydrostatische Druck der Flüssigkeitssäule in der Förderleitung:

$$p_{Pumpe} = p_{hyd}$$

$$p_{hyd} = h \cdot \rho \cdot g \qquad \text{mit h in [m]; } \rho \text{ in } \left[\frac{kg}{m^3}\right] \text{ und g in } \left[\frac{m}{s^2}\right]$$

$$p_{hyd} = 45\,[m] \cdot 998{,}4 \left[\frac{kg}{m^3}\right] \cdot 9{,}81 \left[\frac{m}{s^2}\right]$$

$$= 440.744 \left[\frac{kg \cdot m}{m^2 \cdot s^2}\right] = 440.744\,[Pa]$$

Unter Berücksichtigung der Umrechnung, dass 100.000 Pa = 1 bar entsprechen, folgt für den am Manometer ablesbaren Effektivdruck p_{eff} = 4,4 bar.

Im Umkehrschluss folgt, dass die Gleichung $h = \frac{p_{pumpe}}{\rho \cdot g}$ mit der Dichte von Wasser und gegebenem Förderdruck der Pumpe die Förderhöhe im m Wassersäule liefert.

In der Praxis ergeben sich für die vom Hersteller angegebene Förderleistung in der Regel deutlich andere Werte. Dies liegt an den Widerständen, die dem Förderstrom von der Rohrleitung und den darin enthaltenen Einbauten entgegengesetzt werden:

- Der Widerstand in Rohrleitungen ist abhängig von der Lange und dem Durchmesser der Rohrleitung. Bögen, Verengungen, Rohrleitungsverbindungen und andere Einbauten, die den Flüssigkeitsstrom stören, erhohen den Rohrwiderstand. Als Folge steigt die zu überwindende Förderhöhe an.
- Darüber hinaus müssen die Druckdifferenzen zwischen Saug- und Druckseite berücksichtigt werden. So muss eine Pumpe einen größeren Förderdruck erzeugen, wenn sie in einen Behälter fördert, der z. B. mit 3 bar betrieben wird, als wenn lediglich der Umgebungsdruck überwunden werden muss.

Neben der Förderhöhe, der Fördermenge und dem Leistungsbedarf stellt der **NPSH-Wert** eine der wichtigsten Größen der Kreiselpumpen dar. NPSH steht für **n**et **p**ositive **s**uction **h**ead und bedeutet frei übersetzt soviel wie Netto-Zulaufhöhe, die eine Anlage der Pumpe zur Verfügung stellt.

Exkurs Net Positive Suction Head (NPSH)

Ein störungsfreies, dem Kennlinienverlauf entsprechendes Betreiben einer Pumpe kann nur gewährleistet werden, wenn sichergestellt ist, dass es an keiner Stelle der Pumpe zum Verdampfen der zu transportierenden Flüssigkeit kommt. Zu diesem Zweck muss die in der Anlage vorhandene Energie gleich oder größer sein als die Energie, die das Laufrad benötigt, um die Flüssigkeit in der Pumpe auf die erforderliche Strömungsgeschwindigkeit zu beschleunigen. Die Energiehöhe wird auch als Gesamthaltedruckhöhe bezeichnet.

Dabei muss zwischen dem von der Anlage **vorhandenen** $\mathbf{NPSH_A}$ (NET POSITIVE SUCTION HEAD AVAILABLE) und dem von der Pumpe **erforderlichen** $\mathbf{NPSH_R}$ (NET POSITIVE SUCTION HEAD REQUIRED) unterschieden werden.

Um den $NPSH_A$-Wert berechnen zu können sind folgende Daten erforderlich:

- geodätische Saughöhe h_S oder die Zulaufhöhe
- Dampfdruck der Flüssigkeit p_d
- Gasdruck auf dem saugseitigen Flüssigkeitsspiegel (entweder p_{amb} oder p_e)
- Dichte der Flüssigkeit ρ
- Druckhöhenverlust in der Saugleitung h_{SW}

Der $NPSH_R$-Wert wird vom Pumpenhersteller ermittelt und beschreibt die maximale Saughöhe, die eine Pumpe erreichen kann.

An dem Punkt, an dem sich die Kurven der NPSH-Werte der Anlage ($NPSH_A$) und der Pumpe ($NPSH_R$) schneiden (Abbildung 6-20), tritt in der Pumpe Kavitation auf.

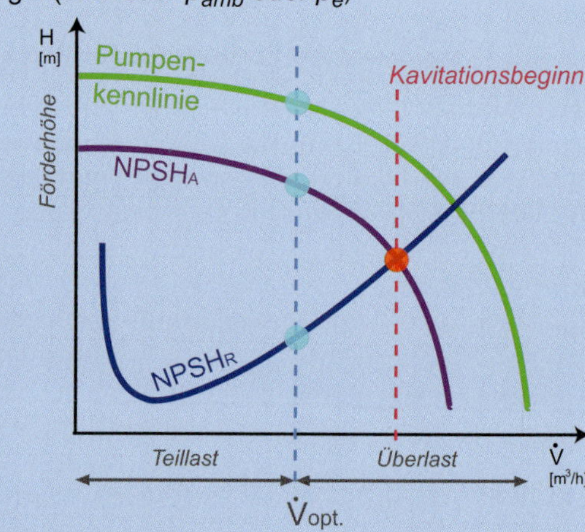

Abbildung 6-20 NPSH-Kennlinien

Um eine Pumpe mit vorgegebenem $NPSH_R$-Wert störungsfrei betreiben zu können, sollte der $NPSH_A$-Wert der Anlage um mindestens 0,5 m größer sein als der $NPSH_R$-Wert. Kann dies nicht gewährleistet werden, unterliegt die Pumpe einer ständigen Gefährdung durch Kavitation. Als Folge ist ein störungsfreier Dauerbetrieb nicht möglich und es kann zur Zerstörung der Pumpe kommen.

Ergeben sich durch Veränderungen in der Anlage ungünstigere $NPSH_A$-Werte, so können Gegenmaßnahmen getroffen werden, sodass die eingesetzten Pumpen dennoch weiterverwendet werden können. Beispiele sind in Tabelle 6-4 aufgeführt.

Tabelle 6-4 Gegenmaßnahmen bei ungünstigen NPSH-Werten

Allgemein	Pumpenspezifisch
Kühlen des Mediums, um den Dampfdruck abzusenken	Fördermenge verringern (wenn möglich)
Druck am Saugstutzen erhöhen (Überdruck anlegen)	kleineres Laufrad einbauen (erhöht den Leistungsbedarf) → verschlechtert die Fördermenge
Rohrwiderstände in der Saugleitung verringern	Drehzahl verringern (verringert die Fördermenge)

Als letzter Ausweg muss die Pumpe ausgetauscht werden und eine Pumpe mit besserem NPSH-Wert gewählt werden.

Beispiel Zulaufbetrieb

Der $NPSH_A$-Wert wird berechnet durch die Addition der Druckhöhen, die durch den Umgebungsdruck und den hydrostatischen Druck am Saugmund der Pumpe wirken. Fördert eine Pumpe aus einem offenen Zulaufbehälter Wasser, kann mithilfe der nachfolgenden Formel die verfügbare Zulaufhöhe, also der $NPSH_A$-Wert, in grober Näherung berechnet werden (1 bar entspricht 10 m Wassersäule):

$NPSH_A = p_{amb} + p_{hyd} = 10{,}13\ m + 3\ m$

$NPSH_A = 13{,}13\ m$

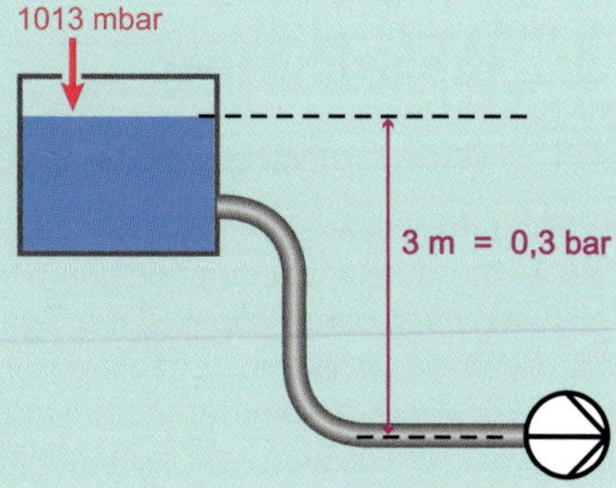

Abbildung 6-21 Zulaufbetrieb

Beispiel Saugbetrieb

Da beim Saugbetrieb der Flüssigkeitsspiegel unterhalb der Pumpe liegt, ergibt sich ein negativer hydrostatischer Druck. Die Addition der Druckhöhen liefert für das Beispiel in Abbildung 6-22 eine verfügbare Zulaufhöhe ($NPSH_A$-Wert) von 7,13 m.

$NPSH_A = p_{amb} + (-p_{hyd}) = 10{,}13\ m + (-\ 3\ m) = 7{,}13\ m$

Der genaue $NPSH_A$-Wert muss unter Berücksichtigung von Dichte, Temperatur, Dampfdruck und vor allem der Strömungsgeschwindigkeit im Saugmund der Pumpe berechnet werden und liegt ggf. deutlich niedriger als hier überschlägig gerechnet. Generell gilt: Je höher die Strömungsgeschwindigkeit und damit der Volumenstrom, umso größer die Gefahr der Kavitation.

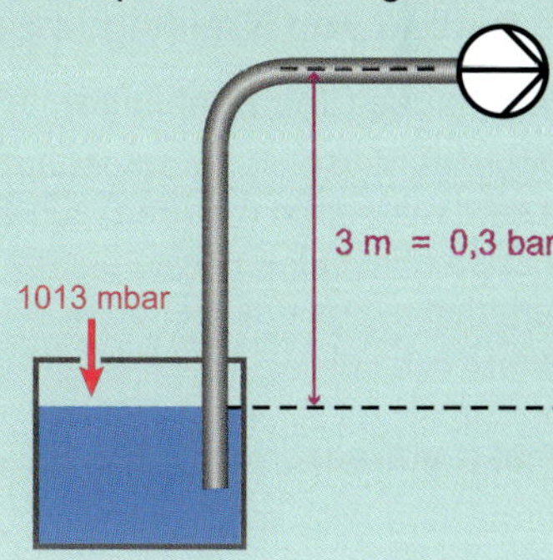

Abbildung 6-22 Saugbetrieb

6.10 Fragen zum Kapitel Pumpentechnik

1. Beschreiben Sie die Förderprinzipien der Strömungs- und Verdrängerpumpen.
2. An schnell laufenden Maschinenteilen besteht bei unvorsichtigem Hineingreifen Verletzungsgefahr. Nennen Sie ein Teil bei Pumpen, bei dem diese Gefahr besteht. Nennen Sie eine sicherheitstechnische Maßnahme, durch die dieses Gefahrenpotential vermindert werden kann.
3. Berechnen Sie die Leistung P (in W), die eine Pumpe abgeben muss, wenn diese in 1,5 Minuten 150 kg Wasser über eine Höhendifferenz von 3,85 m fördert ($g = 9{,}81\ m \cdot s^{-2}$).
4. Welche Behauptung über Wellen ist richtig?
   1. Wellen haben immer eine Längsbohrung in Achsrichtung.
   2. Wellen werden im Betriebszustand nur auf Biegung beansprucht.
   3. Wellen übertragen im Betriebszustand immer ein Drehmoment.
   4. Wellen stehen im Betriebszustand immer still. Die auf ihnen sitzenden Maschinenteile laufen um.
   5. Wellen haben eine kleine Länge und einen großen Durchmesser.
5. In welchem Zusammenhang wird vom NPSH-Wert gesprochen?
6. Nennen Sie 3 Pumpenbauarten ohne Wellenabdichtung.

9\. Beschreiben Sie die Funktionsweise einer Magnetkupplung.

8\. Welche Medien werden mit einer Exzenterschneckenpumpe gefördert?

9\. Wovon ist die Förderhöhe einer Kreiselpumpe abhängig?

7 Spezielle Pumpen- und Verdichtertechnik

7.1 Kreiselpumpen

7.1.1 Wirkungsweise einer Kreiselpumpe

Die Wirkungsweise einer Kreiselpumpe kann sehr gut mit dem Rührvorgang in einer Kaffeetasse verglichen werden. Beim Rühren mit einem Löffel in einer Kaffeetasse steigt die Flüssigkeit von der Mitte aus zum Rand nach oben. Wie weit die Flüssigkeit am Rand hochsteigt, wird durch die Rührgeschwindigkeit oder durch die Größe des Löffels bestimmt. Die mit dem Löffel erzeugte Rotation überträgt sich auf die Flüssigkeit. Dadurch werden Zentrifugalkräfte wirksam, die eine Strömung und eine Druckerhöhung der Flüssigkeit hervorrufen, die sogenannte „Förderhöhe". Aus der Übertragung des Vergleichs mit der Kaffeetasse auf eine Kreiselpumpe lässt sich ein wichtiges Prinzip erkennen: Die Förderhöhe hängt von der Umfangsgeschwindigkeit ab. Durch einen größeren Laufraddurchmesser oder durch eine höhere Drehzahl kann eine höhere Umfangsgeschwindigkeit und damit eine größere Förderhöhe erreicht werden.

7.1.2 Aufbau von Kreiselpumpen

Pumpengehäuse (Spiralgehäuse)

Das Pumpengehäuse ist so aufgebaut, dass die in den Saugstutzen eintretende Flüssigkeit in Achsrichtung dem Kreiselrad (Laufrad) zugeführt wird. Nach Austritt der Flüssigkeit aus dem Laufrad bewirkt das Gehäuse (einstufige Kreiselpumpe), dass die Flüssigkeit spiralförmig dem Druckstutzen zugeführt wird. Weiterhin nimmt das Gehäuse die Kräfte der angeschlossenen Rohrleitungen und den im Inneren erzeugten Druck auf.

Kreiselrad (Laufrad)

Die Laufradschaufeln sind gekrümmt, um eine gleichmäßige Strömung zu gewährleisten. Strömungsmaschinen besitzen offene Laufräder. Es gibt im Gegensatz zu den Verdrängermaschinen keinen geschlossenen Arbeitsraum. Das Volumen im Laufrad ist konstant.

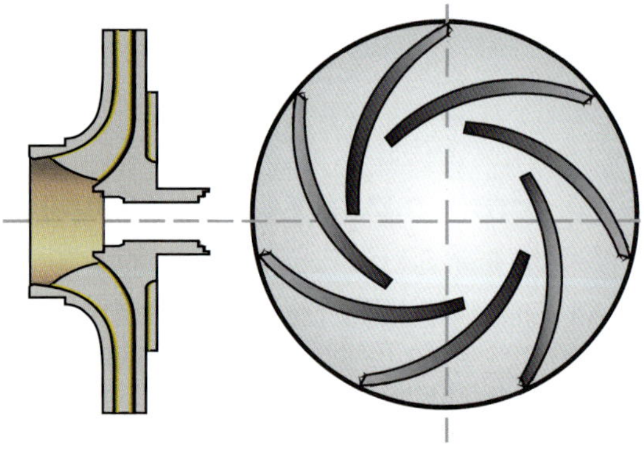

Abbildung 7-1 Laufrad einer Radial-Kreiselradpumpe

Tabelle 7-1 Aufgabe der wichtigsten Bauteile der Kreiselpumpen

Bauteil	Aufgabe
Laufrad	Übertragung der mechanischen Energie auf das Fördermedium, Beschleunigung der Flüssigkeit ➔ Erzeugen von dynamischem Druck
Spiralgehäuse	Reduzierung der Strömungsgeschwindigkeit ➔ Erzeugen von statischem Druck
Welle	Übertragung des Drehmomentes vom Motor auf das Laufrad
Lagerträger	Aufnahme der Radiallager, Fixierung der Welle in axialer Richtung
Dichtungsbereich	Trennung des Förderraums von der Umgebung durch ein Dichtungssystem

7.1.3 Förderprinzip der Kreiselpumpe

Das Fördergut tritt durch den Saugstutzen in die Pumpe ein und wird durch Rotation des Laufrades beschleunigt. Dadurch erhöht sich die Strömungsgeschwindigkeit (kinetische Druckenergie, Energie der Bewegung) der Flüssigkeit. Bei Austritt aus dem Kreiselrad gelangt die Flüssigkeit in das Spiralgehäuse und wird abgebremst. Durch die Verringerung der Strömungsgeschwindigkeit entsteht Druck (statische Druckenergie). Mit diesem Druck verlässt die Flüssigkeit den Druckstutzen.

Kreiselpumpen fördern zwar große Mengen Flüssigkeit, können dies bauartbedingt aber nur bei einem relativ geringen Förderdruck. Er wird allein durch die hydraulische Wirkung des Kreiselrades (Laufrades) erzeugt.

Der Förderdruck (Förderhöhe) hängt also direkt von der Umfangsgeschwindigkeit ab und diese ist abhängig von

- dem Durchmesser des Kreiselrades
- der Drehzahl des Kreiselrades.

Sowohl ein größerer Durchmesser als auch eine Erhöhung der Drehzahl führt somit zu einer größeren Förderhöhe.

Ist der Druck auf der Druckseite der Pumpe höher als der von der Pumpe erzeugbare Druck, fließt die Flüssigkeit durch das Laufrad zur Saugseite zurück.

Aus physikalischer Sicht lassen sich mit Strömungsmaschinen innerhalb kleiner Druckbereiche (bei einstufigen Kreiselpumpen ca. 3 – 4 bar) alle Parameterpaare aus Volumenstrom und Druck realisieren. In der Praxis werden die Pumpen jedoch nur für wirtschaftlich vertretbare Wertebereiche konstruiert. Die Angaben des Herstellers über Nennvolumenstrom und Nenndruck für Wasser als Fördermedium sind letztendlich die Informationen, die der Nutzer für seine Planungen benötigt.

Beispiele Einsatz von Kreiselpumpen

- Ein betriebliches Abwasserbecken mit einem Inhalt von 300 m^3 soll nach Überprüfung des Schadstoffgehaltes in das Fabrikationsabwassernetz gepumpt werden. Für die Förderung muss keine Höhendifferenz überwunden werden.
- In einem kontinuierlich arbeitenden Reaktor soll der Einsatzstoff gleichmäßig mit 150 l/h zugeführt werden. Der Druck innerhalb des Reaktors variiert auf Grund einer chemischen Reaktion zwischen 6 und 8 bar und die Pumpe muss die Flüssigkeit über eine Höhe von 12 m fördern.

Im ersten Beispiel ist eine Pumpe mit einem großen Nennvolumenstrom erforderlich. Ein hoher Nenndruck ist nicht erforderlich, da während des Förderns keine Höhendifferenz überwunden werden muss. Im zweiten Beispiel ist ein variabler Druck bei gegebenem Volumenstrom erforderlich.

7.1.4 Bauformen

Einstufige Kreiselpumpe

Die einstufige Kreiselpumpe ist der Grundtyp aller radial wirkenden Strömungsmaschinen. Ihr Einsatz ist sehr vielseitig und sie ist die am häufigsten verwendete Pumpe.

Abbildung 7-2 Kreiselpumpe
(Firma Klaus Union, Typ SLM NV)

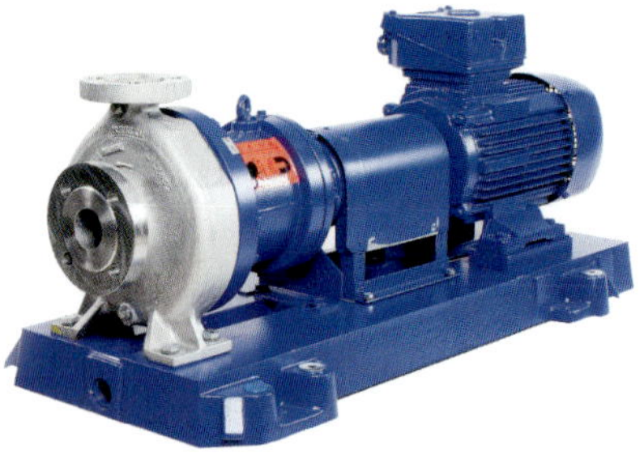

Abbildung 7-3 Kreiselpumpe
(Firma KSB, Typ Magnochem)

Den prinzipiellen Aufbau einer Kreiselpumpe veranschaulicht Abbildung 7-4. Die wichtigsten Bauteile sind Gehäuse, Laufrad, Welle, Lagerträger und die Wellenabdichtung.

Für einstufige Kreiselpumpen ist das Spiralgehäuse die gebräuchlichste Bauform.

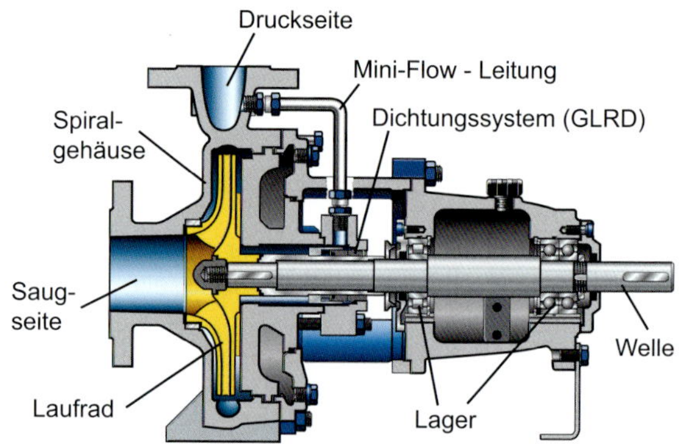

Abbildung 7-4 Schnittbild einer einstufigen Kreiselpumpe

Mehrstufige Kreiselpumpe

Mehrstufige Pumpen werden für größere Förderhöhen benötigt, wenn gleichzeitig ein hoher Volumenstrom gewährleistet werden muss. Dies ist mit einstufigen Pumpen bei der jeweiligen Drehzahl nicht möglich. Bei einer mehrstufigen Pumpe muss die Flüssigkeit dem Saugmund der nächsten Stufe über einen sogenannten Leitkranz zugeführt werden.

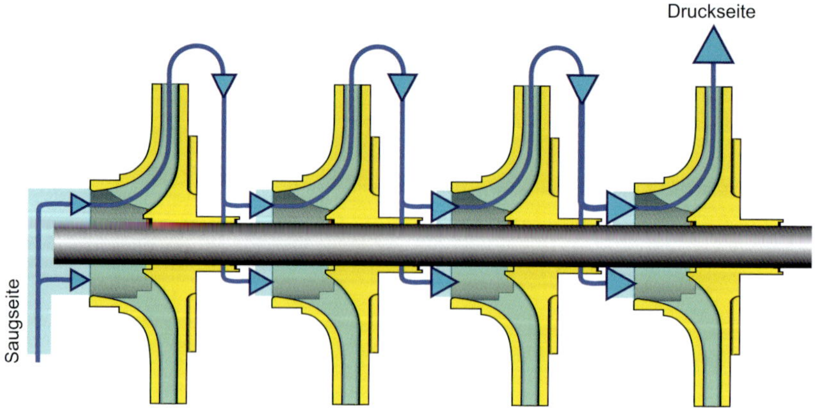

Abbildung 7-5 Schema einer mehrstufigen Kreiselpumpe

Der Leitkranz ist dabei kreisrund und besitzt eine ähnliche Schaufelanordnung wie ein Radiallaufrad. Die Flüssigkeit wird nach dem Austritt aus dem Laufrad mithilfe der Leitschaufeln in die nächste Stufe, also zum nächsten Laufrad, geleitet. Durch Anordnung mehrerer Laufräder (Stufen) hintereinander wird die Förderhöhe von Stufe zu Stufe um einen bestimmten Faktor (vergleichbar dem Verdichtungsverhältnis eines Verdichters, bei Kreiselpumpen um ca. 1,3) erhöht.

7.1.5 Kennlinien

Pumpenkennlinie

Die Pumpenkennlinie gibt den Zusammenhang zwischen geförderter Flüssigkeitsmenge (Volumenstrom) und dem Druck (Förderhöhe), mit dem die Flüssigkeit gefördert wird, wieder. Sie wird bestimmt, indem bei verschiedenen Pumpendurchflussmengen die Förderhöhe ermittelt wird.

Die Einstellung des Volumenstroms wird bei einer drehzahlkonstanten Kreiselpumpe durch ein Drosselventil in der Druckleitung realisiert.

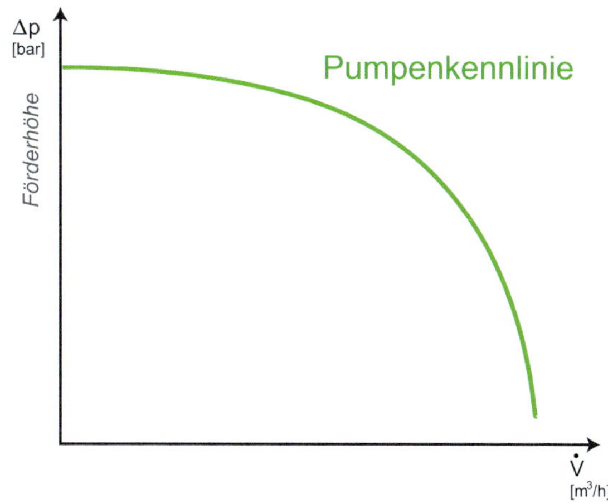

Abbildung 7-6 Kennlinie einer Kreiselpumpe

Betriebspunkte

Der Betriebspunkt einer Kreiselpumpe gibt den Druck (Förderhöhe) und die Fördermenge an, bei der die Pumpe in einem bestimmten Rohrleitungsnetz arbeitet. Dieser befindet sich im Schnittpunkt der Pumpen- und Rohrnetzkennlinie. Der erbrachte Druck der Pumpe entspricht dem Gegendruck aus der Rohrleitung.

Der Betriebspunkt 1 stellt sich ein, wenn im Rohrnetz alle Ventile geöffnet sind. Wird ein geringerer Volumenstrom benötigt, kann z. B. das Drosselventil in der Rohrleitung teilweise geschlossen werden (Betriebspunkt 2).

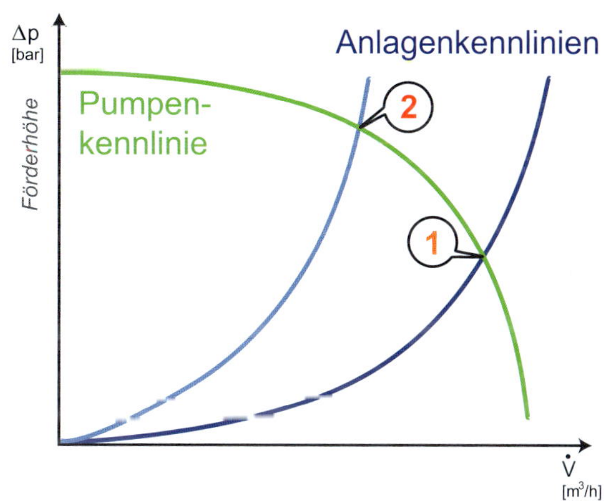

Abbildung 7-7 Betriebspunkte

Die Auswahl einer Kreiselpumpe sollte so erfolgen, dass keine Androsselung in der Rohrleitung erforderlich ist **(Unterlast)**. Energie wird durch Reibung im Drosselventil in Wärme umgewandelt und steht nicht zum Fördern zur Verfügung, eine Pumpe arbeitet dann also unwirtschaftlich!

Die Kreiselpumpe sollte aber auch nicht im **Überlastbereich** betrieben werden (zu geringer Gegendruck aus der Rohrleitung), da die Lebensdauer der Pumpe dadurch deutlich verringert wird (Verschleiß).

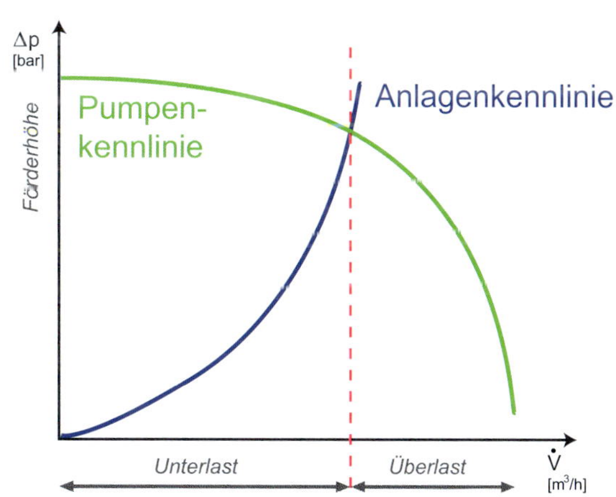

Abbildung 7-8 Unterlast- und Überlastbereich einer Kreiselpumpe

Parallelbetrieb von Kreiselpumpen

In verfahrenstechnischen Anlagen werden häufig zwei Kreiselpumpen parallel geschaltet, um in eine Druckleitung zu fördern. Dabei wird die zu fördernde Flüssigkeit meist über zwei getrennte Saugleitungen angesaugt. Im Regelfall fördert jeweils nur eine der Pumpen. Bei steigendem Bedarf wird dann die zweite Kreiselpumpe zugeschaltet, so dass ein Parallelbetrieb entsteht.

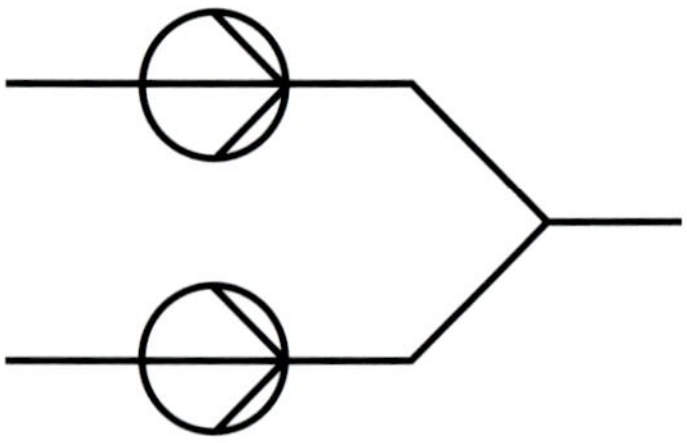

Abbildung 7-9 Parallelbetrieb von Kreiselpumpen

Beispiel Parallelbetrieb von Kreiselpumpen

Unter der Annahme, dass beide Kreiselpumpen eine identische Kennlinie, also ein gleiches Betriebsverhalten besitzen, ergibt sich für zwei Kreiselpumpen, die ein Regenauffangbecken in einen Fluss entleeren, die in Abbildung 7-10 dargestellte Situation. Die Gesamtförderleistung entspricht der Summe der Förderleistung der beiden Kreiselpumpen.

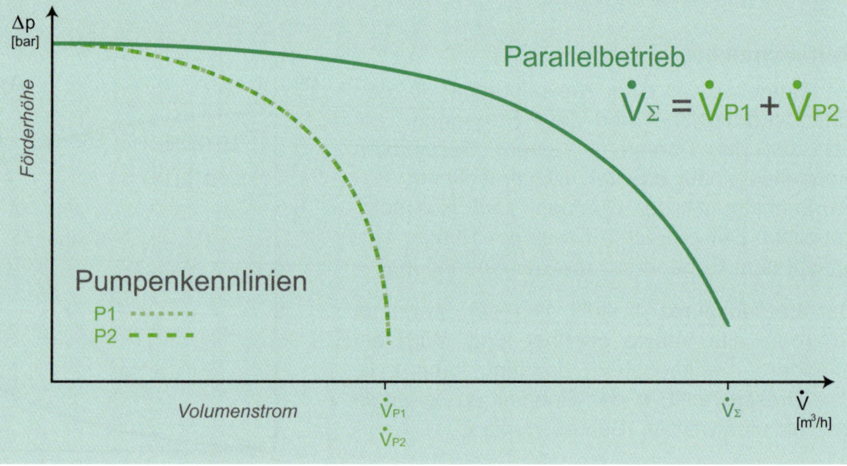

Abbildung 7-10 Parallelbetrieb von Kreiselpumpen

Der Parallelbetrieb von Kreiselpumpen führt zu einer Erhöhung des Förderstroms. Ein größerer Förderstrom erfordert bei gleichem Rohrleitungsdurchmesser aber größere Strömungsgeschwindigkeiten und damit auch größere Rohrleitungswiderstände. Neben der Erhöhung des Förderstromes steigt auch der Gegendruck in der Anlage. Als Resultat verschiebt sich der Betriebspunkt zu einer höheren Förderhöhe und einem größeren Volumenstrom (Abbildung 7-11). Das Zuschalten einer zweiten Pumpe im Parallelbetrieb führt also nicht automatisch zur Verdopplung des Volumenstromes, wie Abbildung 7-10 zunächst vermuten lassen könnte.

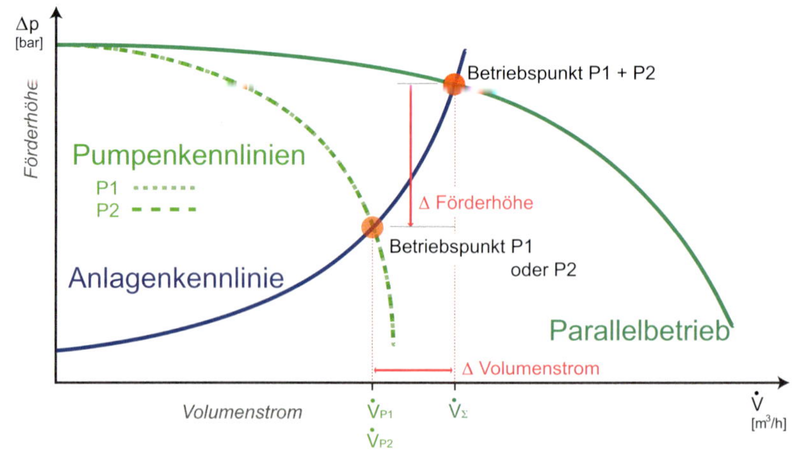

Abbildung 7-11 Betriebspunkte bei Parallelbetrieb von Kreiselpumpen

Betrieb von Kreiselpumpen in Reihe

In verfahrenstechnischen Anlagen müssen immer wieder unterschiedliche Förderhöhen überwunden werden. Prinzipiell gibt es mehrere Möglichkeiten, den wechselnden Anforderungen gerecht zu werden. So ist es denkbar, dass eine Kreiselpumpe für die maximal zu erreichende Förderhöhe ausgelegt wird. Wird diese Förderhöhe nicht benötigt, muss die Pumpe auf den benötigten Betriebspunkt (Förderhöhe und Fördermenge) angedrosselt werden (Verlustregelung).

Als zweite Möglichkeit kann die Drehzahl der Kreiselpumpe verändert werden. Diese Alternative ist zwar verlustfrei, aber wegen der erforderlichen Drehzahlsteuerung teuer.

Als weitere Alternative können bei temporärer Erfordernis einer größeren Förderhöhe zwei Kreiselpumpen **in Reihe** betrieben werden. Hierbei kommen zwei denkbare Anordnungen in Frage:

1. Im Regelfall sind die beiden Pumpen hintereinander in eine Rohrleitung eingebaut. Im Normalbetrieb, also wenn keine große Förderhöhe erforderlich ist, wird eine der Pumpen betrieben und die zweite nur durchströmt. Muss eine höhere Förderhöhe überwunden werden, wird die zweite Pumpe zugeschaltet.

Abbildung 7-12 Betrieb von Kreiselpumpen in Reihe

2. Alternativ kann die zweite Pumpe in einen Umgang eingebaut werden. Im Normalbetrieb fördert ausschließlich die erste Kreiselpumpe; der Umgang sowie die zweite Pumpe sind nicht durchströmt. Ist eine größere Förderhöhe erforderlich, werden das Ventil V_1 (Abbildung 7-13) geschlossen und die Ventile des Umgangs geöffnet sowie Pumpe 2 in Betrieb genommen.

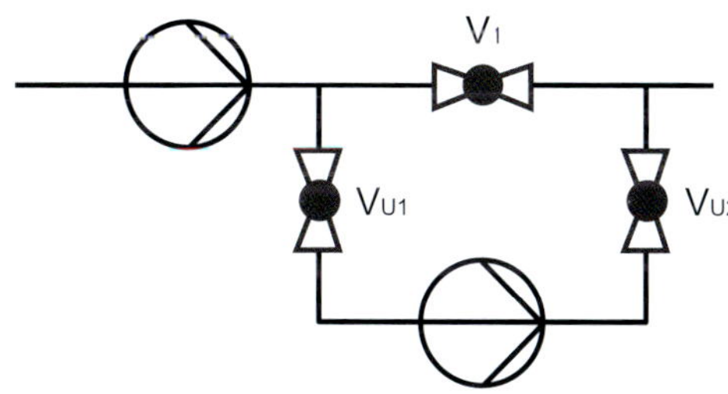

Abbildung 7-13 Betrieb von Kreiselpumpen in Reihe

In beiden Fällen wird der Rohrleitungswiderstand der Anlage erhöht, in der Anordnung 1 durch die in der Anlage befindliche, durchströmte Kreiselpumpe *P2*, in Anordnung 2 durch die zusätzlichen Absperrorgane und Rohrbögen.

Der Betrieb von Kreiselpumpen in Reihe führt zu einer Erhöhung der Förderhöhe. In Abhängigkeit von der Anlagenkennlinie verschiebt sich mit der größeren Förderhöhe der Betriebspunkt auch hin zu einer Erhöhung des Förderstroms (Abbildung 7-14).

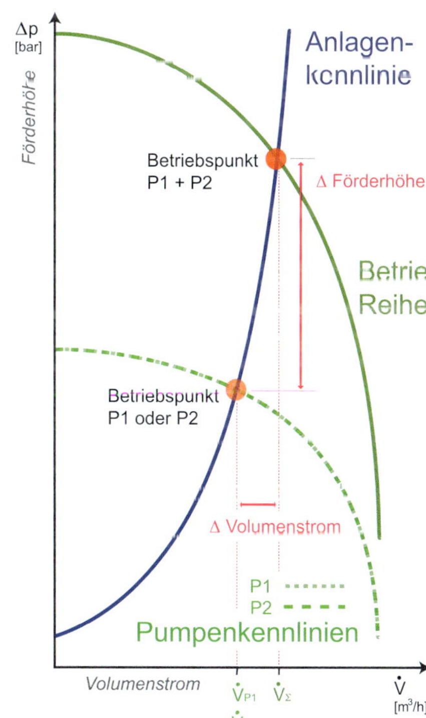

Abbildung 7-14 Betriebspunkte von in Reihe geschalteten Kreiselpumpen

Beispiel Betrieb von Kreiselpumpen in Reihe

In einem Technikum werden mehrere Teilanlagen verwendet. Dabei ist eine Teilanlage in der Ebene 3, weitere Teilanlagen sind in der Ebene 2 angeordnet. Entsprechend des Produktionsplans wird die Teilanlage auf der Ebene 3 nur unregelmäßig benötigt.

Zur Versorgung der Teilanlagen mit Kühlwasser wird in der Regel eine Kreiselpumpe (*P1*) verwendet, deren Förderhöhe bis zur 2. Ebene ausreicht (siehe Pumpenkennlinie *P1*, Abbildung 7-15).

Wird nun die Teilanlage auf Ebene 3 angefahren, kann diese nur dann mit Kühlwasser versorgt werden, wenn die Kreiselpumpe *P1* mit einer zweiten Kreiselpumpe (*P2*) in Reihe betrieben wird. Wenn es sich um die identische Bauart handelt, verdoppelt sich nahezu die Förderhöhe (*P1* + *P2*).

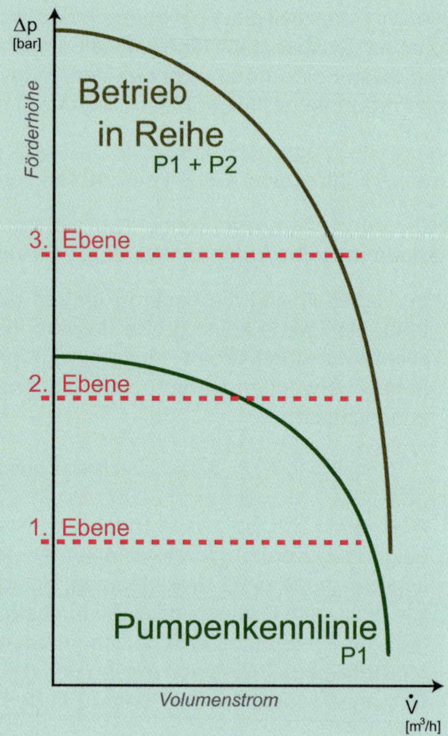

Abbildung 7-15 Beispiel für den Reihenbetrieb von Kreiselpumpen

7.1.6 Energieeinsatz bei Kreiselpumpen

Die Pumpenleistung (Energie) die eine Pumpe benötigt, ist abhängig von dem Volumenstrom, der Förderhöhe, der Dichte des Fluids und dem Wirkungsgrad.

Daraus resultiert folgende Gleichung:

$$P = \frac{\dot{V} \cdot H \cdot g \cdot \rho}{\eta}$$

mit
$\dot{V}$ = *Volumenstrom*
H = *Förderhöhe*
g = *Fallbeschleunigung*
ρ = *Dichte*
η = *Wirkungsgrad*

Exkurs Betriebspunkt einer Kreiselpumpe

Die sogenannten Pumpen- und Anlagenkennlinien geben den **Betriebspunkt** der Kreiselpumpe an. Aus dem Schnittpunkt der beiden Linien lassen sich Volumenstrom und Förderhöhe ablesen.
Dabei gibt die **Anlagenkennlinie** den Zusammenhang zwischen der zu überwindenden Förderhöhe und dem jeweiligen Volumenstrom an. Die Förderhöhe ist die Summe aus der geodätischen Förderhöhe, der Gesamtverlusthöhe der Anlage und dem Quotienten aus den Druckdifferenzen der Saug- und Druckseite geteilt durch das Produkt der Dichte des Fördermediums mit der Fallbeschleunigung.

Die **Pumpenkennlinie** gibt den Zusammenhang zwischen geförderter Flüssigkeitsmenge (Volumenstrom) und dem Druck (Förderhöhe) mit dem die Flüssigkeit gefördert wird wieder. Sie wird bestimmt, indem bei verschiedenen Pumpendurchflussmengen die Förderhöhe ermittelt wird. Die Einstellung des Volumenstroms wird bei einer drehzahlkonstanten Kreiselpumpe durch ein Drosselventil in der Druckleitung realisiert.

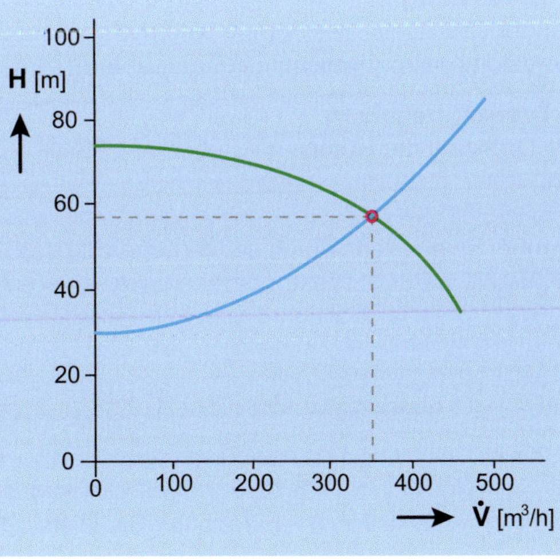

Abbildung 7-16 Leistungsbedarf und Wirkungsgrad bei einer Bypass-Regelung

Der **Wirkungsgrad** einer Pumpe verändert sich mit dem Volumenstrom oder der Drehzahl, was letztendlich in einer Geschwindigkeitsänderung der Strömung begründet ist. So wirken sich im Bereich von großen Strömungsgeschwindigkeiten Kavitationserscheinungen und Strömungsablösungen negativ auf den Wirkungsgrad aus. Bei kleinen Strömungsgeschwindigkeiten wirken sich verstärkt die Verluste aus den Lager- und Dichtungsbereichen der Pumpe negativ auf den Wirkungsgrad aus. Weiterhin wird der Wirkungsgrad von Fluid-Reibungsverlusten und der Reynolds-Zahl beeinflusst (die Reynolds-Zahl ist eine dimensionslose Kennzahl, die das Turbulenzverhalten eines Fluids in einer Strömung ausdrückt).

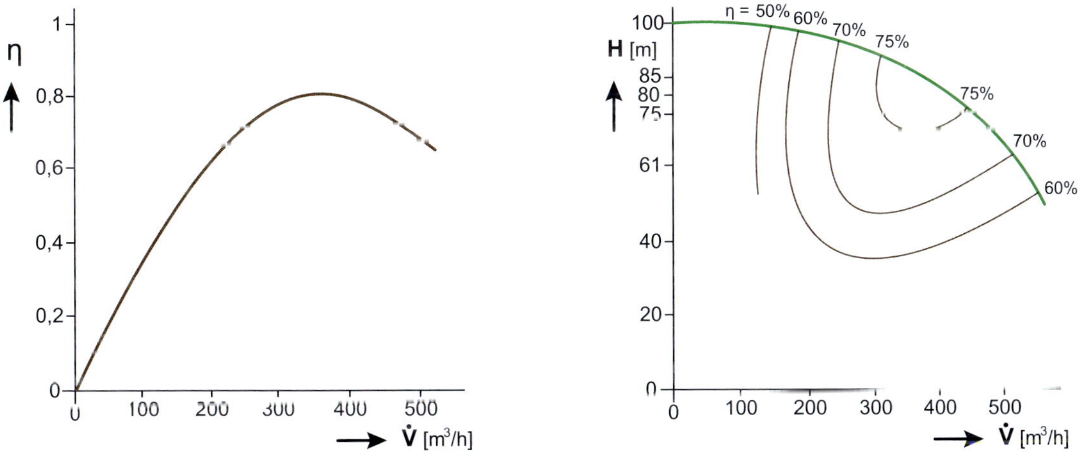

Abbildung 7-17 Wirkungsgradkennlinie und Wirkungsgrad als Muschelkurve

Da der tatsächlich benötigte Volumenstrom und die Förderhöhe des Produktionsprozesses nicht immer mit dem zur Verfügung gestellten Volumenstrom und der Förderhöhe der Pumpe übereinstimmen, wird eine Regelung der Pumpe vorgenommen. Hierbei werden die Pumpenleistung und damit die zuzuführende Energie (elektrischer Motor) über unterschiedliche Regelungsarten beeinflusst:

- **Bypassregelung**

Der auf der Druckseite der Pumpe nicht benötigte Volumenstrom fließt über eine Rohrleitung (Bypass) zurück zur Saugseite.

- **Drosselung**

Auf der Druckseite der Pumpe wird mittels Absperrarmatur der Rohrquerschnitt bis auf den gewünschten Volumenstrom verengt (Armatur anteilig geschlossen).

- **Drehzahlregelung**

Die Drehzahl der Pumpe wird über den Motor reduziert, um den gewünschten Volumenstrom zu erzielen.

Darüber hinaus kann durch die Verringerung des Laufraddurchmessers die gewünschte Pumpenleistung eingestellt werden. Diese Vorgehensweise verschlechtert allerdings das Regelverhalten der Pumpe.

Beispiel Leistungsbedarf einer Kreiselpumpe

Eine Kreiselpumpe hat die Förderleistung von 450 m³/h mit einer Förderhöhe von 75 m und einem Wirkungsgrad von 74,5 %. Für den Produktionsprozess wird ein Volumenstrom von 375 m³/h bei einer Förderhöhe von 61 m benötigt. Die Dichte des Fluids beträgt 1.000 kg/m³.

Wie groß ist der Leistungsbedarf der Pumpe, wenn die Fördermenge auf 450 m³/h beträgt?

gegeben: Volumenstrom $\dot{V}$ = 450 m³/h Förderhöhe H = 75 m

Dichte ρ = 1.000 kg/m³ Fallbeschleunigung g = 9,81 m/s²

Wirkungsgrad der Kupplung η = 74,5 %

gesucht: P in kW

Lösung:

$$P = \frac{\dot{V} \cdot H \cdot g \cdot \rho}{\eta}$$

$$P = \frac{450\ m^3 \cdot 75\ m \cdot 1000\ kg \cdot 9{,}81\ m}{h \cdot m^3 \cdot s^2 \cdot 0{,}745} \cdot \frac{1\ h}{3600\ s}$$

$$P = 123447{,}99\ \frac{m^2 \cdot kg}{s^3}$$

$$= 123447{,}99\ \frac{Nm}{s} \sim 123{,}5\ kW$$

Der Leistungsbedarf der Pumpe beträgt ~ 123,5 kW.

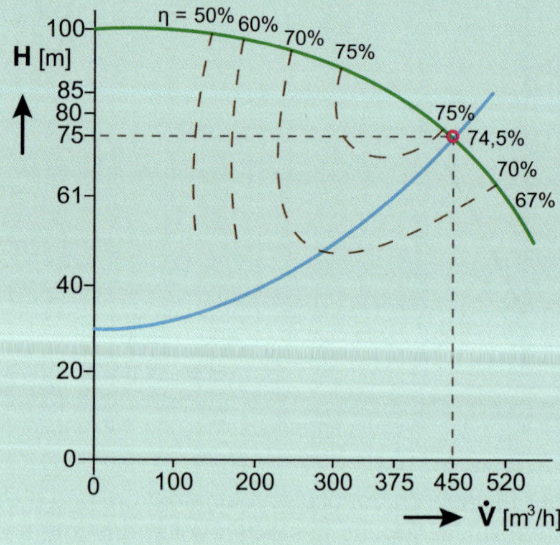

Abbildung 7-18 Leistungsbedarf und Wirkungsgrad

Exkurs Auswirkung unterschiedlicher Regelungen einer Kreiselpumpe

Welche Auswirkung hat eine **Bypassregelung** auf die Pumpenleistung?

Bei der Bypassregelung wird angenommen, dass die gewünschte Förderhöhe von 61 m eingestellt wird und sich dadurch die Anlagenkennlinie verändert. Der Volumenstrom der Pumpe steigt auf 520 m^3/h und der Wirkungsgrad erreicht einen Wert von 67 %. Der überschüssige Volumenstrom (145 m^3/h) wird über den Bypass zurückgeleitet auf die Saugseite.

$$P = \frac{\dot{V} \cdot H \cdot g \cdot \rho}{\eta}$$

$$P = \frac{520\,m^3 \cdot 61\,m \cdot 1000\,kg \cdot 9{,}81\,m}{h \cdot m^3 \cdot s^2 \cdot 0{,}67} \cdot \frac{1\,h}{3600\,s}$$

$$P = 129010{,}45\,\frac{m^2 \cdot kg}{s^3} = 129010{,}45\,\frac{Nm}{s} \sim 129\,kW$$

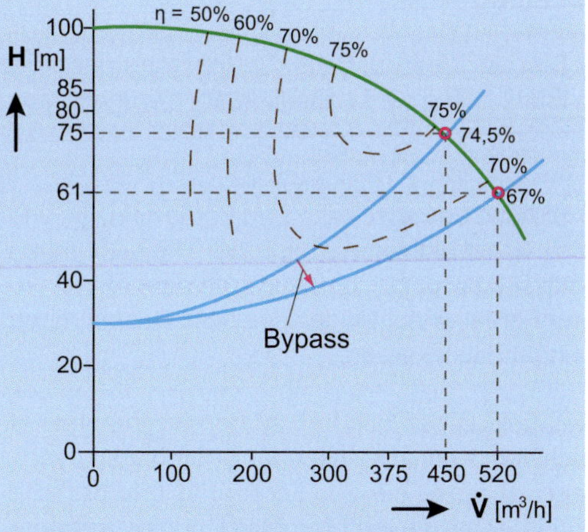

Abbildung 7-19 Leistungsbedarf und Wirkungsgrad bei einer Bypass-Regelung

Welche Auswirkung hat eine **Drosselung** auf die Pumpenleistung?

Bei der Drosselung wird der gewünschte Volumenstrom von 375 m^3/h auf der Druckseite der Pumpe über eine Armatur eingestellt. Es verändert sich die Anlagenkennlinie mit einer Förderhöhe von 85 m und einem Wirkungsgrad von 78 %.

$$P = \frac{\dot{V} \cdot H \cdot g \cdot \rho}{\eta}$$

$$P = \frac{375\,m^3 \cdot 85\,m \cdot 1000\,kg \cdot 9{,}81\,m}{h \cdot m^3 \cdot s^2 \cdot 0{,}78} \cdot \frac{1\,h}{3600\,s}$$

$$P = 111358{,}71\,\frac{m^2 \cdot kg}{s^3} = 111358{,}71\,\frac{Nm}{s} \sim 111{,}4\,kW$$

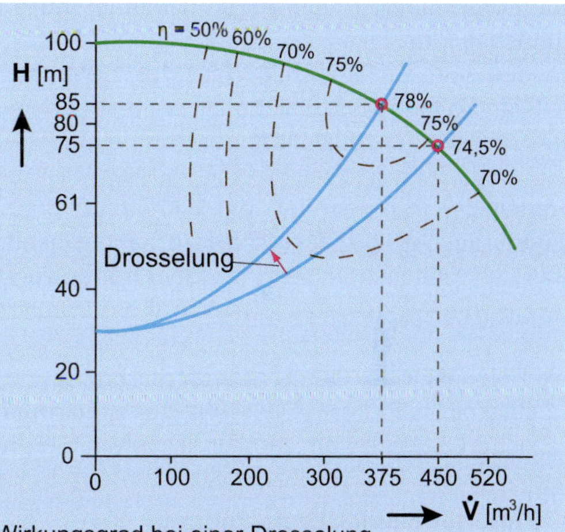

Abbildung 7-20 Leistungsbedarf und Wirkungsgrad bei einer Drosselung

Welche Auswirkung hat eine **Drehzahlregelung** auf die Pumpenleistung?

Bei der Drehzahlverstellung wird der gewünschte Volumenstrom von 375 m^3/h über die Reduzierung der Pumpendrehzahl erreicht. Es verändert sich die Pumpenkennlinie auf einen Wirkungsgrad von 72 % bei der gewünschten Förderhöhe von 61 m.

$$P = \frac{\dot{V} \cdot H \cdot g \cdot \rho}{\eta}$$

$$P = \frac{375\,m^3 \cdot 61\,m \cdot 1000\,kg \cdot 9{,}81\,m}{h \cdot m^3 \cdot s^2 \cdot 0{,}72} \cdot \frac{1\,h}{3600\,s}$$

$$P = 86575{,}52\,\frac{m^2 \cdot kg}{s^3} = 86575{,}52\,\frac{Nm}{s} \sim 86{,}6\,kW$$

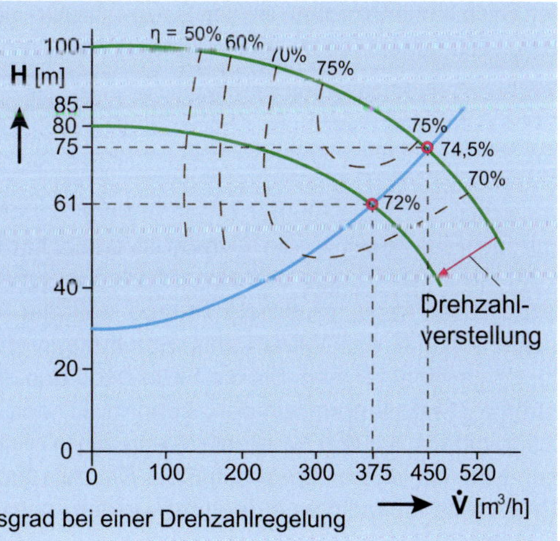

Abbildung 7-21 Leistungsbedarf und Wirkungsgrad bei einer Drehzahlregelung

7.1.7 Anfahrvorschrift für Kreiselpumpen (allgemein)

Achtung

Die hier beschriebenen Anfahrvorgänge können von den Anfahrvorschriften der Hersteller abweichen. Diese sind unbedingt vor der Inbetriebnahme einer Pumpe zu lesen und zu beachten.

Aufgrund des physikalischen Förderprinzips und des konstruktiven Aufbaus der Kreiselpumpen müssen bei der In- und Außerbetriebnahme dieser Fördereinrichtungen spezielle Bedingungen eingehalten werden.

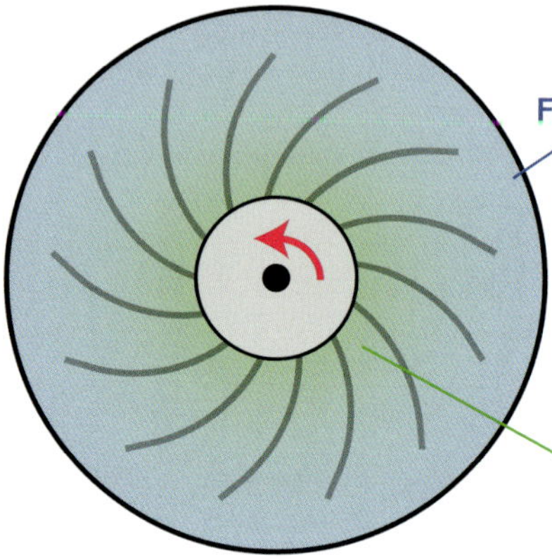

Abbildung 7-22 Schema der Vorgänge in der Pumpe bei schlechter Entlüftung

Kreiselpumpen gehören zu den Strömungsmaschinen. Kennzeichnend für Strömungsmaschinen ist, dass die zur Förderung erforderliche Energie bei diesen Maschinen durch Laufräder auf die Flüssigkeit übertragen wird. Bei den Kreiselpumpen wird die Energie durch Fliehkraft auf das Fördermedium übertragen. Deshalb muss zunächst Flüssigkeit im Laufradgehäuse vorhanden sein. Es ist wichtig, dass das Gehäuse vollständig mit Flüssigkeit gefüllt ist, da auch geringe Leerräume zum Abriss der Saugsäule führen können oder die Förderleistung der Pumpe stark beeinträchtigen.

Enthält der Pumpenraum beim Anfahren noch geringe Mengen Gas, so wirkt die Pumpe wie eine Zentrifuge. Die spezifisch schwerere Flüssigkeit wird nach außen geschleudert, das spezifisch leichtere Gas sammelt sich im Zentrum der Drehbewegung, also im Inneren des Kreiselrads. In der Abbildung 7-22 ist die Wirkung des Gases im Förderraum schematisch dargestellt.

Die Folge ist, dass der Förderstrom abreißt und sich das Kreiselrad im Flüssigkeitsring dreht, ohne die Flüssigkeit zu fördern. Dies führt zur Erwärmung der Flüssigkeit im Pumpengehäuse und kann zu erheblichen Schäden am Dichtungssystem führen.

- **Entlüftung einer Kreiselpumpe**

Ausgangszustand: Die anzufahrende Kreiselpumpe ist restlos leer. Die Absperrorgane in der Saug-, Druck- und Entlüftungsleitung sind geschlossen. Im Folgenden werden die Schritte dargestellt, die durchzuführen sind, um die Kreiselpumpe ordnungsgemäß anzufahren. Das Verfahrensfließbild (Abbildung 7-23) dient zur einfachen Beschreibung des Pumpensystems.

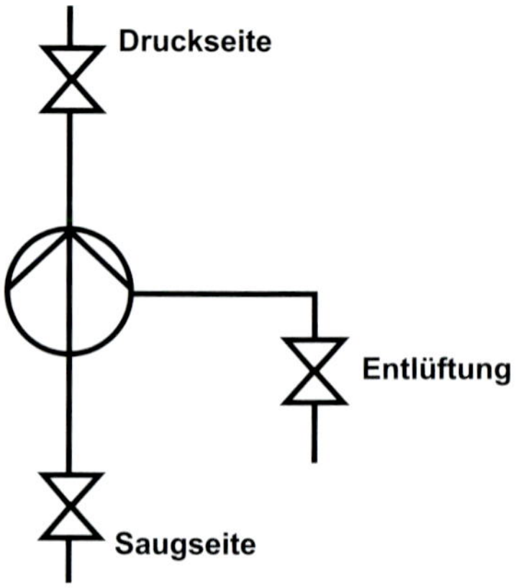

Abbildung 7-23 Darstellung der Pumpenanordnung im Verfahrensfließbild

Als erstes wird das Absperrorgan auf der Saugseite geöffnet, damit die Flüssigkeit in die Pumpe strömen kann. Weil dabei die Luft, die in der Pumpe und den Rohrleitungen enthalten ist, nicht entweichen kann, muss die Pumpe entlüftet werden. Dies geschieht durch das Öffnen des Entlüftungsventils. Es muss so lange geöffnet bleiben, bis die Flüssigkeit aus dem Ventil herausströmt (Chemienormpumpen können in der Regel nicht zur Atmosphäre belüftet werden). Wenn die Kreiselpumpe entlüftet ist, wird der Motor eingeschaltet. Die Absperrarmatur auf der Druckseite muss so weit geöffnet werden, dass ein Mindestvolumenstrom gefördert werden kann. Damit wird vermieden, dass die im Pumpengehäuse eingeschlossene Flüssigkeit zu warm wird. Nach Anstieg des Drucks wird die Drosselarmatur auf der Druckseite geöffnet und die Kreiselpumpe fördert in das Rohrnetz. Wenn gewünscht, kann ein bestimmter Volumenstrom durch Verstellen der Drosselarmatur eingestellt werden.

- **Anfahren einer Kreiselpumpe mit doppelt wirkender Gleitringdichtung (GLRD) in back-to-back-Anordnung**

Ausgangszustand: Die Kreiselpumpe ist leer und die Ventile an der Saugseite, Druckseite und der Entlüftung sind geschlossen. Die Gleitringdichtung wird unter Verwendung einer Sperrdruckeinheit betrieben, die den Sperrdruck im Gleitringsystem aufrecht erhält. Für deren Aufbau gibt es verschiedene Systeme, beispielsweise das in Abbildung 7-24 dargestellte.

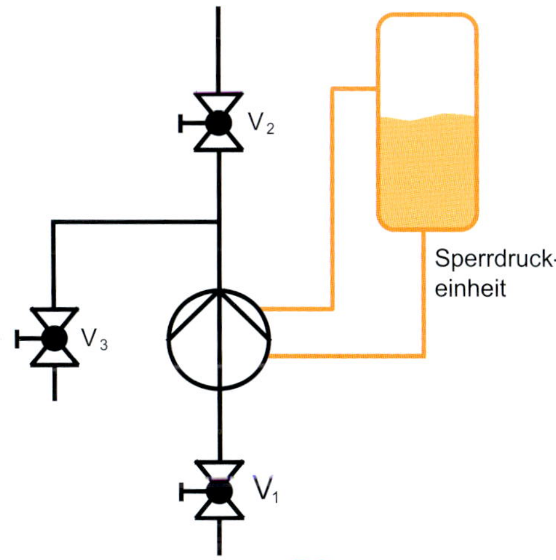

Abbildung 7-24 Verfahrensfließbild

Zum korrekten Anfahren der Kreiselpumpe mit back-to-back GLRD wird nicht – wie sonst üblich – zuerst das Ventil in der Saugseite geöffnet, sondern es muss zunächst Druck auf die Gleitringdichtung gegeben werden.

Um die Sperrdruckeinheit in Betrieb zu nehmen, muss als erstes der Stand der Sperrflüssigkeit im Behälter (Pos. 8 in Abbildung 7-25) kontrolliert werden. Gegebenenfalls wird mithilfe einer Handpumpe (6) Sperrflüssigkeit aus dem Vorratsbehälter (7) in den Druckbehälter nachgefüllt. Als nächstes wird der Druckbehälter mit Druck (Pos. 9; z.B. N_2 oder Pressluft) beaufschlagt. Der Behälterdruck muss 1-2 bar höher als der Förderdruck der Pumpe eingestellt werden. Der Druck im Thermosiphongefäß kann auf dem Manometer (10) abgelesen werden. Nun werden die Absperrventile für den Vor- und Rücklauf (3 und 4) zur Gleitringdichtung geöffnet.

Nachdem der Sperrdruck auf die Gleitringdichtung gegeben ist, wird das Ventil an der Saugseite geöffnet, die Pumpe entlüftet und der Antriebsmotor der Pumpe eingeschaltet. Durch Öffnen der Druckseite wird der Volumenstrom eingestellt.

1 Rücklauf Sperrflüssigkeit von GLRD
2 Ausgang Sperrflüssigkeit zur GLRD
3 Ventil im Zulauf zur GLRD
4 Ventil im Rücklauf von der GLRD
5 Ventil Nachfülleinheit
6 Handpumpe der Nachfülleinheit
7 Vorratsbehälter Sperrflüssigkeit
8 Standmessung (optional)
9 Druckbeaufschlagung (z. B. N_2)
10 Manometer zur Druckmessung
11 Temperaturmessung
12 Heiz- / Kühlschlange

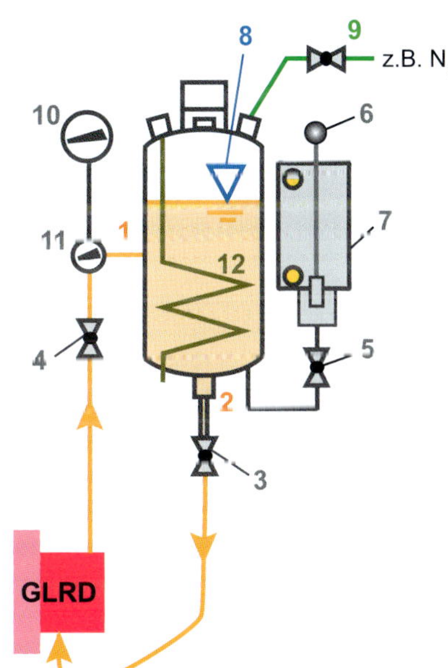

Abbildung 7-25 Thermosiphongefäß

Achtung

- Es ist wichtig, dass der Sperrdruck auf die Gleitringdichtung gegeben wird, bevor die Pumpe angefahren wird, damit kein Produkt in den Raum der Gleitringdichtung gelangen kann.
- Wenn der Gleitring undicht ist, strömt die Sperrflüssigkeit in den Förderraum der Pumpe.
- Ist die Pumpe nicht in Betrieb, wird der Sperrdruck auf der Gleitringdichtung gehalten. Damit wird sichergestellt, dass das zu fördernde Medium auch bei Undichtigkeiten in der Pumpe nicht austreten kann.

Der Sperrdruckbehälter wird in der Regel mit Druck- und Standtiefalarmen ausgestattet, welche in den Leitstand der Produktionsanlage weitergegeben werden. Dadurch können Undichtigkeiten am Gleitring rechtzeitig erkannt werden.

- **Anfahren einer magnetgekuppelten Kreiselpumpe**

Vorbereitung: Vor dem Entlüften wird die Saugseite vollständig geöffnet und die Pumpenwelle von Hand gedreht. Die Stromzuführung zum Motor muss dabei unterbrochen und der Kupplungsschutz entfernt werden. An keiner Stelle des Systems dürfen Lufteinschlüsse zurückbleiben. Luft und Gaseinschlüsse führen zum sofortigen Ausfall der Pumpe.

Um sicherzustellen, dass die Luft vollständig entfernt wurde, muss dieser Vorgang dreimal wiederholt werden. Die Entlüftung erfolgt über ein getrenntes Entlüftungsventil auf der Druckseite.

Achtung

Das dreimalige Wiederholen des Entlüftungsvorganges ist nur beim erstmaligen Anfahren, oder nach vollständiger Entleerung der Pumpe erforderlich. Es gilt in jedem Fall, die Herstellerangaben zum Anfahren der Pumpen zu beachten.

Beim wiederholten Anfahren mit gefüllter Pumpe reicht ein einfaches Entlüften über das Entlüftungsventil.

Inbetriebnahme: Wie bei jeder Kreiselpumpe wird die Pumpe gegen die geschlossene druckseitige Armatur angefahren. Um zu vermeiden, dass sich die Pumpe unzulässig erwärmt, muss das druckseitige Regelorgan nach dem Anlaufen der Pumpe sofort geöffnet werden.

Erfolgt mit zunehmender Drehzahl kein Ansteigen des Förderdruckes, ist die Pumpe sofort abzuschalten und der Entlüftungsvorgang solange zu wiederholen, bis die Luft vollständig entfernt wurde. Wird die Pumpe unvollständig entlüftet betrieben, kann dauerhafter Schaden eintreten.

Achtung

Auf Rückwärtslauf der Pumpe achten!

Da das Kreiselrad einer Kreiselpumpe turbinenähnlich aufgebaut ist, kann bei anstehendem Gegendruck ein „Antrieb" erfolgen. Dieser Zustand hat eine falsche Drehrichtung zur Folge. Wird die sich rückwärts drehende Welle beim Einschalten des Motors plötzlich in die andere Richtung gedreht, entstehen im Wellenquerschnitt sehr hohe Torsionskräfte, die zur Verformung (Verdrehung) und im ungünstigsten Fall zum Abriss der Welle führen können.

Sicherheitshinweise:

- Bei der Inbetriebnahme müssen die an der Maschine angebrachten Hinweise, wie z. B. Drehrichtungspfeil, Erdung, Kennzeichnung von Anschlüssen, Hinweis auf ein starkes Magnetfeld, unbedingt beachtet und in vollständig lesbarem Zustand gehalten werden.
- Das Personal für die Bedienung muss entsprechende Qualifikationen für diese Arbeiten besitzen.
- Sollten Schäden an der Pumpenanlage zu erkennen sein, darf die Anlage nicht weiter betrieben werden.

7.1.8 Fehler und Auswirkungen beim Anfahren von Kreiselpumpen

In Tabelle 7-2 sind typische Fehler beim Anfahren von Kreiselpumpen aufgeführt.

Tabelle 7-2 Fehler beim Anfahren von Kreiselpumpen

Fehler	Auswirkung
Saugventil zu	kein Förderstrom, Ausfall der Schmierung der Gleitringdichtung
Saugventil nicht ganz auf	starke Geräuschentwicklung durch Kavitation, Abriss der Saugsäule möglich, unruhiger Lauf, bleibende Schäden im Bereich der Saugseite durch Materialabtrag, Lagerschaden und Gleitringdichtungsschaden möglich
Pumpe nicht entlüftet	Flüssigkeit wird wie in einer Zentrifuge nach außen geschleudert, in der Mitte des Kreiselrades bildet sich ein Luftpolster, kein Förderstrom, Schäden an der Gleitringdichtung und Abriss der Saugsäule möglich, Schwingung und Druckstöße (mechanische Belastung)
Druckventil geschlossen	starke Wärmeentwicklung im Pumpengehäuse, mechanische Energie wird in Wärme umgesetzt, starker Druckaufbau bis hin zur Verdampfung des Fördermediums (sogenannter Nullförderstrom)

- **Nullförderstrom**

Wird die Kreiselpumpe gegen ein geschlossenes Druckventil betrieben, so wird die gesamte mechanische Energie in Wärmeenergie umgewandelt. Es folgt eine starke Temperaturerhöhung bis zur Verdampfung der Förderflüssigkeit.

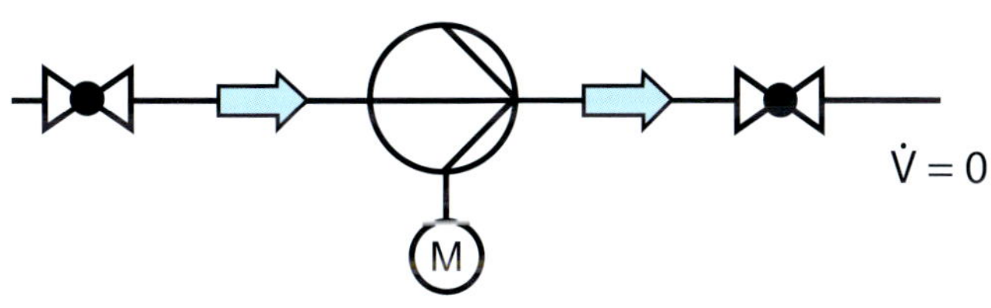

Abbildung 7-26 Verfahrensfließbild

- **Kavitation**

In der Praxis zeigt sich, dass Pumpen unter bestimmten Bedingungen mit starken Laufgeräuschen und Vibrationen arbeiten. Dies ist mit der Beobachtung verbunden, dass die vom Hersteller garantierten Leistungsmerkmale nicht erreicht werden und dass Pumpen vorzeitige Verschleißerscheinungen zeigen. Neben den Störeinflüssen, wie z. B. Gas- oder Feststoffballast im Fördermedium, kann auch Kavitation die Ursache für die beobachteten Störungen sein.

Mit Kavitation wird die Ausbildung örtlicher Dampfgebiete (Dampfblasen) im Inneren von strömenden Flüssigkeiten beschrieben. Diese entstehen, wenn der statische Druck den temperaturabhängigen Dampfdruck erreicht oder unterschreitet.

Als Siedepunkt wird die Temperatur bezeichnet, bei der der Dampfdruck einer Flüssigkeit dem Druck der Atmosphäre über der Flüssigkeit entspricht. Solange die Temperatur der Flüssigkeit unterhalb des Siedepunktes liegt, verdunstet die Flüssigkeit. Das Verdunsten erfolgt nur an der Flüssigkeitsoberfläche. Beim Sieden steigen auch aus dem Inneren der Flüssigkeit Dampfblasen zur Oberfläche auf.

Daraus folgt, dass die Verdampfungstemperatur vom Umgebungsdruck abhängig ist. Der Dampfdruck eines Stoffes hängt nur von der Art des Stoffes und dessen Temperatur ab.

Beispiel Erhitzen von Wasser

Wasser verdampft beispielsweise auf Meereshöhe bei einer Temperatur von 100 °C, wenn es in einem Kochtopf zum Kochen gebracht wird. Bei fortgesetzter Wärmezufuhr kocht es ohne Temperaturanstieg weiter.

Wird aber der über der Flüssigkeit anliegende Druck verändert, so verändert sich auch die Siedetemperatur:

- Im Gebirge, also bei einem geringeren Luftdruck, beginnt Wasser bereits bei einer Temperatur von ca. 80 – 90 °C zu verdampfen.
- Umgekehrt wird im Schnellkochtopf eine Erhöhung des Druckes im Topf genutzt, um die Verdampfungstemperatur des Wassers (auf > 100 °C) zu erhöhen. Als Folge können die Lebensmittel schneller garen.

Den Verlauf einer Dampfdruckkurve zeigt Abbildung 7-27.

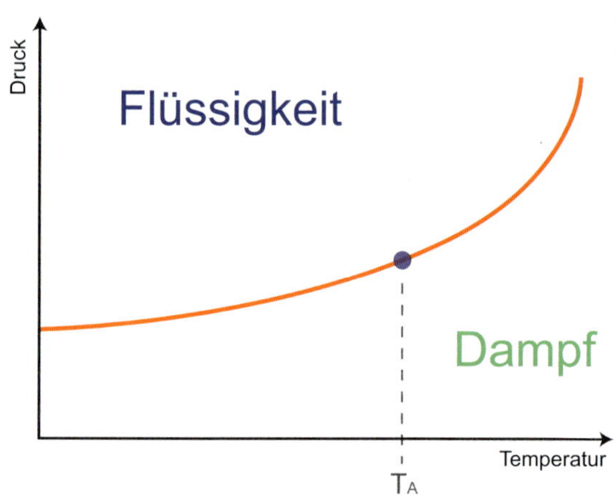

Abbildung 7-27 Dampfdruckkurve I

Im Umkehrschluss bedarf es mit zunehmender Temperatur höherer Drücke, damit es zu keiner Verdampfung der Flüssigkeit kommt.

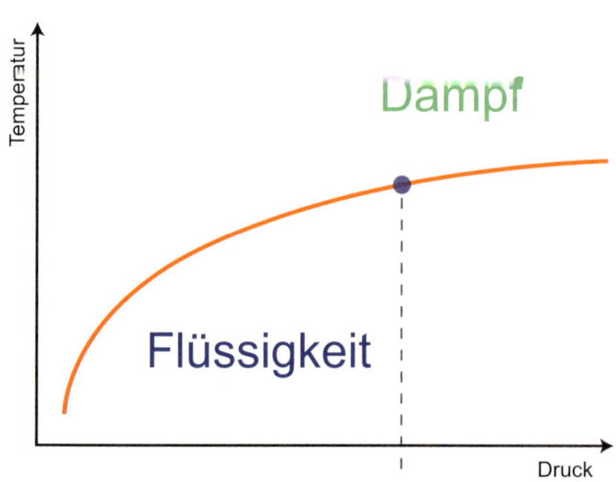

Abbildung 7-28 Dampfdruckkurve II

Der Siedepunkt von Flüssigkeiten ist abhängig vom Umgebungsdruck (siehe Dampfdruckkurve von Flüssigkeiten), er steigt oder sinkt mit dem auf der Flüssigkeitsoberfläche lastenden Umgebungsdruck.

Als Schlussfolgerung gilt: Wird bei einer bestimmten Temperatur T_A einer Flüssigkeit der Dampfdruck unterschritten, kommt es zur Verdampfung. Es entstehen Dampfblasen, die sich bei Überschreitung des Dampfdruckes wieder verflüssigen (kondensieren). Bildlich kann die Verflüssigung als Zusammenfallen der Dampfblasen aufgrund des erhöhten Druckes beschrieben werden.
Kavitation ist also das Entstehen von Dampfblasen durch Unterschreiten des Dampfdruckes und das spätere Zusammenfallen der Dampfblasen bei einer Überschreitung des Dampfdruckes.

Vorgang in der Rohrleitung/Pumpe

Bei einer Kreiselpumpe ist der Druck im Saugmund des Laufrades am niedrigsten. Innerhalb des Laufrades findet eine Druckerhöhung statt. Im Bereich höheren Drucks (im Laufrad des Pumpengehäuses) erfolgt das Zusammenfallen der Dampfblasen implosionsartig (schlagartig). Die dabei entstehenden Drücke erreichen örtlich begrenzt Druckspitzen von bis zu 100 000 bar und belasten dadurch die Laufradoberfläche.

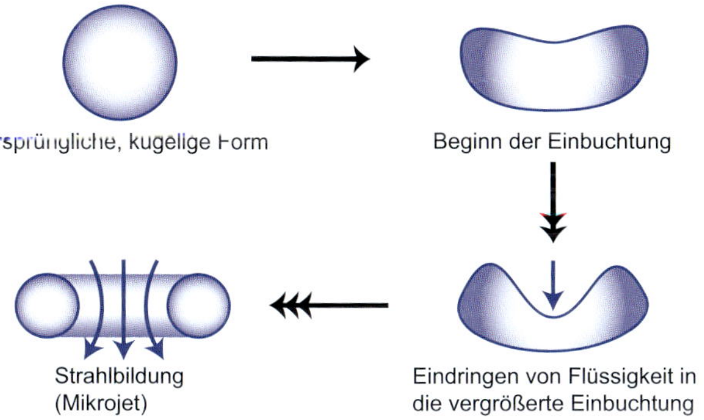

Die Dampfblase wird im Bereich des höheren Druckes zunächst eingebeult und es bildet sich ein sogenannter Mikrowasserstrahl (Mikrojet). Der Strahl durchdringt das Innere der Blase und durchschlägt die gegenüberliegende Blasenwand. Die Konzentration der Kräfte auf eine kleine Angriffsfläche kann die Zerstörung des angrenzenden Werkstoffes herbeiführen.

Abbildung 7-29 Bildung von Mikrojets

Kavitationsvorgänge können in Verbindung mit Temperaturwechseln, die ihrerseits thermische Spannungen hervorrufen, zu Kerbwirkung und schließlich zum Dauerbruch führen. Zunächst werden nur kleine Unebenheiten auf der Materialoberfläche erzeugt, die sich jedoch bald erweitern. Die Rauigkeiten wachsen an und es entsteht das Bild einer Mondlandschaft. Der Werkstoffabtrag durch Kavitation wird immer stärker und führt letztendlich zur Durchlöcherung des angegriffenen Werkstückes.

Ursachen der Kavitation

Die folgenden Ursachen begünstigen Kavitation:

- nicht vollständig geöffnetes Ventil in der Saugleitung
- fehlerhafte Rohrverlegung (Länge, Durchmesser, Bögen, Armaturen)
- Verstopfung eines in der Saugseite eingebauten Filters
- Ablagerungen in der Saugleitung
- Erhöhung des Volumenstroms und damit der Strömungsgeschwindigkeit
- Temperaturerhöhung des Fördermediums
- Senkung des Druckes im Ansaugbehälter, z. B. durch Verminderung des Flüssigkeitsstandes im Zulaufbehälter (Hydrostatischer Druck).

Folgen von Kavitation

- nachlassende Förderleistung
- Beschädigung der Gleitringdichtung, der Welle, der Lager und des Laufrades
- Gefahr für die Umwelt und für die Mitarbeiter
- die Dampfblasen verengen den Strömungsquerschnitt für die Flüssigkeit und der Volumenstrom verringert sich.

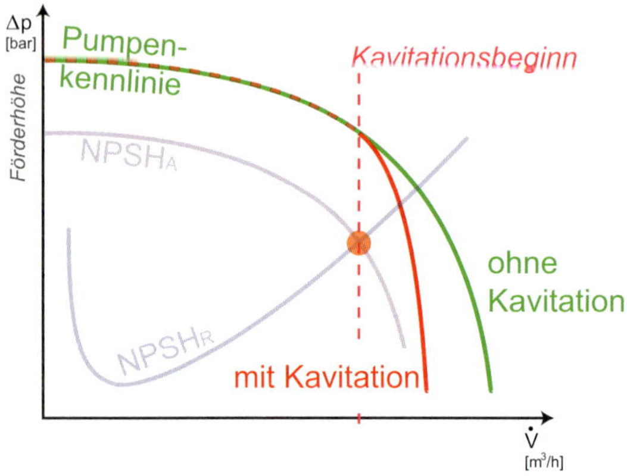

Die Auswirkung der Kavitation ist bei größeren Volumenströmen höher als bei kleineren Volumenströmen. Mit zunehmendem Volumenstrom steigen die Druckverluste auf dem Weg vom Behälter bis zum Eintritt in das Laufrad durch die höhere Strömungsgeschwindigkeit und durch die Reibung innerhalb der Flüssigkeit und an der Rohrwand. Der Druckverlust ist auch von der Art der Flüssigkeit, speziell der Dichte, abhängig.

Abbildung 7-30 Vergleich der Volumenströme

Maßnahmen zur Vermeidung von Kavitation oder zur Verminderung ihrer Auswirkungen sind:

- Einbau zusätzlicher kleinerer Pumpen
- Aufsetzen von Vorläufern auf der Welle vor dem Laufrad
- hochwertige Legierungen beim Laufrad.

7.1.9 Störungen beim Betreiben von Kreiselpumpen

Tabelle 7-3 fasst typische Störungen beim Betrieb von Kreiselpumpen zusammen.

Tabelle 7-3 Störungen beim Betreiben von Kreiselpumpen

Störung	Mögliche Ursache	Abhilfe
im Kippöler fehlt Öl	die Pumpe wurde ohne Ölfüllung montiert	geeignetes Öl auffüllen
unter dem Lagerträger ist eine Öllache	der Lagerträger ist im Bereich der Radialdichtringe undicht	die Pumpe instand setzen lassen
die Pumpe liefert keinen vollen Druck ($^1/_3$ der Leistung)	der Motor läuft falsch herum (Prüfung der Drehrichtung nur durch Fachpersonal)	den Motor richtig anklemmen lassen
die Pumpe fördert nicht	die Absperrorgane der Saug- oder Druckseite sind geschlossen	Saug- oder Druckseite öffnen
während des Betriebs ungewöhnlich starke Vibrationsgeräusche	die Saugseite ist geschlossen	Saugseite öffnen
die Pumpe erhitzt sich während des Betriebes ungewöhnlich stark	die Druckseite ist geschlossen	Druckseite öffnen

- **Abrasion**

Harte Feststoffe können in Kreiselpumpen Abrasion erzeugen. Abrasion ist eine Verschleißform und wird durch den mechanischen Angriff der Flüssigkeit (insbesondere wenn Feststoffe mitgefördert werden) auf die Werkstückoberflächen erzeugt. Geringere Mengen von Feststoffen im Fördermedium sind allgemein tolerierbar. Bei größeren Mengen wird ein anderer Pumpentyp oder eine bestimmte Laufradform erforderlich.

In Fällen, in denen Abrasion zu erwarten ist, muss die Wandstärke der Kreiselpumpe oder aber die Werkstoffhärte erhöht sowie hohe Strömungsgeschwindigkeiten vermieden werden. Als Alternative ist die Verwendung von Laufrädern anderer Geometrie in der Pumpe möglich. Für diesen Einsatz wurden eine Vielzahl verschiedener Laufräder entwickelt. Die Abbildungen 7-31 und 32 zeigen den Vergleich zwischen einem normalen Laufrad und einem Laufrad, das für die Förderung von Feststoffanteilen in der Flüssigkeit ausgelegt ist (7-32).

Abbildung 7-31 geschlossenes Radiallaufrad

Abbildung 7-32 Dreikanalrad

Die Förderung von Feststoffanteilen in Flüssigkeiten hat auch Auswirkungen auf die Wahl der Wellenabdichtung. So werden für die Gleitringe Werkstoffpaarungen aus z. B. Siliziumcarbid eingesetzt. Auch die Tandem- oder back-to-back-Anordnung der Gleitringe kann Vorteile bringen. Des Weiteren wurden Gleitringpatronen entwickelt, die ohne enge Spalten, in denen sich Feststoffe absetzen könnten, konstruiert wurden.

- **Viskosität des Fördermediums**

Die Viskosität der zu fördernden Flüssigkeit wirkt sich auf den Wirkungsgrad der Kreiselpumpen aus. Je höher die Viskosität der Flüssigkeit ist, desto höher ist die Reibung in der Pumpe. Die Pumpenkennlinie zeigt eine geringere Druckerhöhung bei gegebenem Volumenstrom.

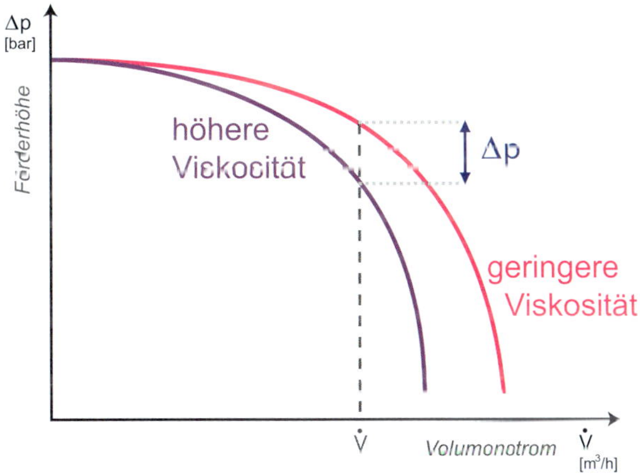

Abbildung 7-33 Volumenströme bei Flüssigkeiten unterschiedlicher Viskosität

Die Viskosität der zu transportierenden Flüssigkeiten hat auch Auswirkungen auf die Gleitringdichtung. Geringe Viskositäten bewirken schlechte Schmierwirkung (hoher Verschleiß) und hohe Viskositäten führen zu Temperaturerhöhung.

Die Viskosität einer Flüssigkeit ist eine temperaturabhängige Stoffeigenschaft. Sie steigt mit dem Sinken der Temperatur und fällt, wenn die Flüssigkeit wärmer wird. Entsprechend werden die Fördermaschinen mit ihren Dichtsystemen variablen Beanspruchungen ausgesetzt.

7.2 Seitenkanalpumpen

Bei einer Seitenkanalpumpe befindet sich das Laufrad mit etwas Spiel zwischen zwei Gehäusewänden, die als Stufenmantel und Seitenkanalgehäuse bezeichnet werden. Alle drei Bauteile zusammen bilden die Fördereinheit (Abbildung 7-35).

Das Medium tritt durch eine Öffnung im Stufenmantel in die Fördereinheit ein und wird durch das Laufrad zur Austrittsöffnung im Seitenkanalgehäuse transportiert. Die Flüssigkeit wird durch Zentrifugalkraft nach außen in den Seitenkanal und von dort weiter zwischen die nächsten Flügel des Laufrades gedrückt. Es entsteht über den Seitenkanal ein spiralförmiger Flüssigkeitsstrom, der von Zwischenraum zu Zwischenraum transportiert wird. Jeder Zwischenraumwechsel führt durch die permanente Drehung des Laufrades zu einem zusätzlichen Beschleunigungsimpuls bzw. zu einem impulsartigen Anstieg der Bewegungsenergie in der Flüssigkeit. Am Ende des Seitenkanals wird die Flüssigkeit durch die Austrittsöffnung deutlich beschleunigt wieder aus der Fördereinheit gedrückt.

Die mit Seitenkanalpumpen erreichbaren Drücke sind deutlich höher als die, die mit Kreiselpumpen gleicher Umfangsgeschwindigkeit erreicht werden.

Konstruktionsbedingt sind Seitenkanalpumpen selbstansaugend. Sie können auch Flüssigkeiten fördern, die bis zu 40 % Gasanteile enthalten.

7.2.1 Aufbau der Seitenkanalpumpe

Pumpengehäuse

Das Pumpengehäuse einer einstufigen Seitenkanalpumpe besteht primär aus folgenden Bauteilen

- Seitenkanalgehäuse
- Fördereinheit (Stufenmantel und Laufrad)
- Welle
- Lager
- Dichtungsbereich (Packung, Gleitringdichtung).

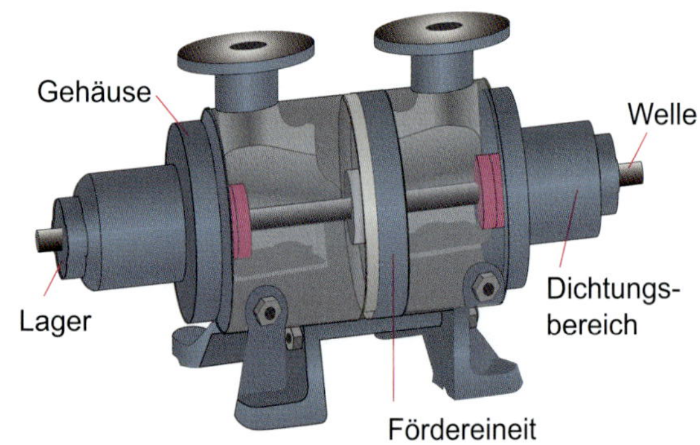

Abbildung 7-34 Gehäuse einer Seitenkanalpumpe

Fördereinheit

Das zentrale Bauteil ist die Fördereinheit mit

- Seitenkanalgehäuse
- Laufrad (Flügelrad, Sternrad)
- Stufenmantel.

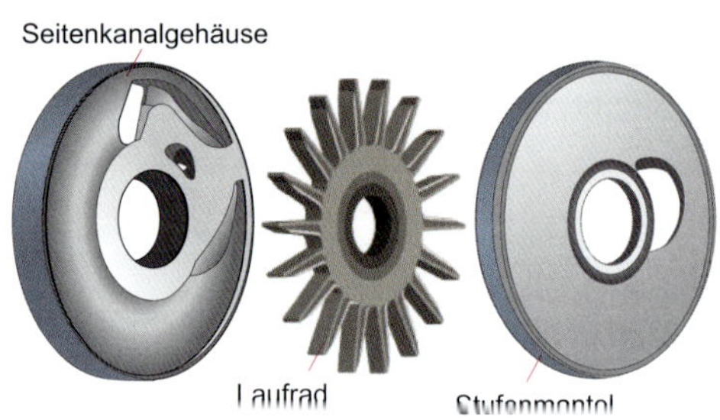

Abbildung 7-35 Fördereinheit

Das Laufrad besteht aus sternförmigen geraden Schaufeln, die in radialer Richtung angeordnet sind. Die Aufgabe der Schaufeln ist, die Energie auf die Förderflüssigkeit zu übertragen. Das Laufrad ist, wie bei der Kreiselpumpe, offen ausgeführt und auf der Pumpenwelle axial verschiebbar angeordnet. Dadurch werden axiale Lagerbelastungen weitgehend vermieden.

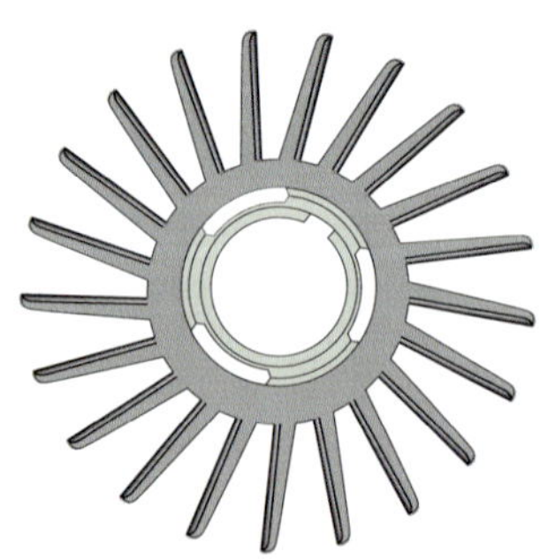

Abbildung 7-36 Laufrad einer Seitenkanalpumpe

Die Hauptkomponenten einer Seitenkanalpumpe sind:

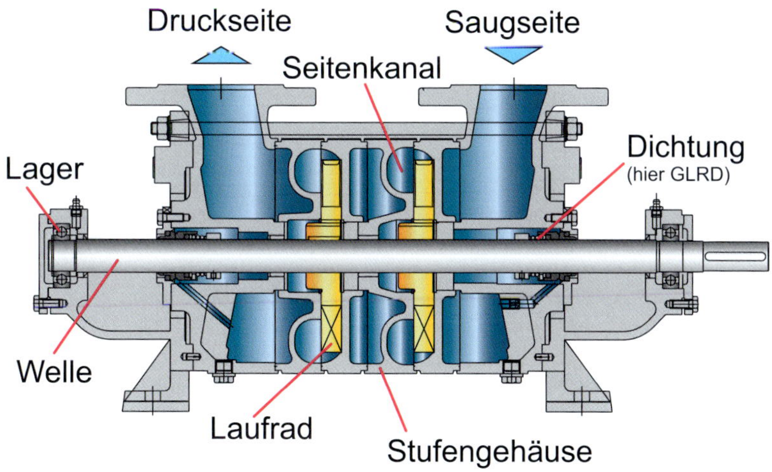

Abbildung 7-37 Hauptkomponenten einer Seitenkanalpumpe in Schnittdarstellung

Die Aufgaben der wichtigsten Bauteile der Seitenkanalpumpen sind in Tabelle 7-4 zusammengefasst.

Tabelle 7-4 Bauteile von Seitenkanalradpumpen und deren Aufgaben

Bauteil	**Aufgaben**
Laufrad	Übertragung der mechanischen Energie auf das Fördermedium, Beschleunigung der Flüssigkeit durch Impulsaustausch ➔ Erzeugen von dynamischem und statischem Druck
Seitenkanalgehäuse	ist Druckgehäuse, enthält den Seitenkanal, bildet die seitliche enge Begrenzung des Laufrades, führt den Zirkulationsstrom der Flüssigkeit im Seitenkanal
Welle	Übertragung des Drehmoments vom Motor auf das Laufrad
Stufenmantel	bildet die seitliche enge Begrenzung des Laufrades und des Förderraumes
Dichtungsbereich	Trennung des Förderraums von der Umgebung durch ein Dichtungssystem
Lagerträger	Aufnahme der Radiallager

Eine weitere Erhöhung des Förderdrucks kann durch mehrstufige Seitenkanalpumpen erreicht werden, bei denen in einer Pumpe mehrere Laufräder auf der Welle (Fördereinheiten) hintereinander angeordnet sind.

7.2.2 Förderprinzip der Seitenkanalpumpe

Das Fördermedium (Flüssigkeit oder ein Flüssigkeits-Gas-Gemisch) strömt von der Saugseite senkrecht in die Fördereinheit, wird rechtwinklig umgelenkt und durch die Laufraddrehung zur Druckseite transportiert.

Der Seitenkanal erstreckt sich nicht über den vollen Umfang der Fördereinheit, sondern ist zwischen Ein- und Austrittsöffnung der Flüssigkeit unterbrochen. Die Form und Lage des Seitenkanals hat dabei entscheidenden Einfluss auf den stetigen Energieanstieg innerhalb der Fördereinheit bzw. der Flüssigkeit. Der sich am Anfang verbreiternde Seitenkanal führt zu einem Sog und damit zu einer Anfangsbeschleunigung.

A Öffnung Saugseite

B Flüssigkeitsauslass Druckseite

C Gasauslass Druckseite

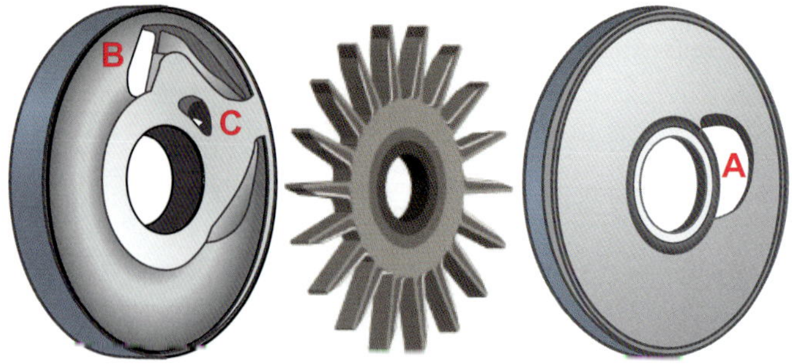

Abbildung 7-38 Fördereinheit

Über Öffnung A (Abbildung 7-38) im Stufenmantel gelangt die Flüssigkeit von der Saugseite in die Fördereinheit. Durch das Laufrad wird sie ca. 270° im Gehäuse durch den Seitenkanal transportiert, bis sie durch Öffnung B im Seitenkanaldeckel aus der Fördereinheit in den Druckstutzen oder in die folgende Stufe gefördert wird. Während die schwerere Flüssigkeit durch die Zentrifugalkraft nach außen gedrückt wird, sammeln sich eventuell vorhandene Gase im Zentrum der Fördereinheit. Diese Gase verlassen die Fördereinheit über die kleinere Öffnung C im Seitenkanaldeckel und gelangen in den Förderstrom auf der Druckseite (bzw. in die nächste Stufe).

Durch die Rotation des Laufrades wird das Fördermedium durch Zentrifugalkraft (von Punkt 1 zu Punkt 2 in Abbildung 7-39) nach außen gedrückt. Aufgrund des Seitenkanals wird das Fördermedium am Gehäuse nicht, wie bei der Kreiselpumpe, abgebremst, sondern (an Punkt 2) in den Seitenkanal gedrückt, den es von oben nach unten halbkreisförmig durchläuft. Da sich in dieser Zeit das Laufrad permanent weiterdreht, wird das Fördermedium beim Verlassen des Seitenkanals (an Punkt 3) von einer nachfolgenden Laufradzelle erfasst und in Drehrichtung nach vorne transportiert.

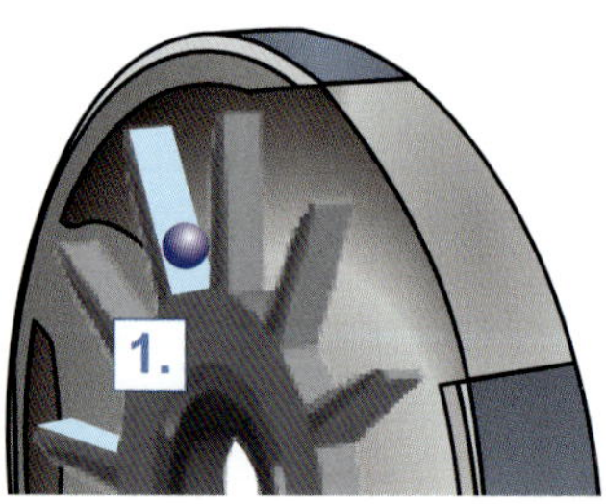

Laufradflügel unten
- Anfangspunkt der Beschleunigung

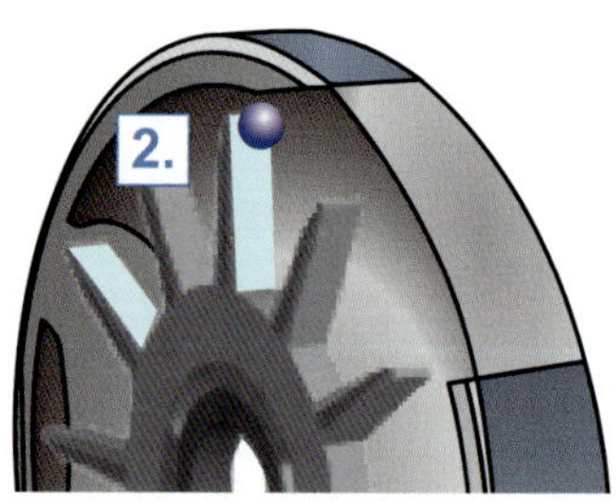

Laufradflügel oben
- Umlenkpunkt in den Seitenkanal

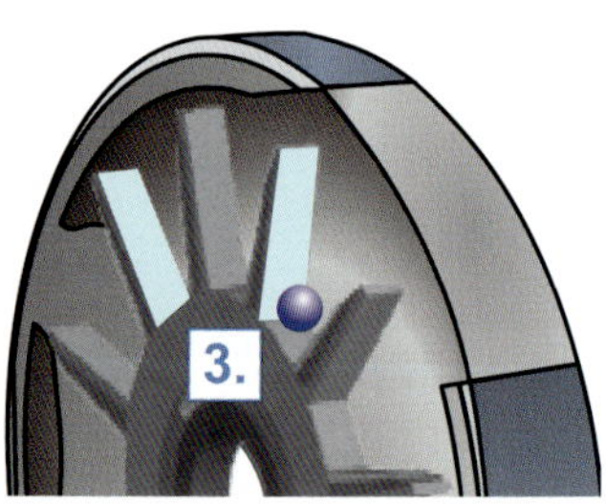

Laufradflügel unten
- Wiedereintritt ins Laufrad
- erneuter Anfangspunkt der Beschleunigung

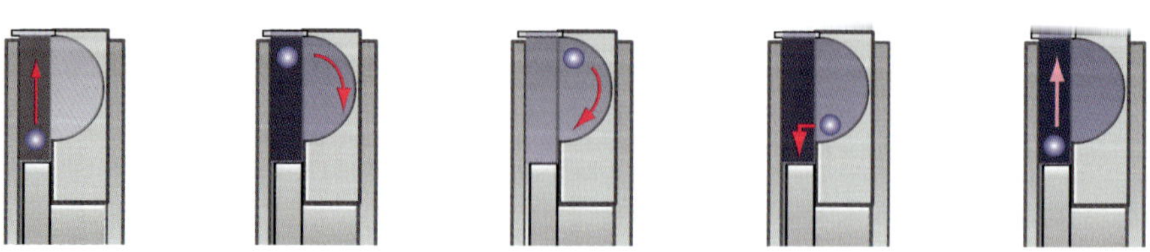

Abbildung 7-39 Transport von Flüssigkeit durch eine Seitenkanalpumpe

Schematisch betrachtet, wird jedes Molekül des Mediums von Laufradzelle zu Laufradzelle durchgereicht. Durch diesen stetigen Übergang des Fördermediums von einer Laufradzelle zur nächsten via Seitenkanal entsteht die für die Seitenkanalpumpe typische, schraubenförmige Strömung des Mediums.

Durch die Form des Seitenkanals und die dadurch bedingte spiralförmige Strömung wird die in der Laufradzelle durch Rotation aufgebaute Bewegungsenergie im Seitenkanal in Druckenergie umgewandelt. Während des Durchlaufens des Seitenkanals geht ein kleiner Teil der Energie durch Reibung verloren. Nach dem Durchlaufen des Seitenkanals tritt das Fördermedium (es enthält die bereits aufgebaute Energie) in eine nachfolgende Laufradzelle ein und wird durch die Rotation erneut beschleunigt. Die Energieimpulse wiederholen sich von der Ansaug- bis zur Auslassöffnung mehrfach, jeweils beim Eintritt des Fördermediums in den Bereich der Laufradzellen.

Durch die impulsartige Energieübertragung wird die Strömungsgeschwindigkeit des Fördermediums im Seitenkanal um ein Vielfaches erhöht. Wird die hohe Strömungsenergie in Druckenergie umgesetzt, entstehen Förderdrücke, die um das 5- bis 10-fache höher sind als die von mit gleicher Umfangsgeschwindigkeit rotierenden Kreiselpumpen.

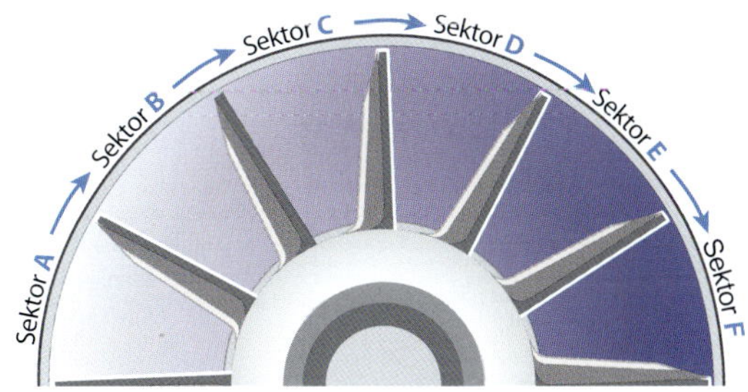

Abbildung 7-40 Energieimpulse und Druckerhöhung

7.2.3 Gasförderung in Seitenkanalpumpen

Wie bereits erwähnt, sammeln sich eventuelle Gasanteile im Zentrum des Laufrades und werden dort mitbewegt. In der Abbildung 7-41 sind Flüssigkeits- und Gasströme in der Seitenkanalpumpe schematisch dargestellt.

A Saugöffnung

B Drucköffnung

C Gasaustrittsöffnung

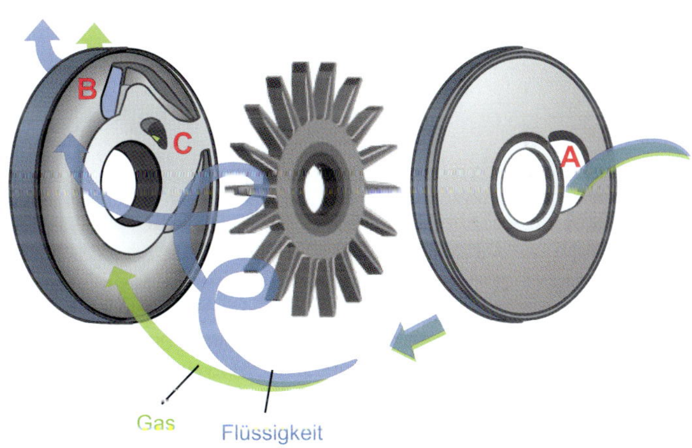

Abbildung 7-41
Flüssigkeits- und Gasstrom in der Seitenkanalpumpe

Durch die Zentrifugalwirkung des Laufrades werden Flüssigkeit und Gas getrennt. Die Flüssigkeit sammelt sich im äußeren Bereich der Laufradzellen und des Seitenkanals (blauer Pfeil), das Gas im inneren Bereich (grüner Pfeil). Durch den höheren Druck nahe der Drucköffnung wird das Gas durch eine separate Luftaustrittsöffnung (C) in die nächste Stufe bzw. weiter in die Druckleitung befördert. Damit wird das Gas zunehmend aus der Saugleitung evakuiert, bis der Flüssigkeitspegel die Höhe der Pumpe erreicht und die volle Flüssigkeitsförderung einsetzt. Auch eine leere Saugleitung kann entlüftet werden, wenn genügend Flüssigkeit in der Pumpe verbleibt.

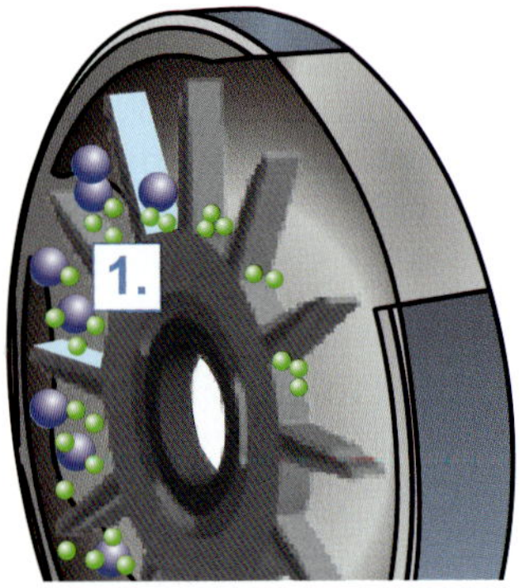

Das Gas-Flüssigkeitsgemisch trennt sich mit zunehmender Wirkung der Zentrifugalkräfte. Das Gas wird dabei im inneren Bereich des Laufrades gefördert. Die Flüssigkeit durchläuft den beschriebenen Weg zwischen Laufrad und Seitenkanal:

Laufradflügel unten
- Anfangspunkt der Beschleunigung

Laufradflügel oben
- Umlenkpunkt in den Seitenkanal

Laufradflügel unten
- Wiedereintritt ins Laufrad
- erneuter Anfangspunkt der Beschleunigung

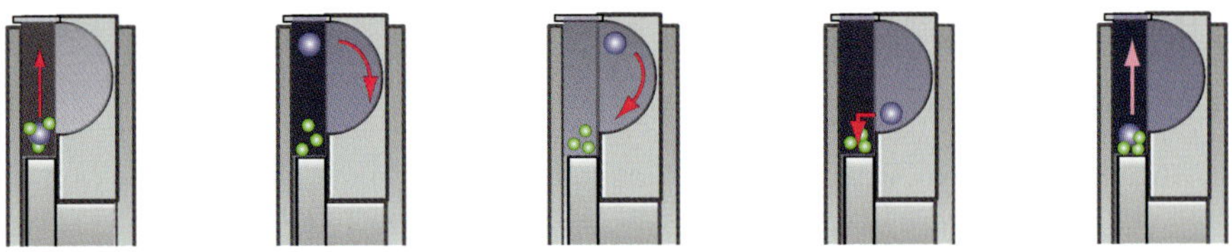

Abbildung 7-42 Transport von Flüssigkeit und Gas durch eine Seitenkanalpumpe

7.2.4 Anfahrvorschrift für Seitenkanalpumpen (allgemein)

Im ersten Schritt werden das Saug- und Druckventil geöffnet. Die Pumpe entlüftet sich durch den hydrostatischen Druck in der Anlage. Dann wird der Elektromotor eingeschaltet. Über das Druckventil kann der gewünschte Volumenstrom oder Förderdruck der Pumpe reguliert werden. Es ist auf den Mindestvolumenstrom zu achten. Zur Außerbetriebnahme wird die Pumpe ausgeschaltet und das Druckventil geschlossen.

Das Druckventil muss beim Anfahren der Seitenkanalpumpe geöffnet sein, damit die auf der Welle frei verschiebbaren Flügelräder nicht an der Wand des Stufengehäuses reiben und die Pumpe das eventuell vorhandene Gas wegfördern kann. Wird die Pumpe mit geöffnetem Druckventil angefahren, baut sich ein Flüssigkeitsfilm auf, welcher das Flügelrad von der Wand des Stufengehäuses fern hält. Der Flüssigkeitsring dichtet die Spalte ab und begünstigt so die Saugfähigkeit der Pumpe.

Die Saugfähigkeit der Seitenkanalpumpe ist nur dann gegeben, wenn beim Anfahren ein Mindestvolumen an Fördermedium in der Pumpe vorhanden ist. Der Druck auf der Saugseite der Pumpe kann bis zum Erreichen des Dampfdruckes der Förderflüssigkeit abgesenkt werden.

Fällt der Volumenstrom unter den Mindestvolumenstrom, ist die Pumpe noch solange selbst ansaugend, wie Flüssigkeit im Pumpengehäuse vorhanden ist.

7.2.5 Fehler und Auswirkungen beim Anfahren von Seitenkanalpumpen

Typische Fehler beim Anfahren von Seitenkanalpumpen und ihre Auswirkungen sind in Tabelle 7-5 zusammengestellt.

Tabelle 7-5 Fehler beim Anfahren von Seitenkanalpumpen

Fehler	Auswirkung
Saugventil geschlossen	kein Förderstrom, keine Schmierung der Gleitringdichtung
	starke Geräuschentwicklung durch Kavitation; Abriss der Saugsäule möglich; bleibende Schäden im Bereich der Saugseite durch Materialabtrag möglich
Pumpe blockiert durch verschmutztes Produkt	Zerstörung der Pumpe
Pumpe enthält keine Förderflüssigkeit	extreme Dampfblasenbildung in der Saugseite; Ausgasung des Produktes
Druckventil geschlossen	Flügelräder der Pumpe werden an die Wand des Gehäuses gedrückt, hoher Verschleiß mangels Schmierung

7.2.6 Störungen beim Betreiben von Seitenkanalpumpen

Das Spiel zwischen dem Stufengehäuse und dem Flügelrad der Pumpe beträgt während des Betriebes nur 0,1 bis 0,2 mm. Feststoffe in der Förderflüssigkeit würden zu hohem Verschleiß am Stufengehäuse/Flügelrad führen. Im Extremfall kann das Flügelrad durch Feststoffe blockiert werden. Aus diesen Gründen sind die Seitenkanalpumpen nicht zum Fördern von Medien mit Feststoffanteilen geeignet.

Weitere Beispiele für mögliche und oft auftretende Störungen sind in Tabelle 7-6 zusammengefasst.

Tabelle 7-6 Störungen beim Betreiben von Seitenkanalpumpen

Störung	Mögliche Ursache	Abhilfe
Pumpe fördert nicht	der Motor läuft falsch herum (Prüfung der Drehrichtung nur durch Fachpersonal)	den Motor richtig anklemmen lassen
	die Absperrorgane der Saug- oder Druckseite sind geschlossen	Saug- oder Druckseite öffnen
Förderleistung zu gering	Gegendruck zu hoch	Betriebspunkt prüfen und neu einstellen, Rohrleitungen reinigen
	Pumpe und/oder Leitung nicht gefüllt oder nicht völlig entlüftet	entlüften und Pumpe sowie Saugleitung füllen
	Ansaughöhe ist zu hoch	Füllstand im Tank prüfen; Schieber an der Saugseite öffnen; Filter an der Saugseite reinigen

Störung	Mögliche Ursache	Abhilfe
	zu großes Spiel (etwa durch Verschleiß)	abgenutzte Pumpenteile ersetzen
	Fremdkörper in der Pumpe	Pumpe öffnen und reinigen
	Stopfbuchspackung zu locker	Stopfbuchsbrille nachziehen
	Luft entweicht zwischen den Körpern oder an den Flanschen an der Saugleitung	Dichtflächen der Körper nacharbeiten; Flanschdichtungen erneuern; Vorspannung der Schrauben erhöhen
Pumpe läuft unregelmäßig oder zu laut	Stufengehäuse, Wellendichtung oder Saugleitung sind undicht	Dichtungen der Körper überprüfen; Wellendichtung prüfen; Passflächen der Flansche prüfen; Vorspannung der Schrauben erhöhen
	Belastung/Spannung auf der Pumpe oder dem Pumpenaggregat	Zusammenbau der Pumpe; Ausrichtung der Anschlüsse überprüfen
Pumpe ist undicht	Leck zwischen den Zwischenstücken aufgrund lockerer Befestigungsbolzen	Anzugsmomente der Muttern der Befestigungsbolzen prüfen; falls weiterhin undicht, die Dichtungen der Zwischenstücke erneuern
	Leckage an der Gleitringdichtung	Reibeflächen prüfen; Dichtungen falls erforderlich ersetzen
	erhöhte Leckage an der Stopfbuchspackung	Stopfbuchspackung nachstellen; ggf. Dichtungsringe ersetzen
Temperatur der Pumpe erhöht	Pumpe und/oder Rohrleitungen sind nicht vollständig befüllt	Entlüften und Pumpe sowie Saugleitung füllen
	Pumpe läuft mit geschlossenem Schieber (Druckseite) ohne Bypass oder die angegebene Mindestfördermenge wird nicht eingehalten	Schieber am Druckstutzen öffnen oder einen Bypass einbauen; Mindestfördermenge überprüfen
Motorschutzschalter spricht an	spezifizierter Betriebspunkt wird nicht eingehalten	Betriebspunkt prüfen
	aufgenommene Leistung ist höher als der für das Relais angegebene Grenzwert	Motorschutzschalter und elektrische Anschlüsse prüfen lassen
	Stopfbuchspackung zu fest	Stopfbuchspackung neu einstellen
	Fremdkörper in der Pumpe	Pumpe prüfen, ob sie frei dreht; falls nicht, auseinanderbauen und reinigen
Kavitation	Verstopfung	Filter einbauen oder eingebauten Filter wechseln

7.2.7 Betriebseigenschaften von Seitenkanalpumpen

Der Wirkungsgrad der Seitenkanalpumpe ist nicht sehr hoch, wird allerdings mit steigendem Volumenstrom besser (Abbildung 7-43). Ist die Pumpe zu stark angedrosselt, kann der Elektromotor ausfallen, weil – wiederum im Gegensatz zur Kreiselpumpe – mit steigender Druckdifferenz die Leistungsaufnahme steigt.

Die Drosselkennlinie fällt mit steigendem Volumenstrom der Seitenkanalpumpe. Die Leistungsaufnahme fällt aber im Gegensatz zu der Kreiselpumpe mit steigendem Volumenstrom.

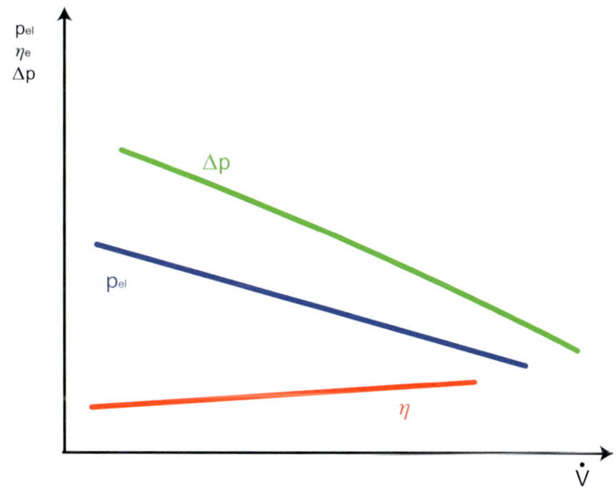

Abbildung 7-43 Betriebseigenschaften von Seitenkanalpumpen

Um in verfahrenstechnischen Anlagen größere Förderhöhen zu überwinden, werden Seitenkanalradpumpen mit Pumpengehäusen verwendet, die mehrere Förderstufen enthalten.

In einer mehrstufigen Seitenkanalpumpe sind mehrere Fördereinheiten hintereinander auf der Pumpenwelle angeordnet. Beim Fördern der Flüssigkeit tritt das Fördermedium mit dem Vordruck der Anlage auf der Saugseite in die erste Fördereinheit ein und erfährt durch den Transport durch die Fördereinheit eine Druckerhöhung. Mit dem Ausgangsdruck der 1. Fördereinheit tritt das Fördermedium in die 2. Fördereinheit ein, in der wiederum eine Druckerhöhung erfolgt.

Dieser Vorgang wiederholt sich mit jeder hinzukommenden Fördereinheit. Insgesamt addieren sich die Druckdifferenzen der einzelnen Fördereinheiten zum Gesamtförderdruck der Pumpe.

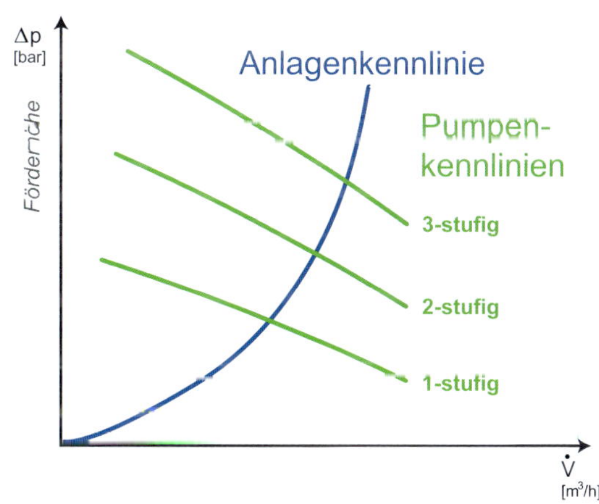

Abbildung 7-44 Pumpenkennlinien mehrstufiger Seitenkanalpumpen

7.3 Kolbenpumpen

Kolbenpumpen gehören zu den Verdrängerpumpen. Sie erfüllen die gleichen Aufgaben wie die Strömungspumpen, nämlich die Umwandlung und Übertragung mechanischer Antriebsenergie in potentielle Energie und/oder Strömungsenergie des geförderten Mediums. Anders als bei den Strömungsmaschinen erfolgt die Umwandlung der Energie in einer Kolbenpumpe nicht kinetisch durch schnelle Drehbewegung, sondern statisch durch Veränderung eines geschlossenen Arbeitsraumes. Der Unterschied bei der Umwandlung der Energie und die daraus ableitbaren Folgen führen zu den speziellen Einsatzgebieten der Kolbenpumpen.

7.3.1 Förderprinzip einer Kolbenpumpe

Die Flüssigkeit wird bei jedem Saug- und Druckhub von Null- auf Maximalgeschwindigkeit beschleunigt bzw. verzögert. Ist der Kolben am vorderen Endpunkt und geht in die Ansaugbewegung über, ist die Sauggeschwindigkeit klein und die Saugbeschleunigung groß. Hat der Kolben seine halbe Strecke in seiner Ansaugbewegung zurückgelegt, herrscht eine große Sauggeschwindigkeit und eine kleine Saugbeschleunigung (etwa Null). Kurz vor dem hinteren Endpunkt ist die Sauggeschwindigkeit klein und es liegt eine große Saugverzögerung vor (Abbildung 7-45).

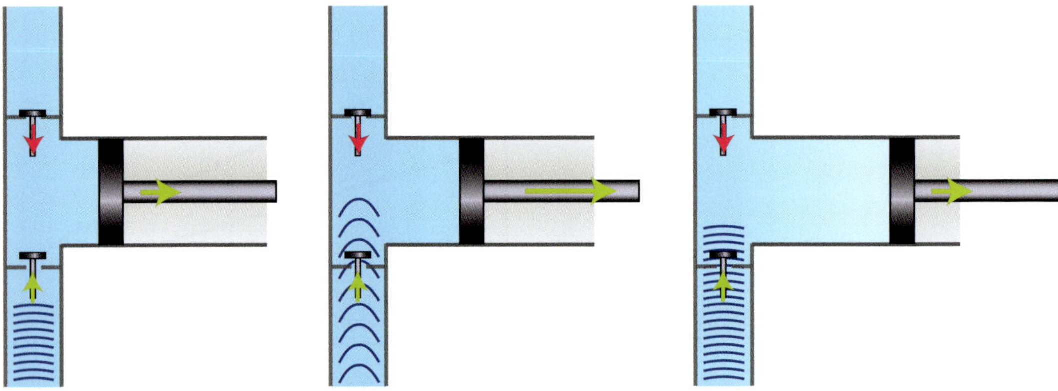

kleine Sauggeschwindigkeit
große Saugbeschleunigung

große Sauggeschwindigkeit
Saugbeschleunigung = Null

kleine Sauggeschwindigkeit
große Saugverzögerung

Abbildung 7-45 prinzipielle Beschreibung eines Saughubs

Ändert der Kolben nun seine Bewegungsrichtung am hinteren Endpunkt, geht er in die Förderbewegung über (Abbildung 7-46). Es herrscht eine kleine Fördergeschwindigkeit und eine große Förderbeschleunigung.

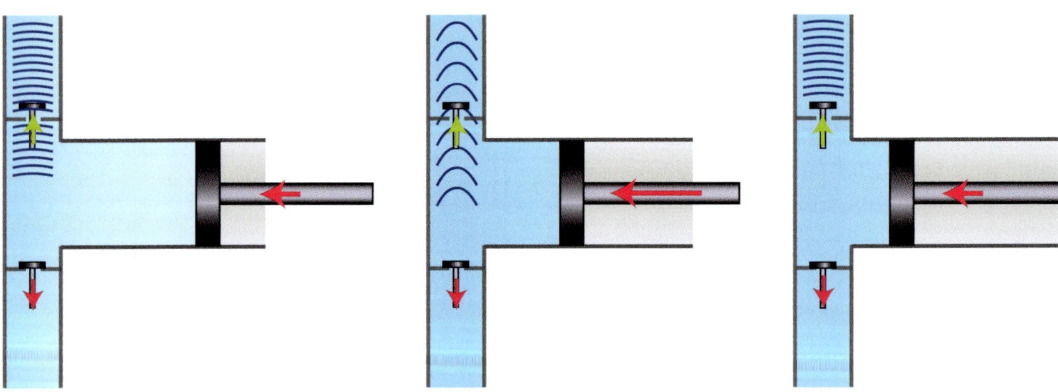

kleine Fördergeschwindigkeit
große Förderbeschleunigung

große Fördergeschwindigkeit
Förderbeschleunigung = Null

kleine Fördergeschwindigkeit
große Förderverzögerung

Abbildung 7-46 prinzipielle Beschreibung eines Druckhubs

Hat der Kolben nun wiederum die halbe Strecke zurückgelegt, ist die Fördergeschwindigkeit groß und die Förderbeschleunigung klein (etwa Null). Am vorderen Endpunkt ist die Fördergeschwindigkeit klein, und es liegt eine große Förderverzögerung vor.

Bei längeren Rohrleitungen kann der pulsierende Förderstrom erhebliche Massenkräfte erzeugen. Die Massenkräfte erzeugen Druckschwankungen (Über- und Unterdruck). Es kann zu verschiedenen Störungen der Dosierpumpe kommen.

7.3.2 Aufbau einer Kolbenpumpe

Den typischen Aufbau einer Kolbenpumpe veranschaulicht Abbildung 7-47. Die Drehbewegung des Elektromotors wird durch ein Getriebe in eine oszillierende Bewegung umgewandelt. Die Bewegung vollzieht der Kolben (vergleichbar einem PKW-Motor: beim PKW-Motor ändert sich das Volumen des Arbeitsraumes in den Zylindern ständig.).

Leistung:

kleine Pumpen
500 ml/h, Δp = 6 bar

große Pumpen
150 m^3/h, Δp = 500 bar

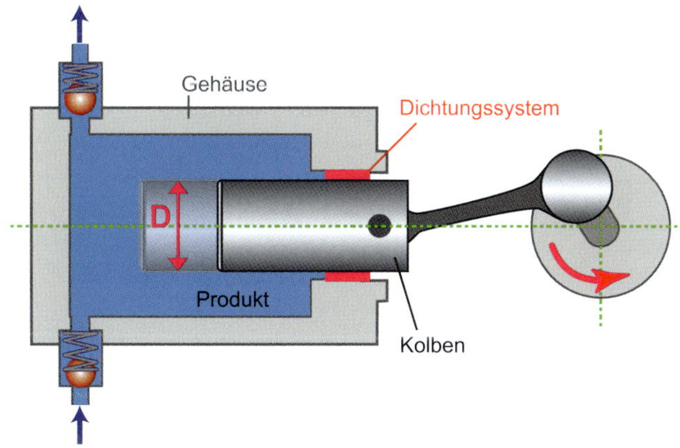

Abbildung 7-47 prinzipieller Aufbau einer Kolbenpumpe

Kolbenpumpen werden eingesetzt zum Fördern von Flüssigkeiten gegen hohe Drücke oder zur Dosierung von Flüssigkeiten. Es können Drücke bis über 3000 bar erreicht werden.

Exkurs **Kolbenmembranpumpen**

Im Prinzip ist eine Kolbenmembranpumpe nichts anderes als eine Kolbenpumpe mit einer eingebauten Membran. Bei einer Kolbenmembranpumpe fördert der Kolben die Flüssigkeit, im Gegensatz zur Kolbenpumpe, aber nicht direkt. Zwischen dem Kolben und der Flüssigkeit ist eine Membran eingebaut. Die Membran trennt die Druckkammer in eine Förderkammer und eine Hydraulikkammer. Die Membran überträgt den Kolbenhub von der Hydraulikflüssigkeit auf die Förderflüssigkeit. Auf der anderen Seite der Membran kann so das eigentliche Medium gefördert werden.

Die verwendeten Membranen sind sehr flexibel und der Druck ist unter Normalbedingungen auf beiden Seiten fast identisch (Druckdifferenz ca. 0,1 bar).

Die Kolbenmembranpumpen werden für die Förderung besonders aggressiver Flüssigkeiten eingesetzt, da sie im Produktbereich ausschließlich mit statischen Dichtungen ausgestattet sind. Mit Kolbenmembranpumpen können ebenfalls Drücke bis über 3000 bar erreicht werden.

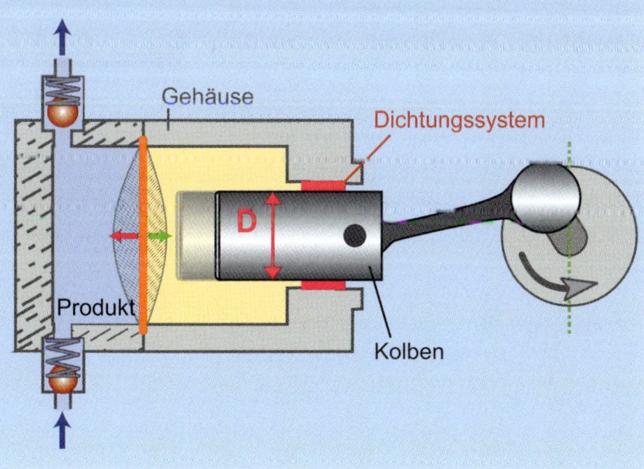

Abbildung 7-48 prinzipieller Aufbau einer Kolbenmembranpumpe

• Detaillierter Aufbau einer Kolbendosierpumpe mit Kipphebeltriebwerk

Der **Kolbenpumpenkopf** ist in Abbildung 7-49 mit seinen einzelnen Baukomponenten dargestellt.

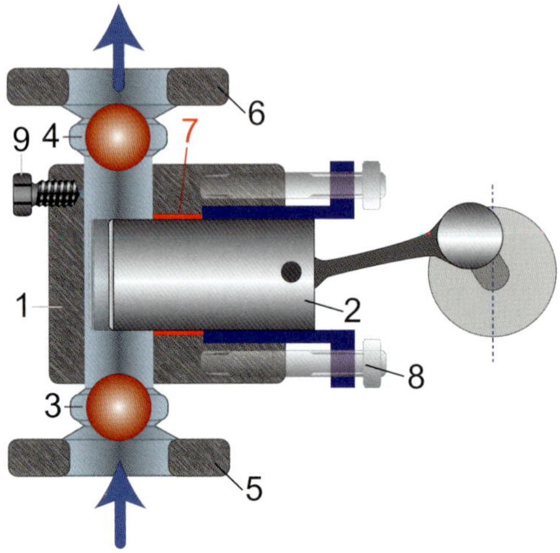

1	Pumpenkörper
2	Tauchkolben
3, 4	Kugelventil
5, 6	Flansch
7	Kolbenabdichtungen
8	Stopfbuchsmutter
9	Entlüftungsschraube

Abbildung 7-49
detaillierte Darstellung einer Kolbenpumpe

Im Pumpenkörper (1) befindet sich der Arbeitsraum für den Tauchkolben (2). Der Tauchkolben bewegt sich geradlinig im Arbeitsraum hin und her. Er wird durch die Kolbenabdichtung (7) zur Atmosphäre abgedichtet. Die Kolbenabdichtung wird mit den Stoffbuchsmuttern (8) ein- oder nachgestellt. An der Stirnseite des Pumpenkörpers befindet sich eine Entlüftungsschraube (9), über die der Arbeitsraum entlüftet werden kann. Die Kugelventile (3, 4) sitzen ober- und unterhalb des Arbeitsraumes in den Ventilkörpern. Der Abstand der Kugelventile zum Arbeitsraum sollte so gering wie möglich gehalten werden, um einen Totraum zu verhindern. Die Ausführung mit Entlüftungsschraube wird in der chemischen Industrie nicht häufig angewendet, da das Öffnen der Schraube mit Produktaustritt verbunden wäre.

Mit der Hublänge des Kolbens kann der Arbeitsraum einer Dosierpumpe vergrößert oder verkleinert werden. Technisch wird die Einstellung des Kolbenhubes über ein Kipphebelwerk realisiert.

Das Funktionsschema eines **Kipphebelwerkes** ist in Abbildung 7-50 dargestellt.

Die Exzenterwelle (4) wird angetrieben und die Drehbewegung wird über den Kipphebel (1) und die Einstellklaue (2) in eine Schwenkbewegung umgesetzt. Diese Schwenkbewegung erzeugt die oszillierende Bewegung der Kolbenstange (3). Durch das Drehen am Handrad können verschiedene Hublängen und damit verschiedene Förderströme eingestellt werden. Wird die Einstellklaue nach oben gedreht, verkleinert sich das Hubvolumen.

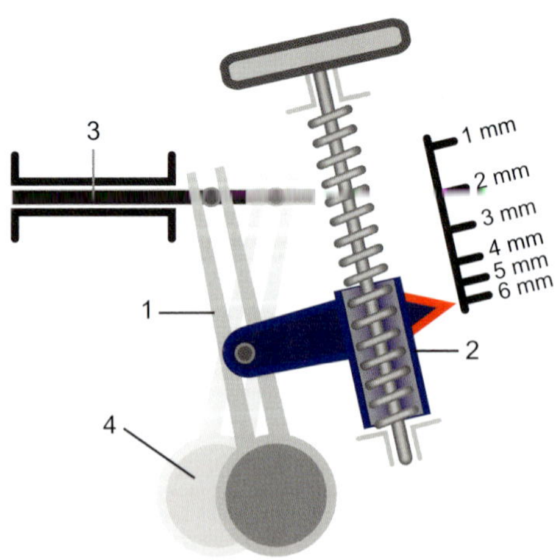

1	Kipphebel
2	Einstellklaue
3	Kolbenstange
4	Exzenterwelle

Abbildung 7-50 detaillierte Darstellung eines Kipphebelwerkes

- **Weitere Bauformen**

Axialkolbenpumpen

Bei Axialkolbenpumpen werden die Kolben während einer halben Umdrehung der Trommel von einer feststehenden Steuerscheibe weggezogen und saugen dabei das Fördermedium an. In der zweiten Hälfte der Umdrehung drücken die Kolben das Fördermedium in die Druckleitung.

Durch Schwenken der Trommel kann der Hub der Kolben und damit der Volumenstrom geändert werden. Wird die Trommel in die entgegengesetzte Richtung geschwenkt, kehrt sich die Förderrichtung um.

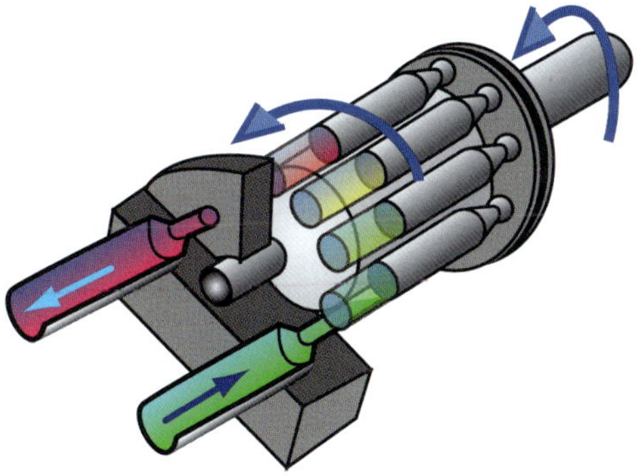

Abbildung 7-51 Axialkolbenpumpe

Radialkolbenpumpen

Bei Radialkolbenpumpen sind die Kolben senkrecht zur Drehachse angeordnet. Der Zylinderstern wird angetrieben und dreht sich auf dem feststehenden Steuerzapfen, der den Saugraum vom Druckraum trennt. Die Kolben, die sich am exzentrisch gelagerten Hubraum abstützen, führen eine radiale Bewegung aus. Dadurch wird das Fördermedium von der Saug- auf die Druckseite gefördert.

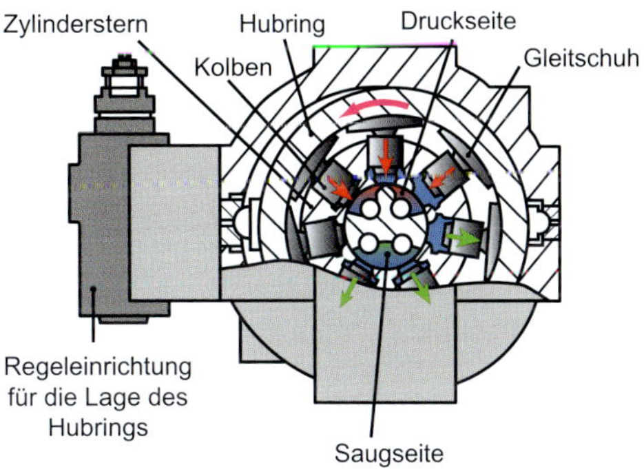

Abbildung 7-52 Radialkolbenpumpe

7.3.3 Kolbenhub und Kennlinien

- **Berechnung des Kolbenhubs**

Das Einstellen des Volumenstroms erfolgt bei einer Kolbenpumpe entweder über das Verstellen der Drehzahl (Hubzahl) oder über das Verstellen des Kolbenwegs (Kolbenhub).

Das Verstellen des Kolbenwegs ist ein sehr häufig praktiziertes Verfahren und kann, mittels der für die betreffende Kolbenpumpe angefertigten Tabellen und Diagramme, auf unkomplizierte Weise vorgenommen werden.

Beispiel Berechnung des Kolbenhubs

Mithilfe einer Kolbenpumpe kann an einer Rektifikationsanlage 25 L/h Ethanol-Wasser-Gemisch als Zulauf in die Anlage gefördert werden. Der Volumenstrom soll über den Kolbenweg der Pumpe mittels Handrad eingestellt werden. Der Durchmesser *d* des Kolbens beträgt 25 mm, und die Hubzahl der Pumpe beträgt 125 Hübe/min.

Berechnen Sie den dazugehörigen Kolbenweg!

a) Der Volumenstrom wird berechnet mit:

$$\dot{V} = \frac{V}{t}$$ mit V = Volumen, t = Zeit

b) Das Volumen für einen Hub wird berechnet mit:

$$V = \frac{d^2 \cdot \pi \cdot H_L}{4}$$ mit d = Durchmesser Kolben, H_L = Länge Kolbenhub

c) Eingesetzt in die Formel für den Volumenstrom ergibt sich:

$$\dot{V} = \frac{d^2 \cdot \pi \cdot H_L \cdot n}{4 \cdot t} \quad \text{mit} \quad n = \text{Anzahl der Hübe;} \qquad t = \text{Zeit (für die Anzahl Hübe)}$$

Umgestellt nach der gesuchten Größe HL: $H_L = \frac{\dot{V} \cdot 4 \cdot t}{d^2 \cdot \pi \cdot n}$

d) Werte einsetzen:

$$l = \frac{25.000.000\,[mm^3] \cdot 4 \cdot [min]}{60\,[min] \cdot (25\,[mm])^2 \cdot \pi \cdot 125} \quad \text{mit} \quad \dot{V} = 25\left[\frac{L}{h}\right] \quad \text{oder} \quad \dot{V} = \frac{25.000.000}{60}\left[\frac{mm^3}{min}\right]$$

e) Der Kolbenhub muss eingestellt werden auf:

$H_L = 6{,}8$ mm

- **Pumpenkennlinie**

Bei den Verdrängermaschinen besteht im Vergleich zur Kreiselradpumpe nur ein sehr geringer Zusammenhang zwischen Förderdruck und Volumenstrom. Der Volumenstrom einer Kolbenpumpe ist in erster Linie von der Hubzahl, der Hublänge und vom Durchmesser des Kolbens abhängig.

Druckdifferenz:

$\Delta p = p_D - p_s$

mit p_D = Druck an der Druckseite

p_s = Druck an der Saugseite

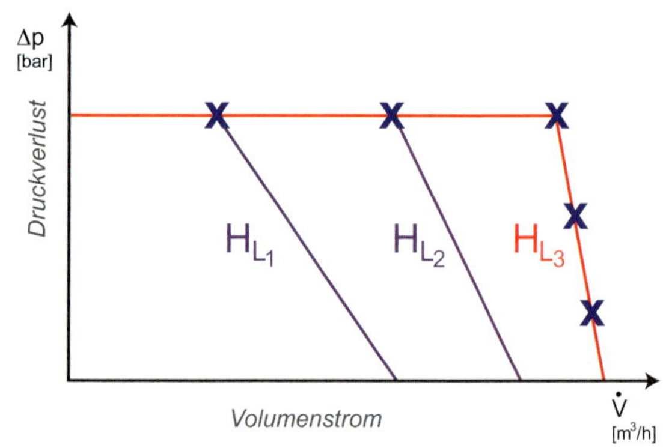

Abbildung 7-53 Kennlinien von Kolbenpumpen

Für die Pumpenkennlinie ergibt sich aus diesem Grund ein steiler Verlauf und die Anlagenkennlinie wird geschnitten, ohne dass sich an dem Schnittpunkt – wie es bei der Kennlinie der Kreiselpumpe der Fall ist – ein Betriebspunkt einstellt. Unterschiedliche Einstellungen in der Hublänge (H_{L1} bis H_{L3} in Abbildung 7-53) führen zu annähernd parallel verlaufenden Kennlinien, die solange ansteigen, bis sich das Überströmventil öffnet, um den Druck zu begrenzen. Kennzeichnend sind:

- die Drosselkennlinie der Dosierpumpe verläuft steil bei $\dot{V}_{max}$
- bei jedem Volumenstrom wird der Druck durch das Überstromventil begrenzt
  ➔ Grund für den flachen Verlauf der Kennlinie
- ohne Überströmventil würde der Druckanstieg die Pumpe beschädigen oder der Elektromotor würde ausfallen (elektrische Sicherung fällt aus)
- der Wirkungsgrad der Pumpe wird beim Ansprechen des Überströmventils schlechter.

Der Kennlinienverlauf ist bis zum Ansprechen des Überströmventils bei kleinerem Hub etwas flacher als bei maximalem Hub. Die Einstellung des Volumenstroms zum Zwecke der Dosierung erfolgt in der Praxis meistens über eine Änderung der Hublänge. Bei Verwendung von frequenzgesteuerten Antriebsmotoren lässt sich die Einstellung des Volumenstroms auch durch Drehzahländerung vorneh-

men. Eine weitere Möglichkeit, die Förderleistung zu regulieren, ist der Einbau eines Bypasses. Diese Art der Dosierung verschlechtert jedoch den Wirkungsgrad der Pumpe.
Die Ungenauigkeit bei der Dosierung wird bei einem kleineren Hub größer, weil die Drosselkennlinien flacher verlaufen. Ursache hierfür ist der Totraum, ein Hohlraum, der zwischen dem Kolben im oberen Totpunkt und dem Zylinder gebildet wird. Da das Hubvolumen bei kleinerem Hub kleiner wird, verändert sich das Verhältnis zwischen Totraum und Hubraum (Totraum bleibt gleich, Hubraum wird kleiner).

7.3.4 Vor- und Nachteile von Kolbenpumpen

Kolbenpumpen haben eine Reihe von Vor- aber auch Nachteilen, die in Tabelle 7-7 zusammengestellt sind.

Tabelle 7-7 Vor- und Nachteile von Kolbenpumpen

Vorteile	Nachteile
hoher Wirkungsgrad	die Kolbenabdichtung ist flüssigkeitsberührt
höchste Drücke möglich	Kolbenabdichtung und Kolben verschleißen
gut dosierbar	Kolben müssen deshalb oft aus hochwertigem und teurem Material gefertigt werden
	Kolbenpumpen haben immer eine Leckage zur Umgebung oder zur Spülvorrichtung
	pulsierender Förderstrom
	bei gleichen Volumenströmen teurer als Kreiselpumpen

7.3.5 Anfahrvorschrift für Kolbenpumpen (allgemein)

Die Dosierpumpe ist nach einer Reparatur oder Reinigung nicht gefüllt. Das Saugventil und das Druckventil sind geschlossen. Als erstes werden das Saugventil und das Druckventil geöffnet und die Hublänge auf Null gestellt. Dann wird der Elektromotor eingeschaltet und die Hublänge auf den gewünschten Kolbenhub bzw. Volumenstrom eingestellt.

Die Manometer zeigen am Anfang keine Druckdifferenz an, weil die Anlage noch ohne Gegendruck ist. Eine eventuell eingebaute Anzeige für den Volumenstrom setzt erst später ein, weil die Pumpe zunächst die Luft aus der Leitung fördert.

Befindet sich Gas im Zylinder ist die Druckänderung im Pumpenkopf kleiner als bei einer Flüssigkeitsfüllung. Dies kann dazu führen, dass der Druck im Pumpenkopf nicht ausreicht, um den Druck in der Leitung (z. B. Flüssigkeitssäule in der Anlage) zu überwinden. In diesem Fall muss die Saugseite und der Pumpenkopf entlüftet werden.

Bei der Entlüftung der Pumpe können Probleme auftreten, denn sie erfolgt nicht immer selbsttätig. Die Gründe für diesen Effekt können z. B. zu große Saughöhe oder federbelastete Ein- und Auslassventile sein. Es kann auch sein, dass der Gegendruck in der Anlage zu hoch oder der Kolbendurchmesser zu klein ist.

Um eine Dosierpumpe zu entlüften, gibt es mehrere Möglichkeiten. Eine ist, das Druckventil zunächst geschlossen zu lassen und über das Entlüftungsventil zu fördern bis Flüssigkeit austritt. Nach dem Verschließen der Entlüftung wird das Druckventil geöffnet und die Pumpe angefahren.

Beim Abstellen der Pumpe wird zuerst die Hublänge auf Null gestellt, dann der Elektromotor ausgeschaltet und zuletzt das Druckventil geschlossen. Durch die innen liegenden Ventile ist ein Zurückströmen des Fördermediums nicht möglich.

7.3.6 Fehler und Auswirkungen beim Anfahren von Kolbenpumpen

Typische Fehler beim Anfahren von Kolbenpumpen und ihre Auswirkungen sind in Tabelle 7-8 aufgeführt.

Tabelle 7-8 Fehler und Auswirkungen beim Anfahren von Kolbenpumpen

Fehler	Auswirkung
Arbeitsraum der Pumpe unzureichend entlüftet oder es hat keine Selbstentlüftung stattgefunden	Pumpe fördert nicht; unzureichende Schmierung des Kolbens und der Dichtungen; Verschleiß am Kolben, Pumpenkopf und den Kolbendichtungen
Gasblasen im Anlagensystem	ungleichmäßige Förderung oder gar Zusammenbruch der Förderung
unzureichende Erwärmung der Pumpe	Ventile arbeiten nicht und der Volumenstrom stellt sich nicht ein; Kolben könnte blockieren, infolgedessen kann das Triebwerk der Pumpe beschädigt werden
Kavitation	Schäden am Kolben, dem Pumpenkopf und/oder an den Ventilen; Pulsationsdämpfer kontrollieren (defekt oder falsch eingestellt)

7.3.7 Störungen beim Betreiben von Kolbenpumpen

Ebenso gibt es typische Störungen während des Betriebs von Kolbenpumpen, die in Tabelle 7-9 zusammengestellt sind.

Tabelle 7-9 Störungen beim Betreiben von Kolbenpumpen

Störung	Mögliche Ursache	Abhilfe
Verschleiß der Ventile, Kolben und der Kolbendichtung	Feststoffe in der Förderflüssigkeit	Filter einbauen oder eingebauten Filter wechseln
unzureichende Förderleistung; zu geringer Förderdruck	defekte Ventile an der Pumpe	Überströmeinrichtungen kontrollieren
Kavitation	Verstopfung; Temperatur des Mediums zu hoch	Filter einbauen oder eingebauten Filter wechseln; Kühler für das Medium einsetzen
Schläge in der Rohrleitung	Pulsation	Pulsationsdämpfer einbauen
Ausfall der Ventile oder der Arbeitsraum (Zylinderraum) wird nicht ausreichend gefüllt	Viskosität der Förderflüssigkeit zu hoch	Temperatur in der Förderflüssigkeit erhöhen

- **Pulsation**

Eine Einschränkung des Betriebes kann durch Pulsation hervorgerufen werden. Pulsation entsteht durch die Beschleunigung und Verzögerung der Flüssigkeitssäule in der Saug- und Druckleitung. Als Folge kann eine Drucküberlastung bei Beginn des Druckhubes oder am Ende des Druckhubes entstehen.

Pulsationsdämpfer (Windkessel)

Um einen pulsierenden Förderstrom in einen vergleichsweise ruhigen Förderstrom umzuwandeln, werden in der Druck- und Saugseite sogenannte Pulsationsdämpfer eingebaut. Sie haben die Aufgabe, die Beschleunigung der Flüssigkeit in den Rohrleitungen zu verringern. Die Pulsationsdämpfer nehmen Volumenschwankungen auf. Der Pulsationsdämpfer in der Druckseite fördert das Volumen, das er beim Druckhub aufgenommen hat, während des Saughubs der Pumpe in die Förderleitung.

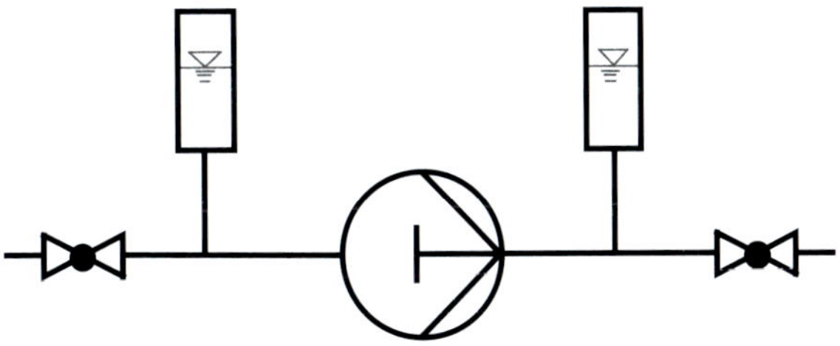

Abbildung 7-54 Einbau von Pulsationsdämpfern

Beim Aufbau von Pulsationsdämpfern werden zwei Bauarten unterschieden: Bei der ersten Bauart kommt das Gas im Pulsationsdämpfer mit der Flüssigkeit direkt in Berührung. Bei der zweiten wird es von der Flüssigkeit durch eine Membrane oder einen Balg getrennt.

Nach dem Zuschalten eines Pulsationsdämpfers wird der Volumenstrom gleichmäßiger. Um einen optimalen Einsatz der Pulsationsdämpfer zu erreichen, müssen sie abhängig vom Förderdruck mit einem bestimmten Vordruck eingestellt werden.

Beispiel Windkessel

Das Gaspolster in einem Windkessel sollte in etwa das 8-fache Volumen eines Pumpenhubs besitzen. Als Windkessel stehen zwei Bauarten zur Verfügung:

- mit direkter Verbindung von Gas und Flüssigkeit
- mit Trennung von Gas und Medium durch eine Membran oder einen Balg.

Die Dämpfung des Windkessels ist umso wirksamer, je näher er sich am Ventil befindet.

Bei manchen Pumpen wird der Windkessel in die Saugleitung eingebaut. Das Prinzip zur Vermeidung von Druckschlägen ist identisch mit dem der Druckwindkessel, allerdings nimmt ein Saugwindkessel während des Saughubes die negativen Druckspitzen auf und gleicht sie während des Druckhubes wieder aus.

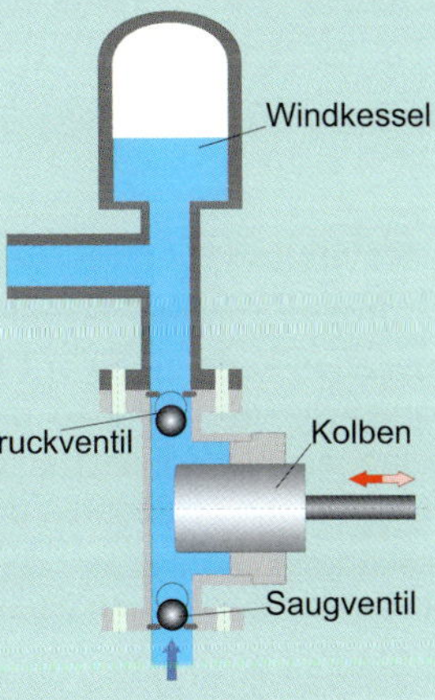

Abbildung 7-55 Windkessel

Eine weitere Möglichkeit, die Pulsation zu verringern, ist der Einsatz von Pumpen mit mehr als einem Zylinder. Durch entsprechende Schaltung werden die Druck und Saugspitzen ausgeglichen. Ein vollständiges Ausgleichen der Druckschwankungen ist aber weder mit Windkesseln noch mit Pumpen mit mehreren Zylindern möglich.

Kolbenpumpen in Parallelschaltung

Um die Pulsation bei Verdrängerpumpen zu reduzieren, ist es alternativ möglich Kolbenpumpen so zu koppeln, dass ein gleichmäßigerer Förderstrom resultiert.

Bei dem Betreiben einer einstufigen Kolbenpumpe ohne Pulsationsdämpfer lässt sich jeder Hub als Zeigerausschlag auf dem Manometer erkennen.

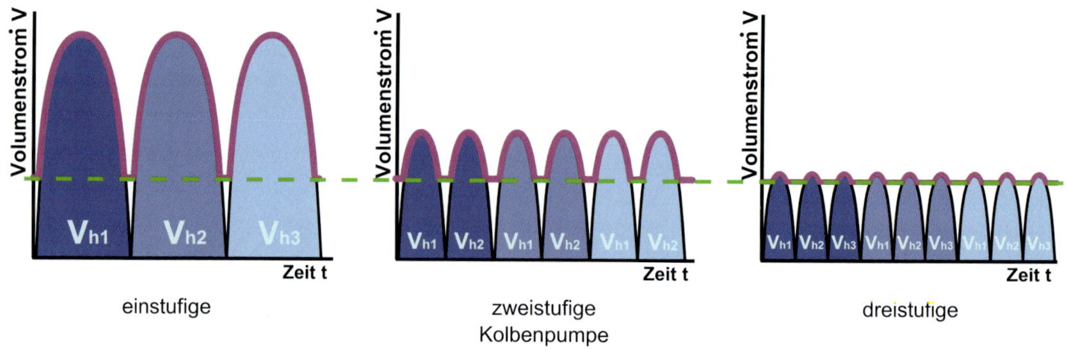

Abbildung 7-56 Auswirkung der Parallelschaltung von Kolbenpumpen

Ist der zweite Pumpenkopf hinzugeschaltet, wird der Ausschlag auf dem Manometer kleiner, weil sich die Druckschwankungen reduzieren und der Volumenstrom gleichmäßiger ist.

Um die unvermeidlichen Druckschwankungen in Grenzen zu halten, werden für große Förderleistungen ausgelegte Kolbenpumpen meistens mit einer Zylinderzahl > 3 ausgeführt.

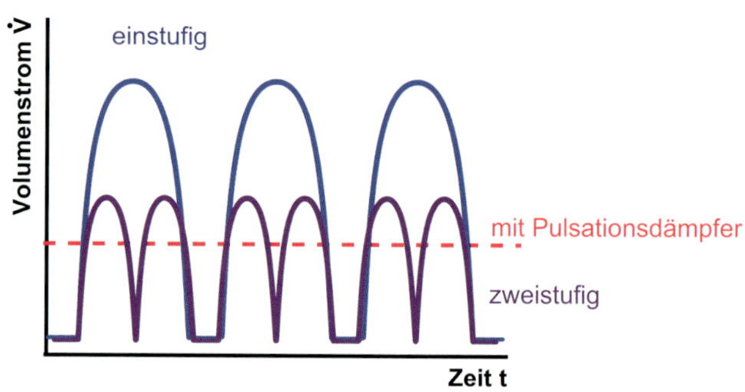

Abbildung 7-57 Förderstrom bei Pulsation

- **Kavitation**

Bei Kolbenpumpen besteht die Gefahr, dass zu Beginn des Saughubes Kavitation auftreten kann. Kavitation kann zu einer Einschränkung des Betriebes von Kolbenpumpen führen. Dabei kann in der Saugseite von Pumpen bei sehr niedrigem Druck (p_{abs}) ein Teil der Förderflüssigkeit verdampfen. Gelangen die so entstandenen Dampfblasen in einen Bereich höheren Druckes, so zerfallen die Dampfblasen schlagartig (Kondensation).

Durch Kavitation kann es zu zwei Arten von Störungen kommen:

1. Starke Laufunruhe, Vibrationen, Abriss der Saugsäule wegen der Dampfblasen auf der Saugseite.
2. Werkstoffzerstörung in dem Bereich, in dem die Dampfblasen wieder zerfallen (örtlich hohe Drücke, die 100 000 bar bei Frequenzen von 2000 Hz erreichen).

Die Neigung zur Kavitation nimmt zu:

- je niedriger der absolute Druck in der Saugseite ist
- je höher die Temperatur in der Flüssigkeit ist (Dampfdruck steigt)
- je niedriger der Siedepunkt der zu fördernden Flüssigkeit ist.

Die Auswirkungen von Kavitation sind Beschädigungen an der Pumpe, ungleichmäßiger Volumenstrom und Nachlassen der Förderleistung.

7.4 Flüssigkeitsringverdichter

Ein Flüssigkeitsringverdichter, im Sprachgebrauch auch häufig als Flüssigkeitsringpumpe bezeichnet, dient der Förderung und Verdichtung von Gasen. Er wird häufig als Vakuumerzeuger in der Anlagen- und Prozesstechnik eingesetzt. Der Einsatzbereich ist die Erzeugung von Grob- und Feinvakuum. Die Systeme haben den Vorteil, dass sie bei relativ kleinen Baumaßen große Volumina fördern können.

Flüssigkeitsringverdichter werden für Ansaugleistungen zwischen ca. 1 m^3/h bis 20 000 m^3/h ausgelegt. Die erreichbaren Ansaugdrücke werden insbesondere durch die physikalischen Eigenschaften der Betriebsflüssigkeit bestimmt.

Das Saugverhalten eines Flüssigkeitsringverdichters wird von vielen Parametern beeinflusst. Der Feuchtigkeitsanteil im geförderten Gas, das Mitfördern von Flüssigkeiten und die Veränderung der Temperatur der Betriebsflüssigkeit beeinflussen das erreichbare Vakuum. So kann, wenn im Fördermedium kondensierbare Dämpfe enthalten sind, ein größerer Ansaugvolumenstrom erzielt werden als bei der Förderung trockener Gase.

Beispiel Arbeitsbereich mit Wasser als Betriebsflüssigkeit

Die am häufigsten verwendete Betriebsflüssigkeit ist Wasser. Bei 15 °C kann z. B. entsprechend des Dampfdrucks bei dieser Temperatur ein Ansaugdruck von 33 mbar absolut erreicht werden. Niedrigere Ansaugdrücke bis ca. 9 mbar absolut lassen sich beispielsweise durch Kombination mit vorgeschalteten Gasstrahlvakuumpumpen erzielen. Die Ansaugvolumenströme liegen zwischen 5 und 20000 m^3/h.

Die Förderung in Flüssigkeitsringverdichtern wird durch verschiedene Funktionsweisen erreicht. Grundprinzip ist das Verdrängungsprinzip mit den Vorgängen Vergrößern und Verkleinern des Arbeitsraumes.

Der Flüssigkeitsringverdichter kommt als reiner **Verdrängerverdichter** allerdings nur bei trockenen Gasen, die sich nicht verflüssigen lassen, zum Einsatz. Nimmt die Betriebsflüssigkeit durch chemische oder physikalische Absorptionsvorgänge Gase aus dem Fördermedium auf, funktioniert der Flüssigkeitsringverdichter als **Verdrängerverdichter mit Absorption.** Kondensieren Gasanteile des Fördermediums während des Verdichtens, wird von einem **Verdrängerverdichter mit Kondensation** gesprochen.

7.4.1 Funktionsprinzip der Flüssigkeitsringverdichter (Flüssigkeitsringpumpe)

Flüssigkeitsringpumpen sind Verdichter, in denen in Kombination mit dem Flügelrad ein Flüssigkeitsring zur Bildung der Arbeitsräume zum Verdichten von Gasen verwendet wird. Zudem wirkt der Flüssigkeitsring als Abdichtmedium und dient zur Abführung der Kompressionswärme. Damit verbunden ist ein Kontakt des zu fördernden Mediums mit der Betriebsflüssigkeit, der auch zu Wechselwirkungen zwischen diesen Medien führen kann.

Flüssigkeitsringverdichter besitzen aufgrund dieser Besonderheit einige Eigenschaften, die bei anderen Systemen nicht zu finden sind:

- keine Gehäuseberührung des umlaufenden Förderrades und damit keine aufeinander gleitenden Teile
- verwendete Werkstoffe können nahezu allen Betriebsbedingungen angepasst werden
- einsetzbar bei fast allen Gasen und Dämpfen

- Verdichtungsvorgang nahezu ohne Temperaturveränderung
- die Abdichtung durch die Betriebsflüssigkeit bewirkt:
  - hohe Sicherheit bei entzündlichen oder toxischen Stoffen
  - geringe Wahrscheinlichkeit einer Leckage
- Mitfördern von Flüssigkeiten oder Verunreinigungen im Gasstrom ist möglich
- hohe Betriebssicherheit.

7.4.2 Arbeitsweise von Flüssigkeitsringverdichtern

In einem Flüssigkeitsringverdichter ist ein sternförmiges Flügelrad exzentrisch in einem kreisförmigen Gehäuse angeordnet. Das Gehäuse des Flüssigkeitsringverdichters ist zum Teil mit der Betriebsflüssigkeit gefüllt. Meistens wird Wasser als Betriebsflüssigkeit verwendet. Durch die Rotation des Flügelrades bildet sich infolge der wirkenden Zentrifugalkräfte ein konzentrischer Flüssigkeitsring der Betriebsflüssigkeit aus. Der Flüssigkeitsring und das Flügelrad schließen einen sichelförmigen Raum ein.

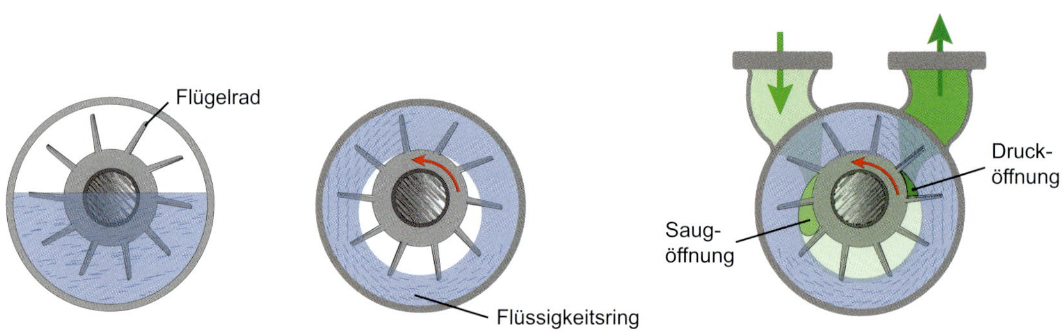

Abbildung 7-58 prinzipieller Aufbau eines Flüssigkeitsringverdichters

Die Segmente des Flügelrades tauchen unterschiedlich tief in den Flüssigkeitsring ein und bilden Kammern, die sich mit der Drehung des Laufrades verkleinern und vergrößern. Im Bereich des aus dem Laufrad austretenden Flüssigkeitsrings erfolgt eine Raumvergrößerung, die zum Ansaugen des Fördermediums genutzt wird.

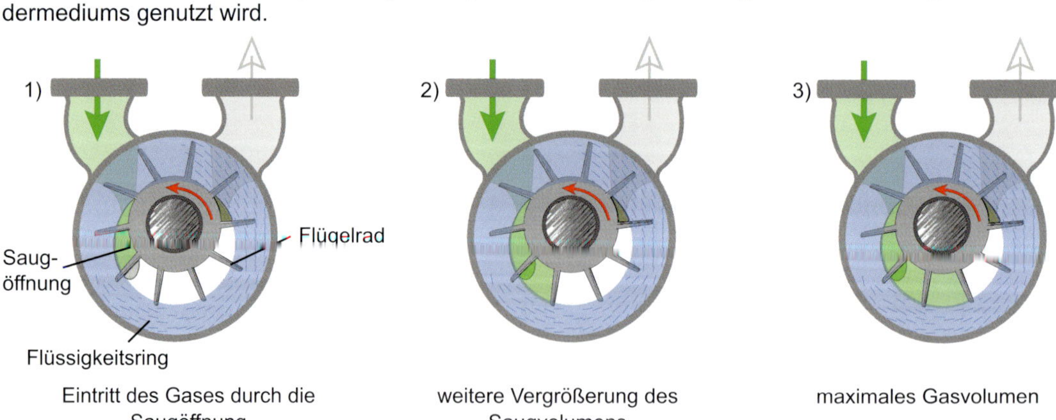

Abbildung 7-59 Arbeitsschritte eines Flüssigkeitsringverdichters (1)

Das eingesaugte Gas wird durch den Flüssigkeitsring in den Segmenten des Flügelrades eingeschlossen. Durch die Rotation des Flügelrades und das dadurch bedingte Eintreten des Flüssigkeitsrings in die Segmente werden die Arbeitsräume kleiner und das Gas verdichtet. Ein Teil der Strömungsenergie wird dabei in Druckenergie umgewandelt. Der innige Kontakt des Gases mit der Ringflüssigkeit führt zu einer Verdichtung des Gases ohne große Temperaturerhöhung (isotherme Verdichtung). In Gasen enthaltene Feuchtigkeit kondensiert bei der Verdichtung.

Die Abdichtung des Flügelrades mithilfe eines Flüssigkeitsrings lässt es zu, dass im angesaugten Gas auch Verunreinigungen mitgefördert werden können.

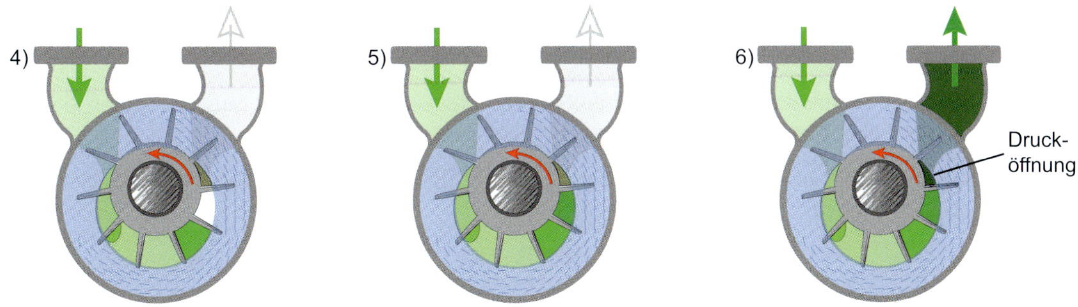

4) Verdichtung des Gases durch Verkleinerung des Raums zwischen Flügelrad und Flüssigkeitsring

5) weitere Verkleinerung des Transportraums und damit weitere Verdichtung des angesaugten Gases

6) höchste Verdichtung des Gases und Ausschieben durch die Drucköffnung

Abbildung 7-60 Arbeitsschritte eines Flüssigkeitsringverdichters (2)

An der Stelle der größten Verdichtung wird das Gas aus der Drucköffnung ausgeschoben.

7.4.3 Betriebsflüssigkeit

Die Betriebsflüssigkeit hat neben der Aufgabe den Flüssigkeitsring zu bilden die Aufgabe, die anfallende Verdichtungswärme abzuführen.

Der Dampfdruck einer Flüssigkeit hängt von der Art der verwendeten Flüssigkeit ab. Er wird mit steigender Temperatur der Flüssigkeit größer. Der Ansaugvolumenstrom ist also von der Art der Flüssigkeit abhängig. Er wird theoretisch Null, wenn Ansaugdruck und Dampfdruck der Betriebsflüssigkeit identisch sind. Der Einfluss der Viskosität der Betriebsflüssigkeit auf den Ansaugvolumenstrom ist in der Regel gering.

In der chemischen Verfahrenstechnik kann in vielen Fällen Wasser als Betriebsflüssigkeit verwendet werden. Soll ein besseres Vakuum erzielt werden als der Dampfdruck des Wassers es zulässt, muss die Betriebsflüssigkeit dem jeweiligen Prozess angepasst werden. Es können Flüssigkeiten mit niedrigeren Dampfdrücken, z. B. Öle oder andere organische Flüssigkeiten, verwendet werden.

7.4.4 Flüssigkeitsabscheider

Die Aufgabe des Flüssigkeitsabscheiders ist die Trennung des aus dem Flüssigkeitsringverdichter austretenden Gas-Flüssigkeitsgemisches. Darüber hinaus dient der Flüssigkeitsabscheider als

- Vorratsbehälter für die Betriebsflüssigkeit
- Sammelbehälter für Gase
- Gefäß zum Abscheiden von Verunreinigungen
- Trenngefäß für Flüssigkeiten unterschiedlicher Dichte
- Wärmeaustauschgefäß zur Abkühlung der Betriebsflüssigkeit.

Flüssigkeitsabscheider werden eingesetzt

- neben der Pumpe stehend als sogenannte Standabscheider
- auf die Pumpe aufgebaut als Aufbauabscheider
- unterhalb der Pumpe als Unterbauabscheider
- in die Pumpe integriert als integrierter Abscheider.

Die Bauform des Flüssigkeitsabscheiders richtet sich nach der Größe des Ansaugvolumens, dem erforderlichen Trenngrad, der Betriebsflüssigkeit und ggf. danach, ob im Ansaugstrom Verunreinigungen enthalten sind.

Im Umlaufbetrieb eingesetzte Flüssigkeitsabscheider müssen zudem einen ausreichenden Flüssigkeitsvorrat sowie eine Kontrollmöglichkeit für den Flüssigkeitsstand besitzen.

Abscheider für Flüssigkeitsringverdichter unterliegen der Druckgeräterichtlinie und müssen mit entsprechenden Sicherheitseinrichtungen ausgestattet sein.

7.4.5 Betriebsarten

Beim Betreiben eines Flüssigkeitsabscheiders wird mit dem Gas auch ein Teil der den Flüssigkeitsring bildenden Betriebsflüssigkeit ausgestoßen. Daher muss einem Flüssigkeitsringverdichter laufend Betriebsflüssigkeit zugeführt werden.

Frischflüssigkeitsbetrieb

Bei einem Frischflüssigkeitsbetrieb wird die Betriebsflüssigkeit nicht wieder verwendet. Die zur Aufrechterhaltung des Betriebes benötigte Betriebsflüssigkeit wird einer externen Flüssigkeitsversorgung (z. B. Rückkühlwassersystem) entnommen. Auf einen Flüssigkeitsabscheider kann verzichtet werden.

Umlaufflüssigkeitsbetrieb

Im Flüssigkeitsabscheider erfolgt die Trennung des Gases von der Betriebsflüssigkeit. Die gesamte im Flüssigkeitsabscheider vom Gas getrennte Betriebsflüssigkeit wird wieder verwendet. Nach Kühlung in einem Wärmetauscher wird die Betriebsflüssigkeit wieder dem Flüssigkeitsringverdichter zugeführt. Die Kühlung ist notwendig, weil der größte Teil der bei der Verdichtung entstehenden Wärme von der Betriebsflüssigkeit abgeführt wird.

Der Umlaufbetrieb wird insbesondere bei gesundheits- oder umweltschädlichen Fördermedien verwendet. Aber auch bei der Rückgewinnung von Kondensatanteilen wird diese Betriebsart eingesetzt.

Kombinierter Flüssigkeitsbetrieb

Als kombinierter Flüssigkeitsbetrieb wird die Schaltung eines Flüssigkeitsringverdichters bezeichnet, bei der der angesaugten Betriebsflüssigkeit gerade soviel frische Flüssigkeit zugegeben wird, dass die Kühlung gewährleistet ist.

Eine der zugeführten Betriebsflüssigkeitsmenge vergleichbare Menge verlässt das System über den Flüssigkeitsablauf.

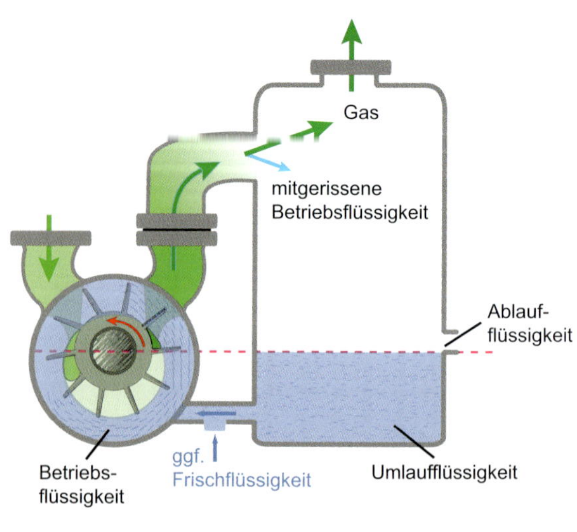

Abbildung 7-61 kombinierter Flüssigkeitsbetrieb

Der kombinierte Flüssigkeitsbetrieb ist die am weitesten verbreitete Betriebsform. Er ermöglicht, den Bedarf an Frischflüssigkeit auf ein Mindestmaß zu beschränken.

7.4.6 Störungen beim Betreiben von Flüssigkeitsringverdichtern

Typische Störungen im Betrieb von Flüssigkeitsverdichtern sind in Tabelle 7-10 zusammengestellt.

Tabelle 7-10 Störungen beim Betreiben von Flüssigkeitsringverdichtern

Störung	Mögliche Ursache	Abhilfe
Kavitation	zu hohe Dampfanteile im Fördermedium	definierten Volumenstrom Luft oder eines anderen Gases zudosieren; der Volumenstrom ist abhängig von der Größe des Flüssigkeitsringverdichters und der Drehzahl des Flügelrades
abnehmender Ansaugvolumenstrom	keine ausreichende Kühlung der Betriebsflüssigkeit	Vorrat an Betriebsflüssigkeit prüfen und ggf. Frischflüssigkeit zuführen
schlechtes Vakuum	zu geringe Betriebsflüssigkeitsmenge	Stand Betriebsflüssigkeit prüfen und ggf. ergänzen
Geräusche beim Betrieb Ausfall durch Lagerschäden	Ablagerung von Wasserhärte auf dem Laufrad infolge von Verdampfung der Betriebsflüssigkeit Wasser	niedrigere Betriebsflüssigkeitstemperaturen; Frischflüssigkeitsbetrieb oder stärkerer Austausch der Betriebsflüssigkeit; Reinigung der Maschine (Entkalkung)
Ausfall der Flüssigkeitsringverdichter	Wasserschlag (schlagartige Zufuhr einer großen Menge an Betriebsflüssigkeit/Fördermittel)	Regelung des Vakuumsystems

7.5 Fragen zum Kapitel spezielle Pumpen- und Verdichtertechnik

1. Wie groß ist in der Praxis die maximale Saughöhe bei selbst ansaugenden Pumpen, wenn Wasser gefördert wird?
2. Wie unterscheiden sich die Pumpenkennlinien von Kreiselpumpen und Seitenkanalpumpen?
3. Vergleichen Sie Kolbenpumpe und Kolbenmembranpumpe. Stellen Sie die Vor- und Nachteile der beiden Systeme gegenüber.
4. Welche Auswirkung hat ein Nullförderstrom auf die Kreiselpumpe?
5. Eine Kreiselpumpe hat einen Wirkungsgrad von 0,62. Was bedeutet diese Angabe?
   1. 38 % der geförderten Flüssigkeit geht verloren.
   2. Die Pumpe fördert bei 62 % ihrer maximalen Leistung am besten.
   3. 38 % der aufgenommenen Energie wird nicht zum Fördern, sondern anderweitig verbraucht.
   4. 38 % der aufgenommenen Energie wird zum Fördern genutzt, der Rest wird anderweitig gebraucht.
   5. Das Verhältnis Leistung zu Energie beträgt 0,62.
6. Welche Maßnahmen sind durchzuführen, um Abrasion in der Kreiselpumpe zu vermeiden oder zu mindern?

7. Welche Aufgabe hat ein Kipphebelwerk und bei welchem Pumpentyp wird dieses Bauteil eingesetzt?

8. Auf welchem Förderprinzip basiert die Wirkung eines Flüssigkeitsringverdichters?

9. Durch welche apparativen Maßnahmen lässt sich beim Betreiben einer Kolbenpumpe die Pulsation verringern?

10. Welche der genannten Angaben gehört **nicht** zu den Vorteilen der Kreiselpumpen gegenüber den Kolbenpumpen?
    1. weniger wartungsintensiv, weil Kolbenventile und Windkessel wegfallen;
    2. direkte Kupplung mit dem Antriebsmotor;
    3. gleichmäßiger Förderstrom;
    4. Förderung verunreinigter Flüssigkeiten möglich;
    5. größerer Wirkungsgrad.

11. Wie unterscheiden sich beim Flüssigkeitsringverdichter die Betriebsformen Frischflüssigkeitsbetrieb und Umlaufflüssigkeitsbetrieb? Nennen Sie Vor- und Nachteile.

12. Durch welche Maßnahmen kann die Förderleistung eines Flüssigkeitsringverdichters verbessert werden?

13. Was bedeutet Kavitation?

14. Was wird durch den Einbau eines weiteren Stufenmantels mit einem Laufrad in der Seitenkanalpumpe erreicht?

15. Welche Vor- und Nachteile haben Kolbenpumpen?

16. Warum ist bei Flüssigkeitsringverdichtern das sternförmige Flügelrad exzentrisch angeordnet?

8 Werkstoffe und Werkstoffzerstörung

Der Begriff Werkstoffe lässt sich aus den Worten „Werken“ und „Stoffe“ ableiten und steht letztendlich für alle festen Materialien, die in irgendeiner Form be- oder verarbeitet werden können. Aufgrund der vielfältigen Anforderungen, die an moderne Werkstoffe gestellt werden, wurden neben den klassischen Werkstoffen Holz, Metall und Kunststoff eine große Zahl an Verbundwerkstoffen entwickelt.

8.1 Einteilung der Werkstoffe

Um die Übersicht zu behalten, werden die in der chemischen Industrie eingesetzten Werkstoffe in Gruppen unterteilt, die in Abbildung 8-1 aufgeführt sind.

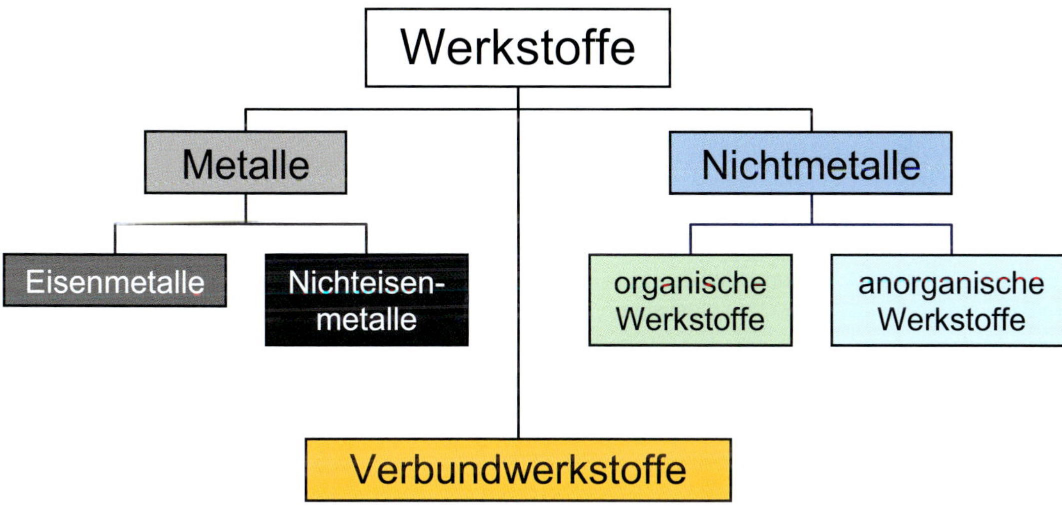

Abbildung 8-1 Einteilung der Werkstoffe

In jeder der genannten Werkstoffgruppen gibt es Werkstoffe, die in der chemischen Industrie Bedeutung haben. So finden z. B. für Rohrleitungen und Wärmetauscher metallische Werkstoffe Anwendung. Zu den nichtmetallischen Werkstoffen gehören beispielsweise Glas und Kunststoff, die ebenfalls sehr häufig in der chemischen Industrie verwendet werden. Verbundwerkstoffe werden benötigt, wenn erhöhte Beständigkeit gegen chemische Belastungen erforderlich ist. Als Beispiel sei hier die Lagerung höher konzentrierter Schwefelsäure in Behältern aus mit Glasfaser verstärkten Kunststoffen genannt.

8.2 Eigenschaften der Werkstoffe

Die Werkstoffe, die in der chemischen Industrie eingesetzt werden sollen, müssen bestimmten mechanischen, thermischen, chemisch-physikalischen und wirtschaftlichen Anforderungen entsprechen, die in Tabelle 8-1 zusammengestellt sind.

Tabelle 8-1 Eigenschaften von Werkstoffen

mechanische Eigenschaften	thermische Eigenschaften	chemische Eigenschaften	wirtschaftliche Eigenschaften
• Festigkeit • Kerbschlagzähigkeit • Härte • Elastizität • Duktilität • Erosionsbeständigkeit • Sprödigkeit	• Schmelzpunkt • Leitfähigkeit für Wärme und elektrischen Strom • Isoliervermögen • Wärme- und Kältebeständigkeit	• Korrosionsbeständigkeit • Brennbarkeit • Giftigkeit • Einfluss auf chemische Vorgänge (Katalysatorwirkung) • Umweltverträglichkeit	• Preis • Kosten • Haltbarkeit

Je nach Art der Anforderungen, die an den Werkstoff gestellt werden, müssen die Werkstoffeigenschaften des eingesetzten Werkstoffes unterschiedlich ausgeprägt sein, um der Anforderung gerecht zu werden. Für den Konstrukteur bedeutet dies, er muss die Eigenschaften der Werkstoffe kennen, um letztendlich den Werkstoff auswählen zu können, der den Anforderungen am besten entspricht und dabei die geringsten Kosten verursacht.

8.2.1 Arten der Werkstoffbelastung

Innerhalb des Werkstoffs der in Abbildung 8-2 blau dargestellten Werkstücke finden immer Vorgänge statt, die mit dem elastischen und plastischen Verhalten des Werkstoffs in Verbindung stehen.

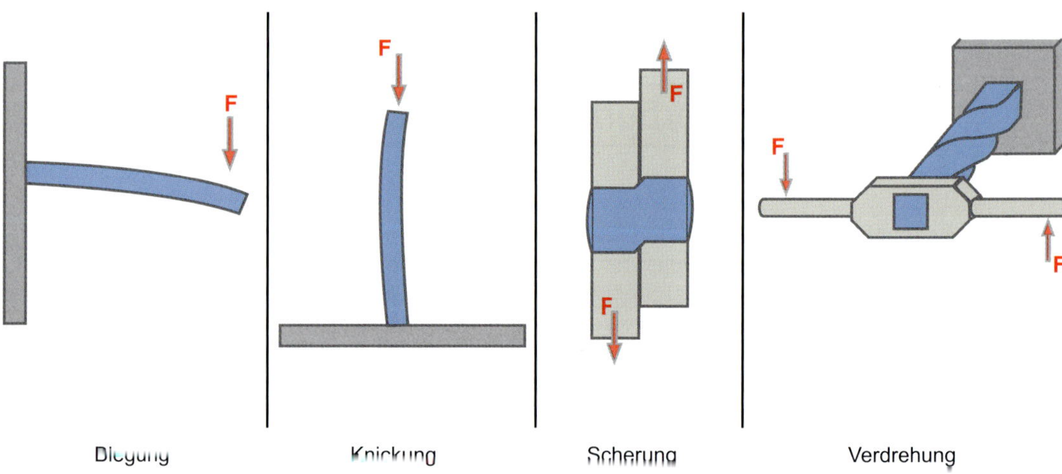

Abbildung 8-2 Werkstoffbelastung

Die wichtigste Werkstoffeigenschaft ist, den Kräften, die durch Druck- oder Zugbelastung ausgeübt werden, standzuhalten.

8.2.2 Plastizität und Elastizität

Unter Plastizität (auch Duktilität) wird die Eigenschaft eines Werkstoffes verstanden, durch Krafteinwirkung bleibend verformt zu werden, ohne dabei zu Bruch zu gehen. Elastizität bezeichnet die Eigenschaft eines Werkstoffes, sich durch Krafteinwirkung verformen zu lassen, nach Wegnahme der Kraft jedoch wieder die Anfangsform einzunehmen.

Beispiel Unterschied Plastizität – Elastizität

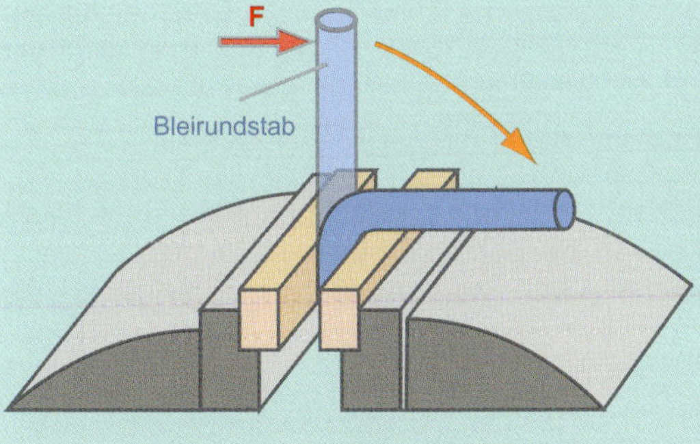

Blei ist ein sehr duktiler Werkstoff, der kaum elastisches Verhalten zeigt. Wenig Krafteinwirkung führt zur bleibenden Formänderung, ohne dass der Werkstoff zerreißt.

Abbildung 8-3 Plastizität

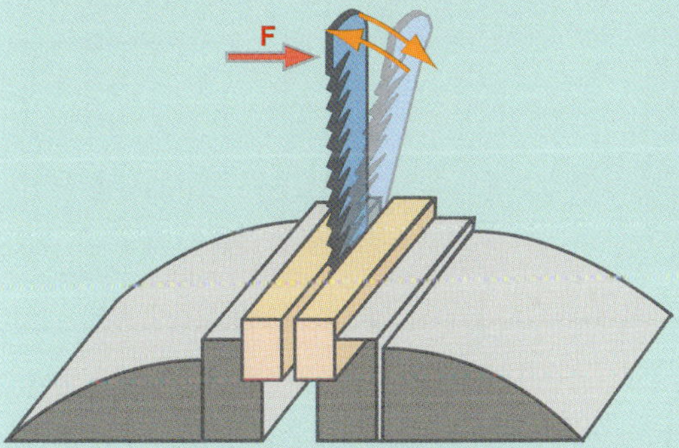

Ein Sägeblatt wird aus sehr hartem Stahl hergestellt. Durch die Krafteinwirkung wird der Stahl zwar verformt, er nimmt aber nach Rücknahme der Kraft wieder die Anfangsform ein.

Abbildung 8-4 Elastizität

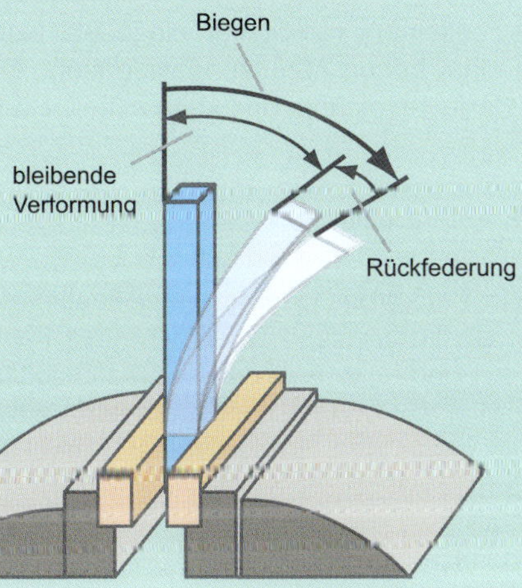

Dieses Beispiel zeigt sowohl plastisches als auch elastisches Verhalten eines Werkstoffs:

Nach Krafteinwirkung verformt sich das Material zunächst elastisch und dann plastisch, bei Belastung über die Elastizitätsgrenze hinaus. Nach Beenden der Krafteinwirkung federt das Material um den Betrag der elastischen Verformbarkeit zurück, bleibt aber plastisch verformt.

Abbildung 8-5 Plastizität und Elastizität

8.2.3 Zugfestigkeit

Ein Bauteil darf nur so hoch statisch belastet werden, dass keine Zerstörung eintritt. Der Begriff „Zerstörung" bedeutet in den meisten Fällen nicht, dass ein Werkstoff zerbricht, sondern dass eine Formänderung bestehen bleibt. Die Zugfestigkeit eines Werkstoffs gibt an, mit welcher Kraft ein Quadratmillimeter des Werkstoffs maximal auf Zug belastet werden darf, ohne dass er zerreißt. Die Zugfestigkeit wird im Zugversuch ermittelt, indem der Werkstoff bis zum Bruch gleichmäßig steigend belastet wird.

Beispiel Ermittlung der Zugfestigkeit im Zugversuch

Ein geometrisch exakt vorbereiteter Probestab wird von der Zugmaschine bis zum Bruch gleichmäßig steigend belastet. Zunächst wird der Probestab im elastischen Bereich belastet, d. h. wird hier die Last weggenommen, verkürzt sich der Stab auf die Anfangslänge. Wird durch weitere Verformung der plastische Bereich erreicht, erfährt der Probestab eine bleibende Verlängerung.

Innerhalb der plastischen Belastung wird der Querschnitt der Probe eingeschnürt und reißt schließlich an der dünnsten Stelle. Bei dem Versuch wird die Kraft, bei der die Probe reißt, gemessen und in N/mm² oder in MPa bezogen auf den Anfangsquerschnitt der Probe angegeben. Wichtiger als die Zugfestigkeit ist für den Konstrukteur die **Mindeststreckgrenze**. Sie wird ebenfalls im Zugversuch ermittelt und kennzeichnet die Höhe der Belastung, die zu einer bleibenden Verformung des Materials führt. Die Mindeststreckgrenze wird wie die Zugfestigkeit in N/mm² oder in MPa angegeben und bezieht sich ebenfalls auf den Anfangsquerschnitt der Probe.

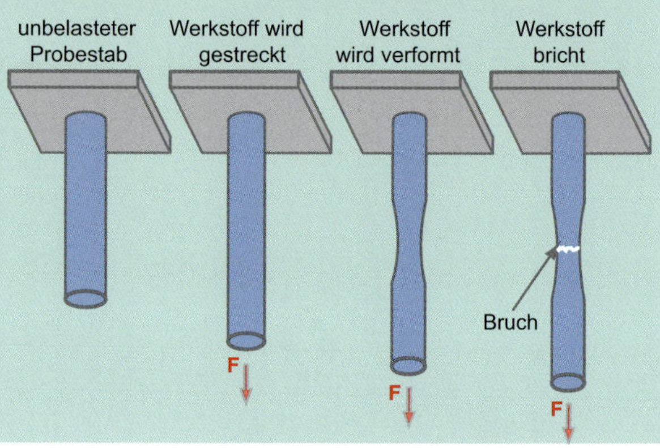

Abbildung 8-6 Zugversuch

8.2.4 Härte

Werkstoffe für verfahrenstechnische Apparate, die zum Zerkleinern von Stoffen eingesetzt werden, sind aus einem Material hergestellt, das an der Oberfläche einer hohen Abnutzung widersteht. Der Widerstand gegen das Eindringen in die Oberfläche wird als Härte bezeichnet und kann mittels Härteprüfverfahren bestimmt werden.

Beispiel Ermittlung der Härte

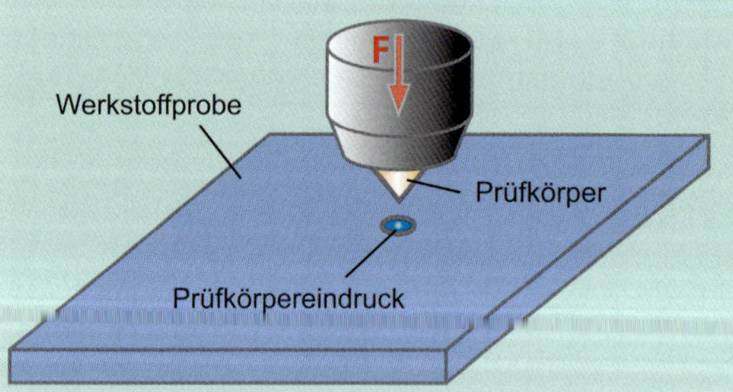

Ein Prüfkörper wird mit einer bestimmten Kraft in die vorbereitete Oberfläche des Probematerials gedrückt. Aus der Querschnittsfläche des zurück bleibenden Eindrucks kann ein Maß für die Härte des Probematerials abgeleitet werden.

Abbildung 8-7 Bestimmung der Härte

8.3 Metalle

8.3.1 Eisenmetalle

Die Eisenwerkstoffe haben ihren Namen aufgrund ihres hohen Eisenanteils. Der Eisenanteil beträgt 95 bis annähernd 100 Prozent. Eine grobe Einteilung wird auf Basis der Höhe des Kohlenstoffgehaltes (C-Gehalt) der Eisenwerkstoffe vorgenommen, da dieses Element den Eisenwerkstoffen ihre wesentlichen Eigenschaften verleiht. Es wird unterschieden zwischen Eisenguss-Werkstoffen (Gusseisen) und Stahlwerkstoffen.

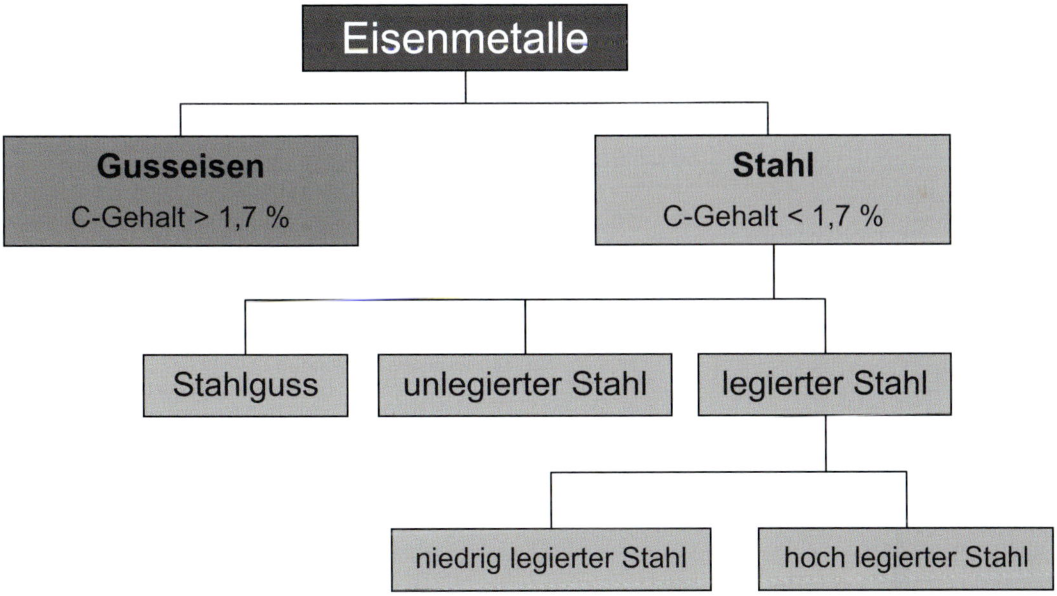

Abbildung 8-8 Einteilung der Eisenmetalle

Im Hochofen wird das Eisenerz zu grauem und weißem Roheisen umgewandelt. Aus grauem Roheisen wird Gusseisen und aus weißem Roheisen wird Stahl hergestellt.

8.3.2 Gusseisen (> 1,7 % C)

Der Name Gusseisen weist darauf hin, dass dieser Eisenwerkstoff durch Gießen in seine Gebrauchsform gebracht wird. Der Kohlenstoffgehalt, der zwischen 1,7 und 5 % liegt, macht die Schmelze sehr dünnflüssig und sorgt dafür, dass auch sehr komplizierte Formen, wie z. B. Pumpengehäuse oder Ventile, in einem Arbeitsgang gegossen werden können. Bei relativ guter Festigkeit (200 – 800 N/mm^2) ist es sehr spröde und darf deshalb keinen schlagartigen Belastungen ausgesetzt werden (Bruchgefahr). Bei Gussarten mit bestimmter Kohlenstoffmodifikation werden durch spezielle Behandlungen Festigkeiten bis zu 1000 N/mm^2 erreicht.

Beispiel Bezeichnung für Gusseisen

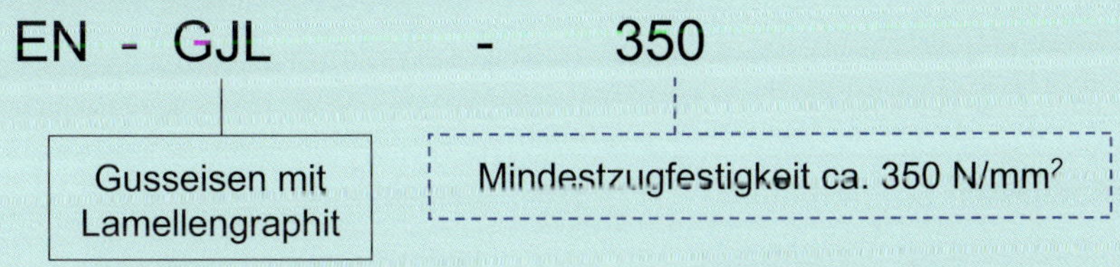

Abbildung 8-9 Bezeichnung Gusseisen

Alle folgenden Abbildungen zur Bezeichnung von Werkstoffen zeigen nicht die exakte Bezeichnung der jeweils gültigen Normen. Vielmehr sollen sie den prinzipiellen Aufbau einer Kennzeichnung vermitteln.

Tabelle 8-2 Eigenschaften von Gusseisen

Korrosionsbeständigkeit	in der Luft	gut
	im Wasser	bedingt
	gegen Säure/Laugen	schlecht
Verwendung	Für Apparate und Armaturen mit komplizierten Formen, die nur durch Gießen hergestellt werden können (Ventile, Pumpengehäuse, Grundplatten für Maschinen).	
Bezeichnung	In der Werkstoffbezeichnung wird durch ein GJ darauf hingewiesen, dass es sich um Gusseisen handelt.	

8.3.3 Stahlwerkstoffe (< 1,7 % C)

Beträgt der Kohlenstoffgehalt im Eisen weniger als 1,7 %, so wird es als Stahl bezeichnet. Stahl ist das wichtigste Gebrauchsmetall in der chemischen Industrie und wird auf vielfältige Weise modifiziert angeboten. Nach der Höhe der dem Stahl zulegierten Fremdmetalle findet eine Einteilung in unlegierte, niedrig legierte und hoch legierte Stähle statt.

- **Stahlguss**

Zur Gruppe der Eisengusswerkstoffe zählt neben den Gusseisenwerkstoffen auch der Stahlguss. Darunter wird in Formen gegossener Stahl verstanden. Dieser Werkstoff verbindet die Vorteile des Stahls (gute Festigkeit und Zähigkeit) mit der Möglichkeit, durch Gießen komplizierte Werkstückformen wirtschaftlich zu fertigen. Werkstoffe aus Stahlguss erhalten in ihrer Werkstoffbezeichnung den Buchstaben „G“ vorangestellt.

Beispiel Bezeichnung für den Stahlguss GE200

Abbildung 8-10 Bezeichnung Stahlguss

Tabelle 8-3 Eigenschaften von Stahlguss

Korrosionsbeständigkeit	in der Luft	bedingt
	im Wasser	bedingt
	gegen Säure/Laugen	schlecht
Verwendung	Für Apparate und Armaturen mit komplizierten Formen, die nur durch Gießen hergestellt werden können und dem Stahl ähnliche Eigenschaften haben müssen (Ventile, Pumpengehäuse, Getriebeteile).	
Bezeichnung	In der Werkstoffbezeichnung wird durch den Buchstaben G darauf hingewiesen, dass es sich um Stahlguss handelt.	

- **Unlegierter Stahl**

Unlegierter Stahl besteht fast ausschließlich aus Eisen und Kohlenstoff (bis 1,7 %) und er wird häufig als Baustahl bezeichnet. Die Zugfestigkeit liegt bei unlegiertem Stahl bei 370 bis 900 N/mm^2.

Tabelle 8-4 Eigenschaften von unlegiertem Stahl

Korrosionsbeständigkeit	in der Luft	bedingt
	im Wasser	bedingt
	gegen Säure/Laugen	schlecht
Verwendung	Profilstähle aller Art (z. B. U-, T-, L- oder Flachstahl) für Konstruktionen. Weiter werden Bleche, Rohre, Behälter und Tanks aus unlegiertem Stahl hergestellt.	
Bezeichnung	Die bei den unlegierten Stählen am häufigsten vorkommenden Baustähle werden durch den Buchstaben „S" gekennzeichnet. Da die Festigkeitswerte für die Verwendbarkeit sehr wichtig sind, werden die Mindeststreckgrenze und die Kerbschlagzähigkeit in der Bezeichnung angeben.	

Achtung

Apparate und Konstruktionen aus unlegiertem Stahl müssen vor äußerer Korrosion geschützt werden. Dies kann zum Beispiel durch Verzinken, Anstreichen oder Kunststoffbeschichten erreicht werden.

Beispiel Bezeichnung für den Baustahl S 235 JR

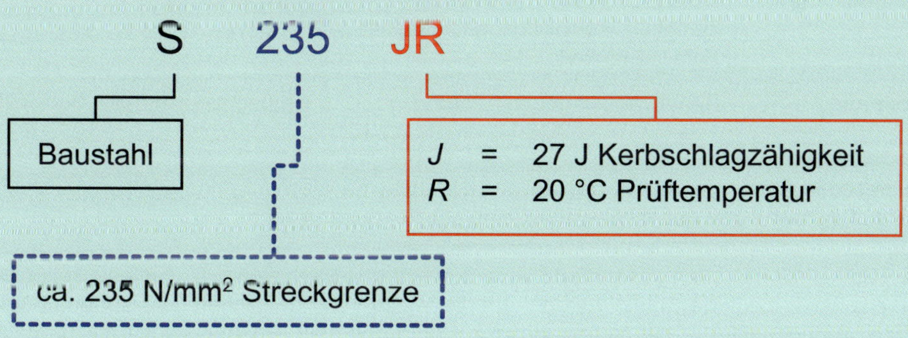

Abbildung 8-11 Bezeichnung Baustahl

- **Legierter Stahl**

Bei keinem anderen Werkstoff lassen sich die Eigenschaften durch Legieren in einem so großen Umfang ändern wie bei Stahl.

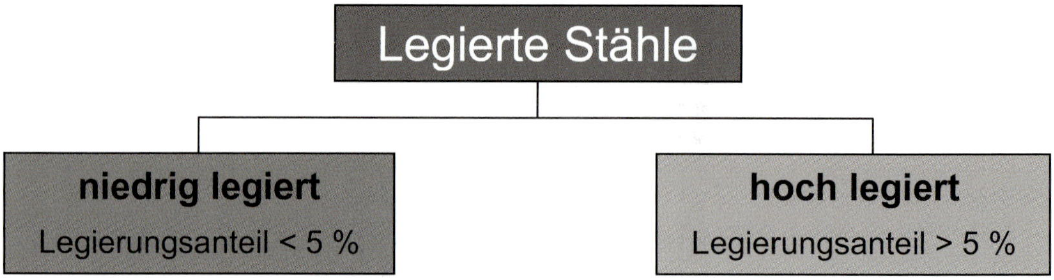

Abbildung 8-12 Einteilung der legierten Stähle

Legierter Stahl enthält außer Eisen und Kohlenstoff im Allgemeinen mehrere Legierungselemente. Die Legierungselemente werden dem Stahl in definierten Mengen zugesetzt, um bestimmte Eigenschaften zu verbessern oder unerwünschte Eigenschaften zu mildern. Einen Überblick gibt Tabelle 8-5.

Tabelle 8-5 Eigenschaften legierter Stahl

Legierungsmetall	beeinflusst positiv im Stahl ...	beeinflusst negativ im Stahl ...
Chrom	Korrosionsbeständigkeit, Härte, Elastizität, Streckgrenze, Zugfestigkeit	Kerbschlagzähigkeit, Dehnung, Schweißbarkeit, Zerspanbarkeit,
Nickel	Korrosionsbeständigkeit, Dehnung, Kerbschlagzähigkeit	Leitfähigkeit, Schweißbarkeit, Zerspanbarkeit
Molybdän	Härte, Kerbschlagzähigkeit, Korrosionsbeständigkeit, Schweißbarkeit, Zugfestigkeit	Dehnung, Zerspanbarkeit,
Kupfer	Korrosionsbeständigkeit, Streckgrenze, Zugfestigkeit	Dehnung
Vanadium	Elastizität, Härte, Kerbschlagzähigkeit, Korrosionsbeständigkeit, Schweißbarkeit	Zerspanbarkeit
Aluminium	Beständigkeit gegen Alterung	Kerbschlagzähigkeit, Schweißbarkeit

Da es zwischen den Legierungsbestandteilen zu komplexen Wechselwirkungen kommt, lassen sich die Eigenschaftsänderungen nur schwer in allgemeiner Form darstellen.

Werden Stähle mit den oben genannten Elementen legiert, lassen sich z. B. Zugfestigkeiten bis zu 1900 N/mm^2 erreichen. Legierte Stähle werden, um die Vielzahl der möglichen Stahlsorten übersichtlich zu gestalten, in hoch legierte und niedrig legierte Stähle unterteilt. Ebenso erfolgt die Benennung nach dem Gewichtsanteil in Prozent.

Niedrig legierter Stahl

Für die Legierung von Stahl wird Eisen eine Vielzahl von metallischen aber auch nichtmetallischen Elementen zugemischt. Niedrig legierter Stahl enthält maximal 5 % Legierungszusätze.

Tabelle 8-6 Eigenschaften von niedrig legiertem Stahl

Korrosionsbeständigkeit	in der Luft	gut
	im Wasser	gut
	gegen Säure/Laugen	nur bedingt; abhängig von der Konzentration der Säuren und Laugen
Verwendung	Bleche, Rohre und Profile für Apparate und Anlagen, die erhöhten Belastungen durch Druck und hohen oder tiefen Temperaturen ausgesetzt sind. Bauteile, die mit Chemikalien in Berührung kommen sowie Materialien, die für eine Wärmebehandlung vorgesehen sind (z. B. Vergüten oder Härten).	
Bezeichnung	Niedrig legierte Stähle werden im Zusammensetzungsteil wie folgt gekennzeichnet: Die erste Zahl gibt den Kohlenstoffgehalt in 1/100 Prozent an. Es folgen die Elemente, die am Aufbau der Legierung beteiligt sind. Ihnen nachgestellt sind Ziffern, die auf die quantitative Zusammensetzung des Stahls zurückschließen lassen.	

Beispiel Bezeichnung für den niedrig legierten Stahl 45 Cr Mo V 6 7

Die Bezeichnung für einen niedrig legierten Stahl, der z. B. 0,45 % Kohlenstoff, 1,5 % Cr, 0,7 % Molybdän und einen geringen Anteil Vanadium enthält, lautet folgendermaßen:

45 Cr Mo V 6 7

Im Beispiel für die Bezeichnung eines niedrig legierten Stahls wird durch Multiplikatoren ermöglicht, ganze Ziffern für die Anteile der Legierungsbestandteile in die Bezeichnung einzubeziehen. Die in Tabelle 8-7 zugeordneten Multiplikatoren werden also mit dem tatsächlichen Anteil eines Elements multipliziert und dieser Wert steht dann (gerundet) im Zusammensetzungsteil der Werkstoffbezeichnung.

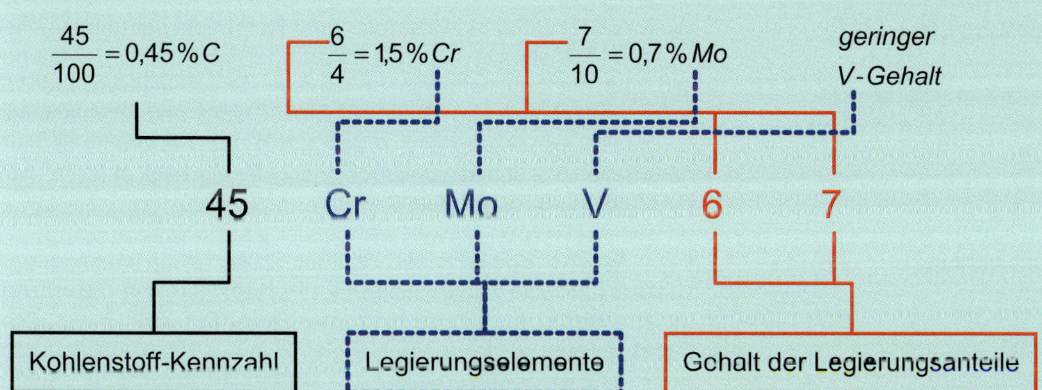

Abbildung 8-13 Bezeichnung von niedrig legiertem Stahl

Umgekehrt bedeutet dies, dass die nach Höhe des Anteils sortierten Legierungselemente durch die in der gleichen Reihenfolge aufgeführten Ziffern dividiert werden müssen (im Beispiel die Ziffern 4 und 10), um den tatsächlichen Gehalt eines Legierungselements im Werkstoff in % zu erhalten.

Beispiel Weitere Beispiele für die Zusammensetzung niedrig legierter Stähle

42 Cr Mo 4	0,42 % Kohlenstoff, 1 % Chrom, geringer Anteil Molybdän
20 Mn 5	0,20 % Kohlenstoff, 1,25 % Mangan
18 Ni Cr 16	0,18 % Kohlenstoff, 4 % Nickel, geringer Anteil Chrom

Tabelle 8-7 Multiplikatoren für die Werkstoffbezeichnung

4		**10**		**100**	
Chrom	Cr	Aluminium	Al	Kohlenstoff	C
Cobalt	Co	Kupfer	Cu	Phosphor	P
Mangan	Mn	Molybdän	Mo	Schwefel	S
Nickel	Ni	Tantal	Ta	Stickstoff	N
Silicium	Si	Titan	Ti		
Wolfram	W	Vanadium	V		

Hoch legierter Stahl

Hoch legierter Stahl enthält die gleichen Bestandteile wie niedrig legierter Stahl, jedoch in deutlich höheren Anteilen. Er ist der korrosionsbeständigste Stahlwerkstoff.

Tabelle 8-8 Eigenschaften von hoch legiertem Stahl

Korrosionsbeständigkeit	in der Luft	sehr gut
	im Wasser	sehr gut
	gegen Säuren/Laugen	sehr gut (abhängig von Konzentration und Temperatur)
Verwendung	Werkstoff für Behälter, Reaktoren und Rohre, die sehr hohen chemischen Belastungen ausgesetzt sind (Säuren, Laugen). Materialien, die mit Lebensmitteln in Kontakt stehen müssen, werden z. B. aus hoch legiertem Stahl mit hohen Chrom- und Nickelanteilen hergestellt. Außerdem werden Schrauben, Bleche, Drähte und andere Teile, die unbedingt korrosionsbeständig sein müssen, aus hoch legiertem Stahl gefertigt.	
Bezeichnung	Hoch legierte Stähle haben in ihrer Bezeichnung immer ein X vorangestellt. Die Zahlen hinter den Kurzzeichen sind die prozentualen Anteile der Legierungsbestandteile. Die Zahl hinter dem X gibt, dividiert durch 100, den C-Gehalt in % an. Ein hoch legierter Stahl mit 0,05 % Kohlenstoff, 18 % Chrom, 10 % Nickel und geringem Molybdän-Gehalt erhält folgende Bezeichnung: X 5 Cr Ni Mo 18 10.	

Beispiel Bezeichnung für den hoch legierten Stahl X 5 Cr Ni Mo 18 10

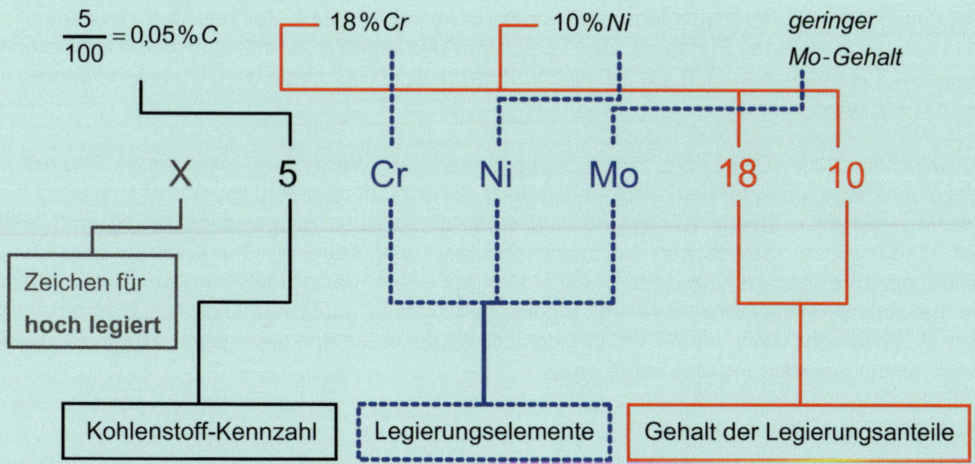

Abbildung 8-14 Bezeichnung von hoch legiertem Stahl

Beispiel Weitere Beispiele für hoch legierte Stähle

X 6 Cr Ni Mo Ti 17 12 2	0,06 % Kohlenstoff, 17 % Chrom, 12 % Nickel, 2 % Molybdän, geringer Anteil Titan, Werkstoffnummer 1.4571 „V4A“
X 6 Cr Ni Ti 18 10	0,06 % Kohlenstoff, 18 % Chrom, 10 % Nickel, geringer Anteil Titan, Werkstoffnummer 1.4541 „V2A“

Es handelt sich dabei um die in der chemischen Industrie sehr häufig verwendeten, unter den Namen V4A und V2A bekannten Stähle. Der Molybdän-Gehalt im V4A erhöht die Beständigkeit gegen organische Säuren und Meerwasser.

Wichtig bei der Benennung von Stählen:

- Faktor 100 (Kohlenstoff) gilt immer
- die Faktoren 4 und 10 gelten nur bei niedrig legierten Stählen
- wenn der Werkstoffbezeichnung ein X vorangestellt ist, geben die Kennzeichen die Prozentgehalte direkt an (Ausnahme: C, P, S, N).

8.3.4 Nichteisenmetalle

Neben den Eisen- und Stahlwerkstoffen werden auch einige Nichteisenmetalle und ihre Legierungen in der chemischen Industrie verwendet. Sie werden in Schwermetalle und in Leichtmetalle eingeteilt.

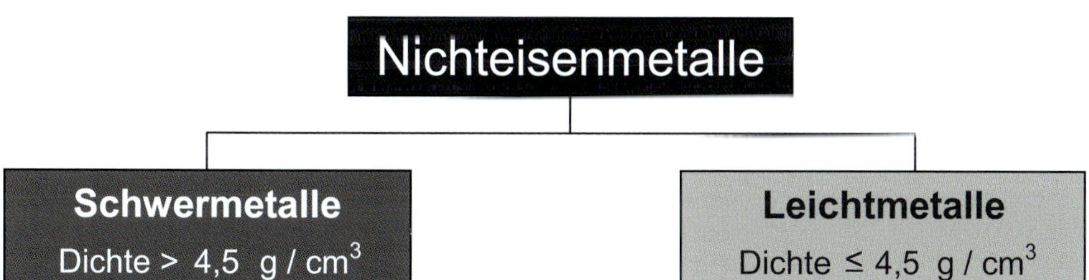

Abbildung 8-15 Einteilung der Nichtmetalle

8.3.5 Schwermetalle

Die wichtigsten Schwermetalle sind Kupfer, Nickel, Chrom, Zink, Blei und Zinn. Die Bezeichnung für Nichteisenmetalle und deren Legierungen beginnen immer mit dem Zeichen des Hauptmetalls und dann folgen die zulegierten Elemente. Den Legierungselementen ist unmittelbar ihr prozentualer Anteil nachgestellt. Elemente, denen in der Bezeichnung keine Zahl nachgestellt ist, sind nur in Spuren in der Legierung enthalten.

- **Kupfer** (Smp. 1084 °C) ist nach Silber der beste Leiter für Wärme und elektrischen Strom. Es wird daher zu annähernd 60 % für Leitzwecke eingesetzt. An der Luft überzieht sich Kupfer mit einer dünnen undurchlässigen Schicht aus Kupfercarbonat, wodurch es sehr korrosionsbeständig wird (Patina). Dieser Vorgang des selbsttätigen Korrosionsschutzes wird auch als **Passivieren** bezeichnet. In Verbindung mit Essigsäure (Ethansäure) bildet sich auf Kupfer der giftige Grünspan (Kupfer(II)acetat). Kupfer hat zudem die bei Metallen seltene Eigenschaft, dass es durch schnelles Abkühlen aus dem glühenden Zustand sehr weich wird. Das ausgeglühte Kupfer lässt sich dann leicht verformen, wobei es langsam wieder die ursprüngliche Härte erreicht.

Tabelle 8-9 Eigenschaften von Kupfer

Korrosionsbeständigkeit	in der Luft	sehr gut
	im Wasser	gut
	gegen Säuren/Laugen	schlecht
Verwendung	Kupfer wird verwendet als Werkstoff für Wärmetauscher in Verbrennungsmotoren, Apparate im Brennerei-Gewerbe und dort, wo Materialien mit hohem Wärmeleitwert benötigt werden. Außerdem werden Stangen, Bleche, Profile, z. B. für Dachrinnen, und natürliche elektrische Leiter aller Art aus reinem Kupfer gefertigt. Weiter dient es als Überzugsmetall für die Herstellung von Korrosionsschutzschichten, z. B. als Basismetall für das Beschichten von Metallteilen vor dem Verchromen.	

Da Kupfer über relativ wenig Festigkeit verfügt, wird seit jeher versucht, durch Zulegieren von Fremdmetallen diese nicht so günstige Eigenschaft des Kupfers zu verbessern. Die wichtigsten **Kupferlegierungen** sind Messing und Bronze. Messing wird durch Legieren von Kupfer und Zink hergestellt. Bronze besteht aus Kupfer und Zinn. Die Festigkeit ist bei diesen Legierungen besser als bei reinem Kupfer, außerdem lässt sich die Schmelze durch Gießen leichter verarbeiten. Die Korrosionsbeständigkeit der Legierungen ist gegenüber dem reinen Kupfer ebenfalls verbessert.

Tabelle 8-10 Eigenschaften von Kupferlegierungen

Korrosionsbeständigkeit	in der Luft	sehr gut
	im Wasser	sehr gut
	gegen Säuren/Laugen	schlecht
Verwendung	Kupferlegierungen werden häufig zu komplizierten Armaturengehäusen vergossen. Des Weiteren werden Schrauben, Bolzen und Muttern für den feinmechanischen Einsatz hergestellt. Auch Lagerbuchsen aus Bronze (Cu-Sn-Legierungen) mit sehr guten Notlaufeigenschaften für den Fall, dass die Schmierung ausfällt, zählen zu den Produkten der Kupferlegierungen.	

Beispiel Bezeichnung für die Kupferlegierung Cu Zn 20 Al 2

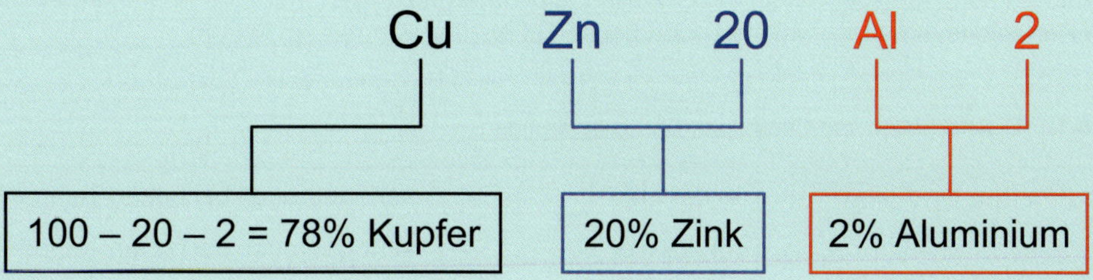

Abbildung 8-16 Bezeichnung Kupferlegierung

• **Nickel** (Smp. 1455 °C) oder **Nickellegierungen** sind Werkstoffe, die sich durch hohe Festigkeit und Korrosionsbeständigkeit auszeichnen. Apparateteile, die mit starken Säuren, z. B. Schwefel-, Salpeter- oder Flusssäure in Verbindung kommen, werden aus diesen Materialien angefertigt. Nickel wird in einem sehr aufwändigen Verfahren hergestellt und ist aus diesem Grund, wie auch seine Legierungen, sehr teuer. So ist der Preis für bestimmte Nickellegierungen bis zu 20 mal so hoch wie für hochwertige Cr-Ni-Stähle. Entsprechend werden Nickelwerkstoffe nur für spezielle Zwecke im chemischen Apparatebau eingesetzt. Für Heizdrähte wird beispielsweise eine Legierung aus 80 % Ni und 20 % Cr verwendet.

Beispiel Bezeichnung für die Nickellegierung Ni Cr 22 Mo 9 Nb

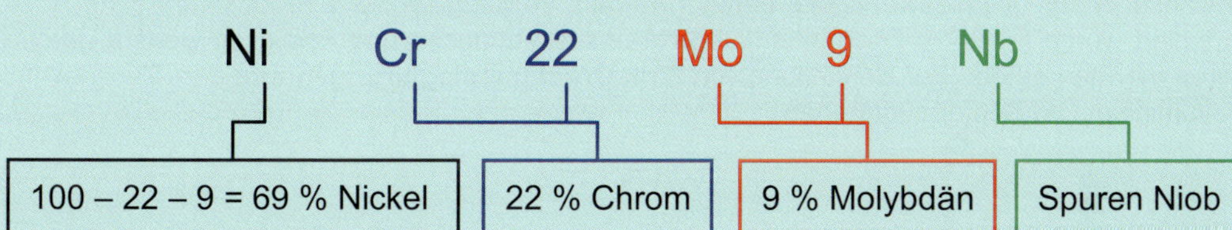

Abbildung 8-17 Bezeichnung Nickellegierung

Tabelle 8-11 Eigenschaften von Nickel und Nickellegierungen

Korrosionsbeständigkeit	in der Luft	sehr gut
	Im Wasser	sehr gut
	gegen Säuren/Laugen	sehr gut
Verwendung	Für Rohre und Anlagenbauteile, die mit aggressivsten Säuren und Laugen in Berührung kommen. Weiterhin für Bauteile, die permanent dem Meerwasser ausgesetzt sind. Nickel wird für Korrosionsschutzschichten verwendet und auch zu Schmuck verarbeitet. Die bekanntesten Nickellegierungen werden unter den Handelsnamen Inconel, Monel und Hastelloy vertrieben.	

• Reines **Chrom** (Smp. 1900 °C) ist ein bläulich-weiß glänzendes Schwermetall, das gut schmiedbar und dehnbar ist. Durch Beimischung von Wasserstoff oder Sauerstoff wird es zu den härtesten aller Gebrauchsmetalle. Es ist an der Luft äußerst beständig, da es von einer dünnen Oxidschicht überzogen wird, welche vor Korrosion schützt. Chrom ist das wichtigste Legierungsmetall zur Herstellung von nichtrostenden Chromstählen. Unlegiertes, reines Chrom wird mit einer Mindestreinheit von 99,96 % hergestellt. Wegen des hohen Schmelzpunkts wird es zu Bauteilen verarbeitet, die auch bei hohen Temperaturen korrosionsbeständig sein müssen. **Chromlegierungen**, mit z. B. Nickel oder Eisen, zeigen ein Korrosionsverhalten, welches noch besser ist als das von reinem Chrom.

Tabelle 8-12 Eigenschaften von Chrom und Chromlegierungen

Korrosionsbeständigkeit	in der Luft	sehr gut (auch bei hohen Temperaturen)
	im Wasser	sehr gut (auch bei hohen Temperaturen)
	gegen Säuren/Laugen	sehr gut (auch bei hohen Temperaturen)
Verwendung	Aus reinem Chrom werden z. B. Filterkerzen für die Umwelttechnik und Komponenten für den chemischen Apparatebau hergestellt. Weiter werden Chrombeschichtungen bis zu 1 mm Dicke zum Korrosions- und Verschleißschutz auf entsprechend hoch belastete Werkstücke aufgetragen. Auch in der Dünnschichttechnologie findet reines Chrom in sehr dünnen Schichten Anwendung. Chromlegierungen werden für Hochtemperaturanwendungen eingesetzt.	

- **Zink** ist ein niedrig schmelzendes Schwermetall (Smp. 419 °C) mit guten Gießeigenschaften und ausgezeichneter Beständigkeit gegen Korrosion, die durch den Luftsauerstoff verursacht wird. Da Zink gegenüber Eisen in wässrigen Lösungen negatives Potential zeigt, kann es hervorragend als Korrosionsüberzug für Eisenwerkstoffe benutzt werden. Im Baugewerbe wird Zink verarbeitet, das mit Titan legiert wurde (z. B. zu Dachrinnen). Korrosionsbeständigkeit und Festigkeit werden durch das Legieren mit Titan erhöht. Zur Herstellung von **Zink-Druckgusslegierungen** wird dem Zink Aluminium oder Aluminium und Kupfer zugegeben.

Beispiel **Bezeichnung für die Zinklegierung Zn Al 4 Cu 1**

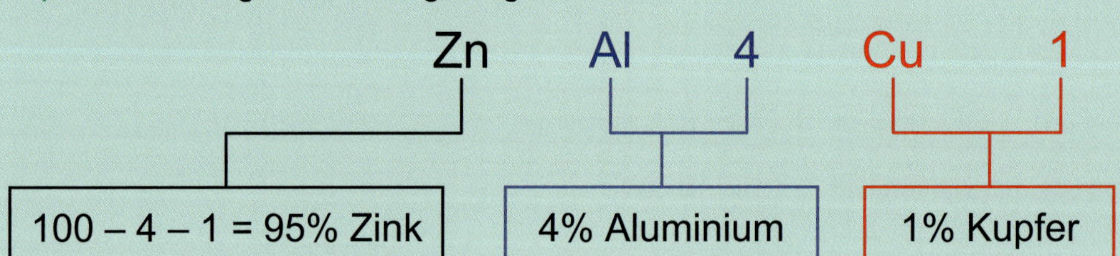

Abbildung 8-18 Bezeichnung Zinklegierung

Tabelle 8-13 Eigenschaften von Zink und Zinklegierungen

Korrosionsbeständigkeit	in der Luft	sehr gut
	im Wasser	sehr gut
	gegen Salpetersäure	schlecht
Verwendung	Reines Zink wird wegen seines negativen Potentials als Korrosionsschutzmetall verwendet. In Batterien dient der Zinkbecher als negativer Pol und als Behälter. Titanzink wird für Dachabdeckungen, Dachrinnen und Fassadenverkleidungen verwendet. Druckgusslegierungen werden für Formteile, wie z. B. Motorengehäuse, verwendet. Fast die Hälfte aller Druckgusserzeugnisse, speziell kleine komplizierte Formen, werden aus diesen Materialien hergestellt.	

- **Blei** ist ein sehr schweres Metall mit niedrigem Schmelzpunkt (Smp. 327 °C). Es ist sehr weich und leicht verformbar. Im unlegierten Zustand wird es daher auch Weichblei genannt. Mit nur 15 N/mm^2 hat es eine so geringe Festigkeit, dass Konstruktionen aus diesem Metall nicht möglich sind. Durch Legieren mit anderen Metallen lässt sich die Festigkeit zwar auf das 4-fache erhöhen, aber auch ca. 60 bis 70 N/mm^2 reichen nicht für Konstruktionswerkstoffe. Blei und seine Legierungen können bei unsachgemäßer Handhabung zu Vergiftungen führen. Aus diesem Grund sind besondere Sicherheitsmaßnahmen beim Umgang mit Blei erforderlich.

Tabelle 8-14 Eigenschaften Blei

Korrosionsbeständigkeit	in der Luft	sehr gut
	im Wasser	sehr gut
	gegen Schwefelsäure	sehr gut (durch Passivierung)
Verwendung	Reines Blei hat trotz seiner geringen Festigkeit Bedeutung in der Industrie. Es wird beispielsweise für Auskleidungen von Apparaten verwendet, die Schwefelsäure lagern. Außerdem bieten Abschirmungen aus Blei Schutz vor radioaktiver Strahlung. Die Legierungen mit Blei finden für Kabelmäntel, Akkumulatorplatten und als Lagermetall Anwendung.	

Beispiel Bezeichnung für die Bleilegierung Pb Sb 10 Sn 5

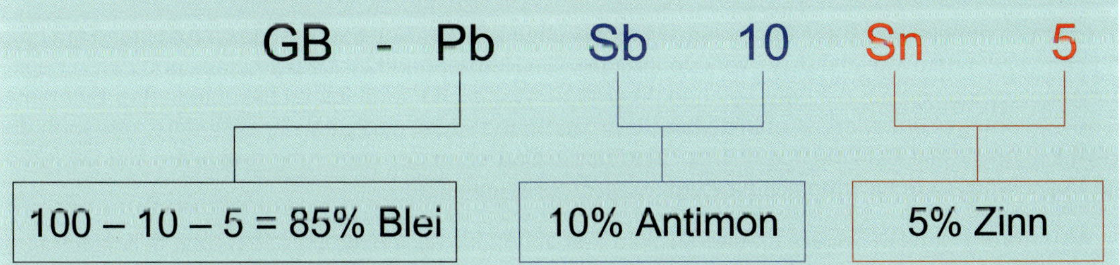

Abbildung 8-19 Bezeichnung Bleilegierung

- **Zinn** gehört wie Blei und Zink zu den niedrig schmelzenden Schwermetallen (Smp. 232 °C), hat wie diese eine geringe Festigkeit und ist ebenfalls sehr weich und leicht verformbar. Im Gegensatz zu Blei und Zink sind die Korrosionsprodukte, die bei Berührung mit Lebensmitteln entstehen können, absolut ungiftig.

Tabelle 8-15 Eigenschaften von Zinn und Zinnlegierungen

Korrosionsbeständigkeit	in der Luft	sehr gut
	im Wasser	sehr gut
	gegen schwache Säuren und Laugen	gut
Verwendung	Der größte Zinnverbraucher ist die Lebensmittelindustrie. Mehr als die Hälfte der Zinnproduktion geht in die Herstellung von Weißblech für Konservendosen. In der Technik werden Zinnlegierungen für Lote, Lagermetalle und Bronzen verwendet.	

Beispiel Bezeichnung für die Zinnlegierung Sn Sb 12 Cu 6 Pb

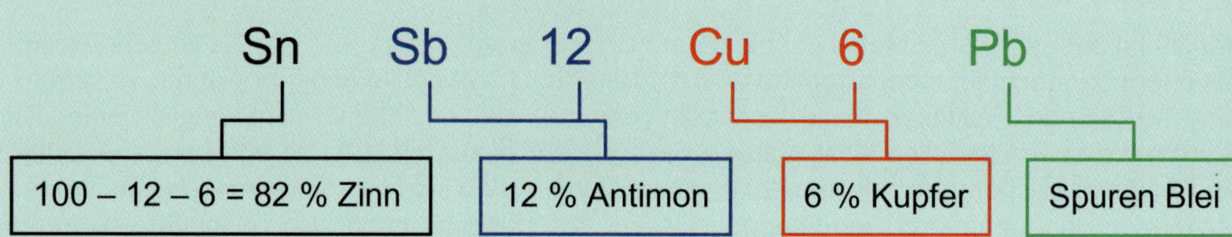

Abbildung 8-20 Bezeichnung Zinnlegierung

Beispiel Bezeichnung für die Zinnlegierung Sn Pb 40 (Weichlot)

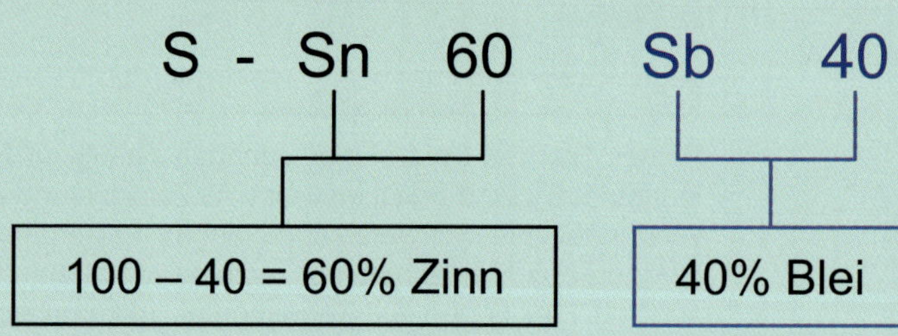

Abbildung 8-21 Bezeichnung Zinnlegierung

8.3.6 Leichtmetalle

Zu den Leichtmetallen zählen Aluminium, Magnesium und Titan. Aluminium ist das mit Abstand am häufigsten verwendete Metall dieser Werkstoffgruppe. Die Bezeichnung für Leichtmetalle und deren Legierungen beginnen immer mit dem Zeichen des Hauptmetalls und dann folgen die zulegierten Elemente. Den Legierungselementen ist unmittelbar ihr prozentualer Anteil nachgestellt. Elemente, denen in der Bezeichnung keine Zahl nachgestellt ist, sind nur in Spuren in der Legierung enthalten. Die Legierungen können auch Schwermetalle als Legierungsmetalle enthalten.

- **Aluminium** ist nach Sauerstoff und Silizium das dritthäufigste Element und mit rund 8 % am Aufbau der Erdkruste beteiligt. Die Gewinnung von Aluminium ist problematisch, da es in der Natur wie die meisten Metalle nicht in reiner Form existiert. Es muss aus der sehr stabilen Verbindung Al_2O_3 unter hohem Energieeinsatz gewonnen werden. Aluminium überzieht sich an der Luft mit einer Oxidschicht, die für weiteren Sauerstoff undurchlässig ist. Infolgedessen sind Aluminiumwerkstoffe korrosionsbeständig. Die Dichte beträgt 2,7 g/cm^3 und es ist ein guter Strom- und Wärmeleiter. Die elektrische Leitfähigkeit beträgt gegenüber Kupfer zwar nur 62 %, jedoch auf die Dichte der Stoffe bezogen ist dies der

2,1-fache Wert. Aufgrund des guten Verhältnisses zwischen Festigkeit und Dichte ergeben sich für Aluminium vielfältige Anwendungsbereiche.

Tabelle 8-16 Eigenschaften von Aluminium

Korrosionsbeständigkeit	in der Luft	sehr gut
	im Wasser	gut
	im pH-Bereich 5–8	gut
	Konzentrierte Salpetersäure passiviert Aluminium durch Bildung einer luftundurchlässigen Oxidschicht.	
Verwendung	Reines Aluminium wird zu Halbzeugen wie Rohre, Stangen, Bleche, Folien und Profile verarbeitet. Daraus werden dann z. B. Wärmetauscher, Lagerbehälter, Transportbehälter (Fässer), Fahrzeugteile, Türen, Fensterrahmen usw. hergestellt. Ein großer Teil der Aluminiumproduktion geht in den Flugzeugbau, da auch hier das Verhältnis der Festigkeit zum Gewicht entscheidend für die Werkstoffauswahl ist.	

Um die Vorteile des Aluminiums, seine geringe Dichte und die große Korrosionsbeständigkeit für viele Einsatzgebiete zu nutzen, muss durch Zugabe von Legierungsmetallen die Festigkeit erhöht werden. Wichtige Legierungselemente für Aluminium sind Kupfer, Magnesium, Mangan und Silizium. Aluminium, das mit Zinn, Magnesium und Kupfer legiert wird, kann durch Abschreckhärten durchaus auf die Festigkeit von Stahl gebracht werden. Gusslegierungen aus Aluminium und Silizium haben sehr gute Gießeigenschaften und ausreichende Festigkeit, um daraus Kolben und Zylinder für Verbrennungsmaschinen anzufertigen.

Beispiel Bezeichnung für die Aluminiumlegierung Al Mg 3

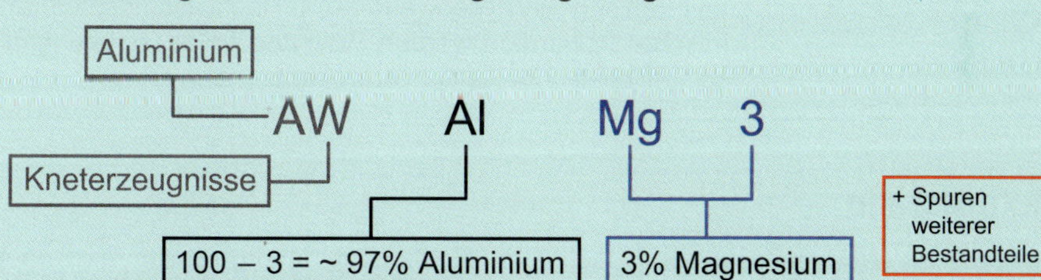

Abbildung 8-22 Bezeichnung Aluminiumlegierung

Tabelle 8-17 Eigenschaften von Aluminiumlegierungen

Korrosionsbeständigkeit	Aufgrund der Vielzahl der verschiedenen Aluminiumlegierungen lässt sich an dieser Stelle keine allgemeingültige Aussage zum Korrosionsverhalten machen. In der Regel sind alle Legierungen des Aluminiums an der Luft sehr gut korrosionsbeständig. Die meisten lassen sich durch konzentrierte Salpetersäure passivieren und so noch beständiger machen.
Verwendung	Aluminiumlegierungen werden zu Halbzeugen wie Rohre, Stangen, Bleche und Profile verarbeitet. Die Gusslegierungen des Aluminiums werden zu Formen aller Art vergossen, z. B. schnell bewegte Teile an Verbrennungsmaschinen.

- Der Werkstoff **Titan** vereinigt hohe Festigkeit mit geringer Dichte (4,5 g/cm³) und ausgezeichneter Korrosionsbeständigkeit. Wegen dieser bei Metallen ungewöhnlichen Kombination der Eigenschaften werden Titan und seine Legierungen trotz des hohen Preises häufig verwendet. In oxidierender Umgebung bildet sich auf der Oberfläche von Titan eine feste, sehr resistente, Korrosionsbeständigkeit bewirkende Oxidschicht.

Beispiel Bezeichnung für die Titanlegierung Ti Al 5 Sn 2,5

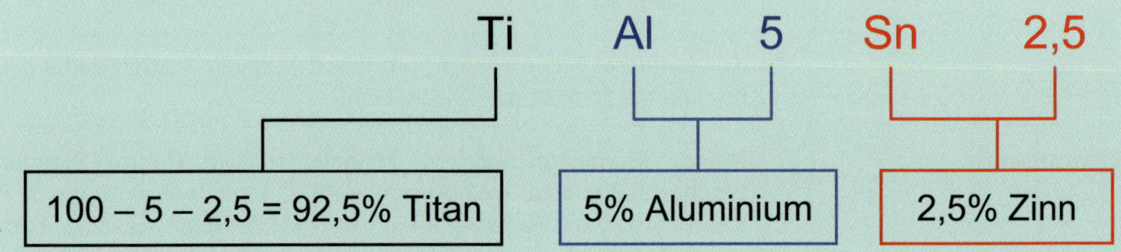

Abbildung 8-23 Bezeichnung Titanlegierung

Tabelle 8-18 Eigenschaften Titan

Korrosionsbeständigkeit	in der Luft	sehr gut
	im Wasser	sehr gut
	gegen Säuren/Laugen	sehr gut
Verwendung	Überall dort, wo es auf die Eigenschaftskombination „hohe Festigkeit/niedrige Dichte“ bei sehr guter Korrosionsbeständigkeit ankommt und der sehr hohe Preis den Werkstoffeinsatz rechtfertigt: Im Flugzeug- und Triebwerkbau, in Hochleistungsmotoren und chemischen Apparaten werden Titan und seine Legierungen zu unterschiedlichsten Bauteilen verarbeitet.	

8.4 Nichtmetalle

Die nichtmetallischen Werkstoffe werden nach ihrer Entstehung in organische und anorganische Werkstoffe eingeteilt.

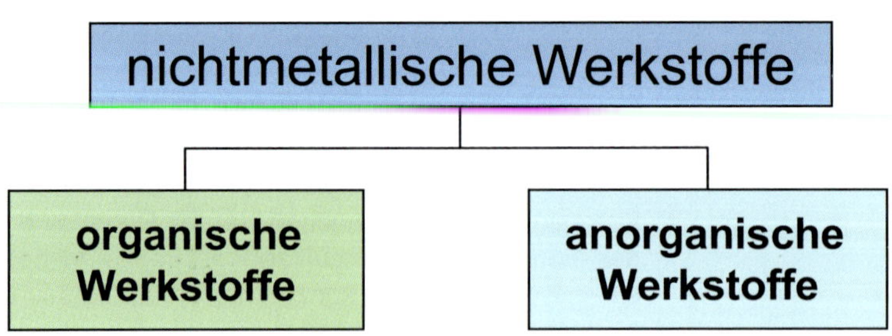

Abbildung 8-24 Einteilung nichtmetallischer Werkstoffe

8.4.1 Organische Werkstoffe

Diese Werkstoffe sind ursprünglich aus organischen Substanzen, also nachwachsenden Stoffen, entstanden. Dabei kann die Herkunft dieser Materialien pflanzlicher Natur sein, z. B. Holz oder Naturkautschuk. Sie können aber auch von lebenden Organismen abstammen, wie beispielsweise von tierischer Wolle. Die organischen Werkstoffe zeichnen sich durch die in Tabelle 8-19 zusammengestellten Haupteigenschaften aus.

Tabelle 8-19 Eigenschaften von organischen Werkstoffen

mechanische Eigenschaften	**thermische Eigenschaften**	**chemische Eigenschaften**	**elektrische Eigenschaften**
• geringe Dichte • gute Bearbeitbarkeit • geringe Zugfestigkeit • geringe Härte	• Wärme dämmend • niedrige Erweichungstemperatur	• korrosionsbeständig • brennbar • neigen zur Zersetzung	• isolierend • neigen zu statischer Aufladung

- **Naturkautschuk**

In der chemischen Industrie werden organische Werkstoffe vielfältig eingesetzt. Naturkautschuk, ein gummiartiges Material, wird aus dem klebrigen Saft des Gummibaumes gewonnen. Dieser Saft enthält polymerisiertes Isopren. Durch Zusatz von Schwefel und durch Zufuhr von Wärme werden die Makromoleküle vernetzt (Vulkanisation). Naturkautschuk ist beständig gegen Salze, Säuren und Laugen. Von organischen Lösemitteln wird er aufgequollen oder gelöst.

Verwendet wird Naturkautschuk für Schläuche, Manschetten sowie als Auskleidung für Behälter, Rohrleitungen und Pumpengehäuse.

- **Faserstoffe**

Zahlreiche Faserstoffe aus organischen Werkstoffen werden zunächst zu Garn und dann zu Zwirnen und Seilen oder zu Textilien verarbeitet. Filtergewebe aus Kunststoff- oder Wollfasern finden in der mechanischen Verfahrenstechnik zum Trennen von Suspensionen und Stäuben Anwendung. Ungeordnete Verarbeitungen von Fasern zu dickeren Schichten werden als Filz bezeichnet. Filtermittel aus Filz werden häufig für die Luftreinigung eingesetzt, z. B. in der Gebäudebelüftung.

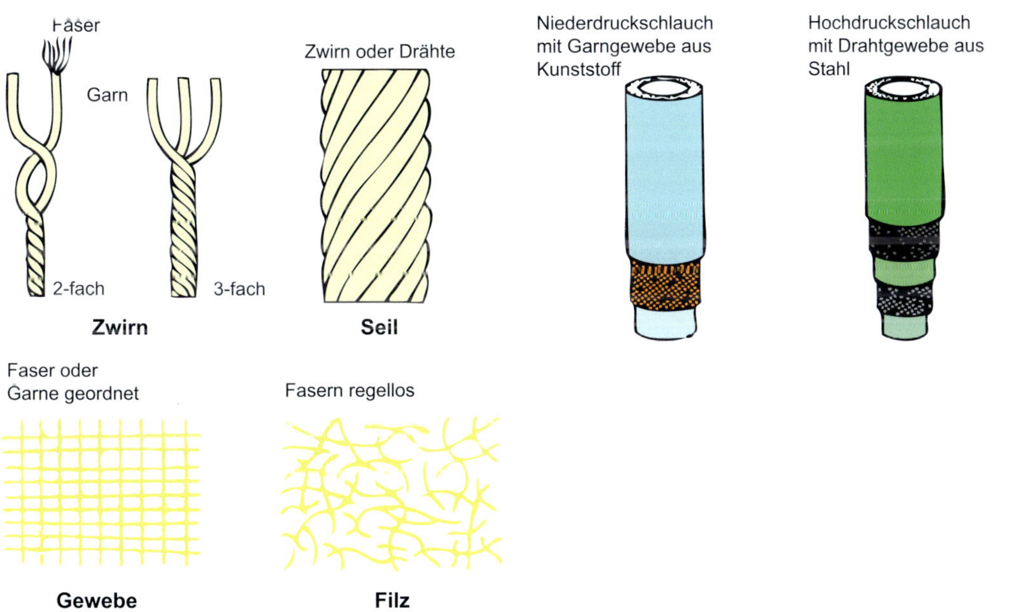

Abbildung 8-25 Faserstoffe

- **Kunststoffe**

Zu den organischen Stoffen zählt auch die große Gruppe der Kunststoffe. Dabei handelt es sich um durch Synthese hergestellte Werkstoffe. Für die Herstellung der Kunststoffe werden – hauptsächlich aus Erdöl, Erdgas oder Kohle – sehr reaktive Substanzen (Monomere) gewonnen, die durch chemische Prozesse in lange Molekülketten umgewandelt werden. Die Kunststoffe werden aufgrund ihres molekularen Aufbaus und den daraus resultierenden speziellen Eigenschaften in drei Gruppen eingeteilt (Abbildung 8-26).

Abbildung 8-26 Einteilung der Kunststoffe

In der Technik haben Kunststoffe aufgrund ihrer vielseitigen Einsetzbarkeit eine große Bedeutung erlangt und Metalle oder andere Werkstoffe aus vielen Anwendungen verdrängt. Es gibt Kunststoffe, die hart und spröde, aber auch solche, die weich und gummielastisch sind. Sie können durch Gießen, Zerspanen oder durch spanlose Formgebung in ihre Gebrauchsform gebracht werden. Nachteilig wirken sich die geringe thermische Belastbarkeit sowie die geringe Zugfestigkeit (30 N/mm^2) aus. Die Dichte der Kunststoffe liegt mit 0,9 bis 1,4 kg/dm^3 deutlich niedriger als bei Metallen. Die daraus resultierende Gewichtsersparnis führt dazu, dass vor allem im Fahrzeugbau Kunststoffe neben Metallen zu den wichtigsten Werkstoffen gehören.

Als **Thermoplast** wird ein Kunststoff bezeichnet, der bei Erwärmung weich und verformbar ist, bei Abkühlung aber wieder hart wird. Der molekulare Aufbau der Makromoleküle ist vergleichbar mit einem Wattebausch, bei dem die einzelnen Fäden die Makromoleküle darstellen. Die Fäden des Wattebausches sind gegeneinander verschiebbar und dies geschieht bei Erwärmung und nachfolgender Verformung auch mit den Makromolekülen eines Thermoplastes. Polyvinylchlorid (PVC) kann beispielsweise mehrmals erwärmt und verformt werden, ohne dass der Werkstoff Schaden nimmt. Eine weitere Eigenschaft der Thermoplaste ist die Schweißbarkeit. Mithilfe heißer Luft kann der Werkstoff auf ca. 150 °C erhitzt werden und dann durch Zugabe von Schweißzusatzwerkstoff (aus dem gleichen Material) verschweißt werden.

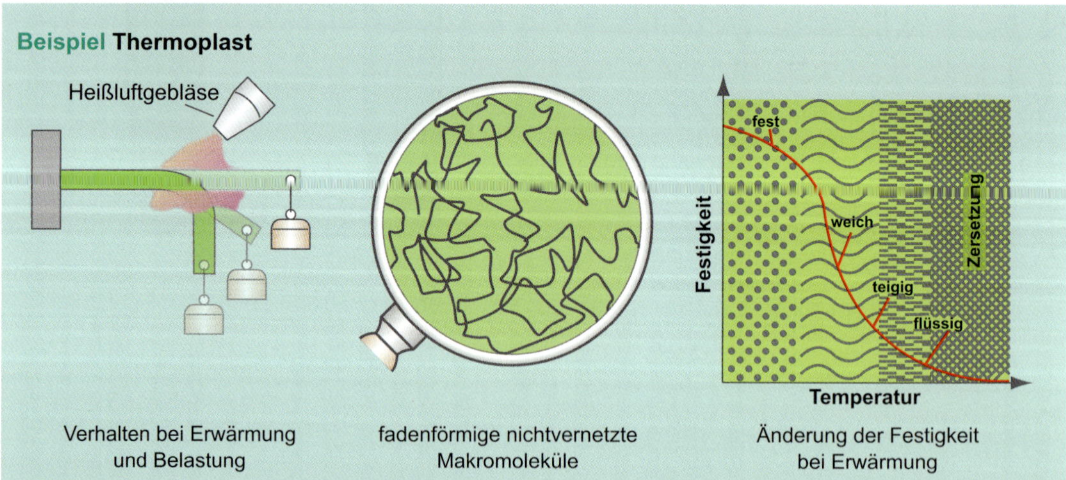

Abbildung 8-27 Eigenschaften von Thermoplasten

Thermoplastische Kunststoffe werden aufgrund ihrer Vielseitigkeit zu den unterschiedlichsten Anwendungen verarbeitet. Polyethylen (PE) und Polyvinylchlorid (PVC) sind die Kunststoffsorten mit dem größten Marktanteil.

Beispiele für häufig verwendete Thermoplaste sind in Tabelle 8-20 zusammengestellt.

Tabelle 8-20 Eigenschaften von Thermoplasten

Thermoplast		Eigenschaften
Polyvinylchlorid	PVC	Weich-PVC für Schläuche, Handläufe, Kunstleder, Fußbodenbeläge (bis ca. 80 °C); Hart-PVC für Rohre, Profile für Fenster und Türrahmen, Apparateteile, Behälter
Polyethylen	PE	Weich-PE für Dichtungsbahnen, Folien, flexible Schläuche Hart-PE für Behälter, Öltanks, Rohre für Abwasser und Trinkwasser bis ca. 80 °C
Polypropylen	PP	vergleichbar PE, jedoch bis 100 °C einsetzbar
Polymethylmethacrylat „Plexiglas“	PMMA	Schutzgläser, Lichtkuppeln, Waschbecken, Badewannen
Polystyrol	PS	Dämmmaterial für Wärme und Kälte, Schallschutz, Verpackungsmaterial
Polytetrafluorethylen „Teflon“	PTFE	in sehr großem Temperaturbereich anwendbare Dichtungsmaterialien, Beschichtungen für Pfannen oder für Behälter, die aggressive Chemikalien lagern
Polycarbonate	PC	bruchsichere Verglasungen, z. B. für Duschkabinen oder bruchsichere Griffe an Werkzeugen

Duromere (auch **Duroplaste**) bestehen aus engmaschigen Makromolekülen, die beim Herstellungs- bzw. Verarbeitungsvorgang hochgradig vernetzt werden. Die fadenförmigen Makromoleküle sind an den Berührungsstellen durch eine chemische Verbindung so fest miteinander verbunden, dass sie auch in der Wärme nicht gegeneinander verschoben werden können. Aus diesem Grund sind Duroplaste auch nicht schmelzbar und damit nicht schweißbar oder warm verformbar.

Beispiel Duromere (Duroplaste)

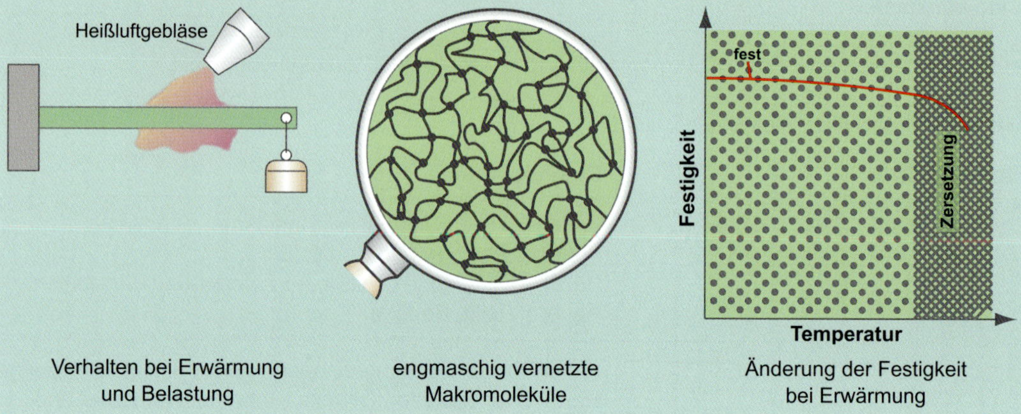

Abbildung 8-28 Eigenschaften von Duroplasten

Duromere kommen in zwei Variationen in den Handel. Zum Einen werden fertige Formteile, wie z. B. Steckdosen, Schalter, Gehäuseteile usw., hergestellt. Für die Herstellung individueller Formen werden zum Anderen unvernetzte Makromoleküle in Form von harzartigen zähen Flüssigkeiten in den Handel gebracht. Diese vernetzen erst bei Zugabe von Härtern oder unter Druck und Wärme und erreichen so den duromeren Zustand. Beispiele für häufig verwendete Duroplaste stehen in Tabelle 8-21.

Tabelle 8-21 Eigenschaften von Duromeren (Duroplasten)

Duromer (Duroplast)		**Eigenschaften**
Phenolharz	PF	Bindemittel im Leim, Lackrohstoff
ungesättigtes Polyesterharz	UP	Zweikomponentenkleber, Bindemittel für Schichtwerkstoffe, Bindeharz für glasfaserverstärkte Kunststoffe
Epoxidharz	EP	Lack, Gießharz, Bindemittel für Kunstharzbeton, Bindeharz für glasfaserverstärkte Kunststoffe
Polyurethanharz	PUR	Hartschaumstoff für Isolierungen, Weichschaumstoff für Polsterungen, Konstruktionswerkstoff für Gehäuse, Kleber, Lacke
Siliconharze	SI	wasserabweisende Schutzanstriche, Dichtungen, Imprägnierungen

Als **Elastomere** werden Kunststoffe bezeichnet, die ein gummielastisches Verhalten zeigen und sich über 100 % der Anfangslänge dehnen lassen. Wenn die Kraft, mit der ein Elastomer gedehnt wurde, zurückgenommen wird, nimmt dieser Kunststoff wieder seine Ursprungslänge ein. Die Elastizität ist zurückzuführen auf die weitmaschige Vernetzung der Makromoleküle und sie bleibt bis zur Zersetzungstemperatur weitgehend erhalten. Elastomere sind nicht schmelzbar und nicht schweißbar.

Beispiel Elastomer

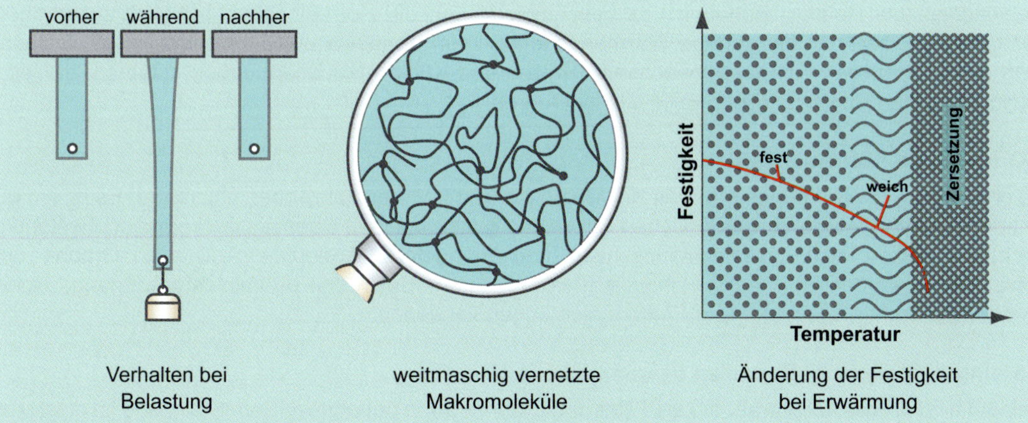

Abbildung 8-29 Eigenschaften von Elastomeren

Die unter der Bezeichnung „Gummi“ oder „Kautschuk“ bekannten Elastomere werden als End- und Vorprodukte verwendet. Aufgrund ihrer Eigenschaft, nach mehrfacher Längenänderung wieder die Ursprungsgröße zu erreichen, sind die Elastomere hervorragend für Dichtungen in gebrauchsfertiger Form oder als pastenförmige Massen, die nach dem Gebrauch aushärten, verwendbar.

Beispiele für häufig verwendete Elastomere sind in Tabelle 8-22 aufgeführt.

Tabelle 8-22 Eigenschaften von Elastomeren

Elastomer		Eigenschaften
Butadienkautschuk,	SBR „BUNA“	Fahrzeugreifen, Puffer, Schläuche, Dichtungen, Maschinenfüße
Chloroprenkautschuk	CR	Dichtungen für Fenster und Türen, Fugenbänder, Folien, Rohstoff für Klebstoffe
Siliconkautschuk	SIR	Fugendichtungsmasse, Schläuche, Dichtungen Isolierungen im Elektrobereich

8.4.2 Anorganische Werkstoffe

Die wichtigsten in der chemischen Industrie eingesetzten anorganischen Werkstoffe sind Glas, Emaille, Porzellan, Graphit, Steinzeug und Steingut.

- **Glas**

Glas wird in der chemischen Produktion überall dort verwendet, wo beste Korrosionsbeständigkeit bei Durchsichtigkeit der Armaturen bzw. Apparate verlangt wird, wie z. B. in der Forschung, um Reaktionen in Behältern beobachten zu können. Es besitzt eine gute Wärmedämmung und eine hohe elektrische Isolierähigkeit. Dazu kommt, dass Glas korrosionsbeständig gegen fast alle Chemikalien ist (Ausnahme: Flusssäure und starke Alkalien). Nachteilig wirkt sich die Sprödigkeit und Bruchgefahr des Glases aus. Aus Glas können nahezu alle im Apparatebau benötigten Behälter, Kolonnen, Wärmetauscher und Rohre hergestellt werden.

- **Emaille**

Emaille ist ebenfalls Glas, jedoch in anderer Zusammensetzung. Es wird in mehreren Schichten auf Stahlflächen (bei Rohren, Behältern) aufgeschmolzen, um die Korrosionsbeständigkeit zu erhöhen. Nachteil von Emaille ist die geringe Wärmeausdehnung im Vergleich zu Stahl. Durch diese Tatsache kann es bei schnellen Temperaturwechseln (Heizen und Kühlen) zu Spannungen kommen, die letztendlich zu feinen Rissen in der Emaille-Schicht führen.

- **Graphit und Kohlemassen**

Graphit ist eine Erscheinungsform des Kohlenstoffes und hat metallähnlichen Charakter. Es ist ein guter Leiter für Wärme und den elektrischen Strom und gegen fast alle Chemikalien korrosionsbeständig. Nachteilig wirken sich Bruchempfindlichkeit und mangelnde Abriebfestigkeit aus. Graphit und Kohlemassen werden für Kollektorkohlen in Elektromotoren, Elektroden (Aluminiumgewinnung), Rohre für Wärmetauscher, Gleitlager und Gleitringdichtungen verwendet.

- **Steingut, Steinzeug, Porzellan (Keramische Massen)**

Steingut sind poröse Tonwaren, die als Filter und Diaphragmen benutzt werden. Steinzeug ist glasiertes Steingut. Es dient zur Herstellung säurefester Apparate und Geräte (Rohre, Armaturen, Behälter). Die keramischen Massen werden heute überwiegend durch das gegen Bruch weniger empfindliche Borosilikatglas ersetzt.

8.5 Verbundwerkstoffe

Verbundwerkstoffe bestehen aus mehreren Werkstoffen, die sich in ihren Eigenschaften deutlich unterscheiden. Durch den Verbund der am Aufbau beteiligten Werkstoffe werden die positiven Eigenschaften verstärkt, die negativen weitestgehend ausgeschaltet. Die relativ geringe Festigkeit der Kunststoffe kann beispielsweise durch Zumischung von Glasfasern erheblich verbessert werden.

8.5.1 Wirkung der am Verbund beteiligten Stoffe

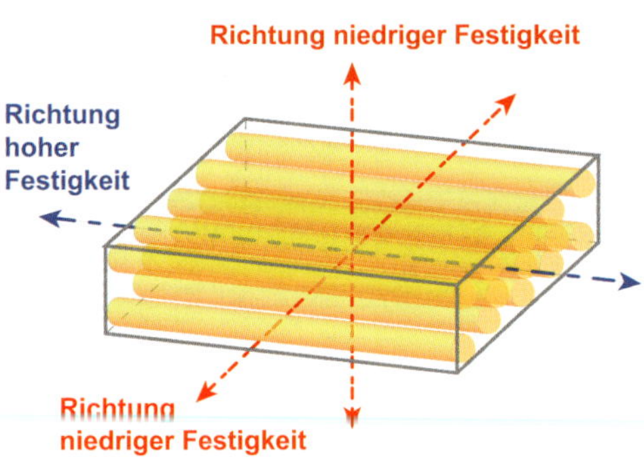

Abbildung 8-30 Verstärkung in eine Richtung

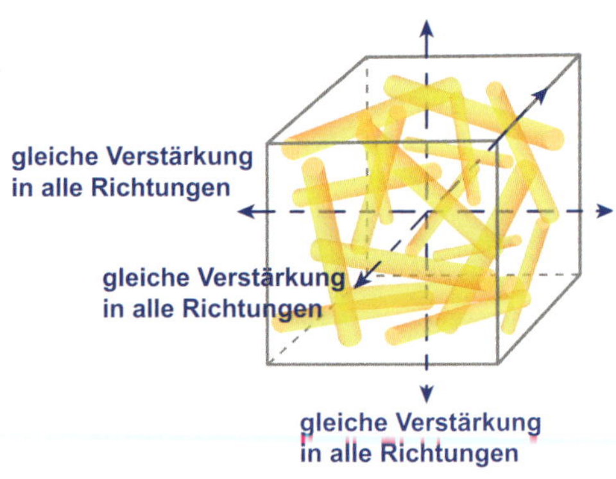

Abbildung 8-31 Verstärkung in alle Richtungen

Durch die Verstärkung werden Verbundstoffe in ihrer Festigkeit, Steifigkeit und Härte verbessert. Darüber hinaus können je nach Verbundkombination aber auch andere Eigenschaften, wie beispielsweise die Leitfähigkeit für Wärme und Elektrizität, die Temperaturbeständigkeit und die Verschleißfestigkeit, erhöht werden.

In der chemischen Industrie werden Verbundwerkstoffe unter anderem in Form von plattierten Blechen eingesetzt, um kostengünstigen Baustahl mit hoher Festigkeit durch Beschichtung mit korrosionsbeständigen Blechen korrosionsfest zu machen. Weitere Verbundwerkstoffe sind mit Gummi oder mit Kunststoff beschichtete Behälter oder Rohre.

8.5.2 Aufbau der Verbundwerkstoffe

Die Abbildungen 8-32 und 8-33 zeigen den Aufbau von zwei typischen Verbundwerkstoffen.

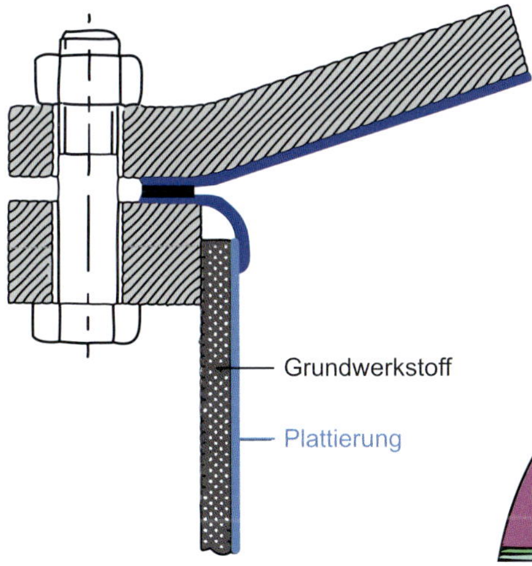

Abbildung 8-32 Aufbau eines plattierten Bleches

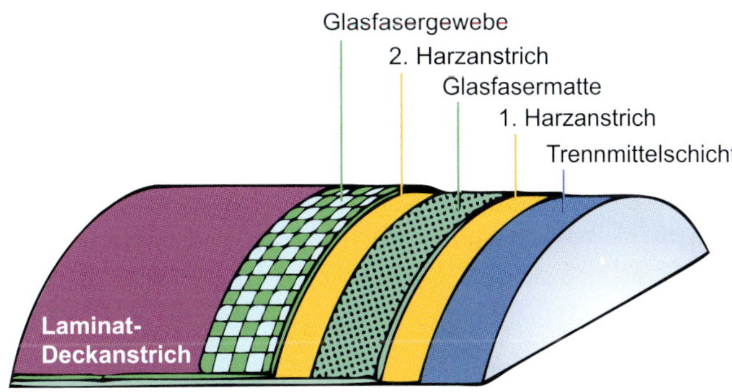

Abbildung 8-33 glasfaserverstärkte Kunststoffe

8.6 Werkstoffzerstörung

Werkstoffe sind während ihrer Verwendung den verschiedensten Belastungen ausgesetzt. Diese Beanspruchung kann den Werkstoff auf Dauer teilweise oder sogar völlig zerstören. Da die Schäden durch eine Werkstoffzerstörung zu erheblichen finanziellen Verlusten führen (Unfälle, Produktionsausfall, Betriebsstörungen etc.), gilt es, den verschiedenen Arten der Werkstoffzerstörung durch entsprechende Maßnahmen entgegenzuwirken.

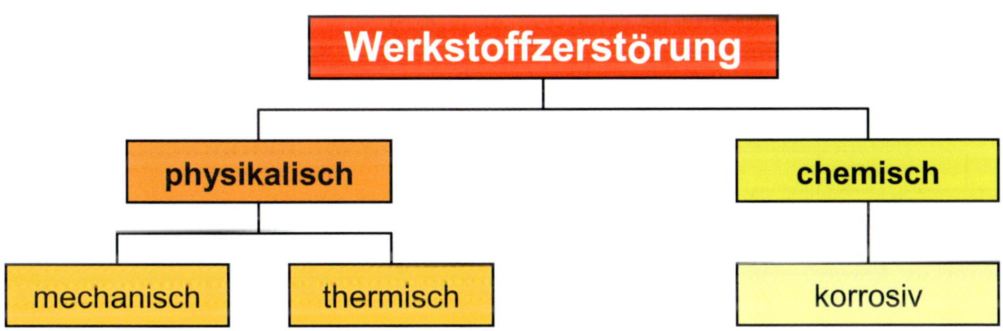

Abbildung 8-34 Einteilung der Arten von Werkstoffzerstörung

8.6.1 Physikalische Werkstoffzerstörung

Die physikalische Werkstoffzerstörung wird durch Krafteinwirkung oder durch Wärme verursacht. Die **Einwirkung von Kraft** wird als mechanische Werkstoffbelastung bezeichnet. Wenn strömende Medien einen Werkstoffabrieb an der Oberfläche, beispielsweise einer Rohrwand, hervorrufen, wird dieser Vorgang Erosion genannt. Oberflächen, die ohne Schmiermittel aufeinander reiben, führen zu Verschleiß unmittelbar an den Berührungsflächen. Eine weitere Form der mechanischen Werkstoffzerstörung ist die Kavitation. Dabei entstehen in strömenden Flüssigkeiten durch niedrige Drücke Dampfblasen, die im Bereich höherer Drücke wieder zerfallen. Der Zerfall dieser Dampfblasen ist mit örtlich auftretenden, hohen Drücken verbunden, die alle Werkstoffe zerstören können. Ermüdungsbrüche entstehen durch zu langes Belasten eines Werkstoffes knapp unter seiner maximalen mechanischen Belastbarkeit.

Zur **thermischen Werkstoffzerstörung** gehören Schäden, die durch schnelle Temperaturwechsel oder durch zu hohe oder zu niedrige Temperatur verursacht werden. Schäden, die durch thermische Belastungen auftreten können, sind beispielsweise Bruch durch Versprödung, Rissbildung bei Glas oder Emaille, Zersetzung oder Plastifizierung bei Kunststoffen und Härte- oder Festigkeitsverlust bei Metallen.

8.6.2 Chemische Werkstoffzerstörung durch Korrosion

Unter Korrosion wird ein unerwünschter chemischer oder elektrochemischer zerstörender Angriff auf eine Werkstoffoberfläche verstanden. Die bekannteste Form der Korrosion ist das Rosten von Eisenwerkstoffen. Folgende chemische Reaktion liegt dem Vorgang des Rostens zugrunde:

$$4\,Fe + 3\,O_2 \rightarrow 2\,Fe_2O_3$$

Der in der Luft oder in feuchter Atmosphäre enthaltene Sauerstoff oxidiert Eisen beziehungsweise Stahl. Das Rosten von Eisenwerkstoffen ist meistens eine gut erkennbare Korrosion, die sich über die gesamte Werkstoffoberfläche hinzieht. Korrosion kann aber auch örtlich begrenzt auftreten, sodass sie mit dem bloßen Auge nicht erkennbar ist. Zum besseren Verständnis werden im Folgenden die Begrifflichkeiten erläutert:

- korrodieren: Korrosion verursachen
- korrodiert werden: Korrosion erleiden
- korrosiv: Eigenschaft eines Stoffes, Korrosion zu verursachen.

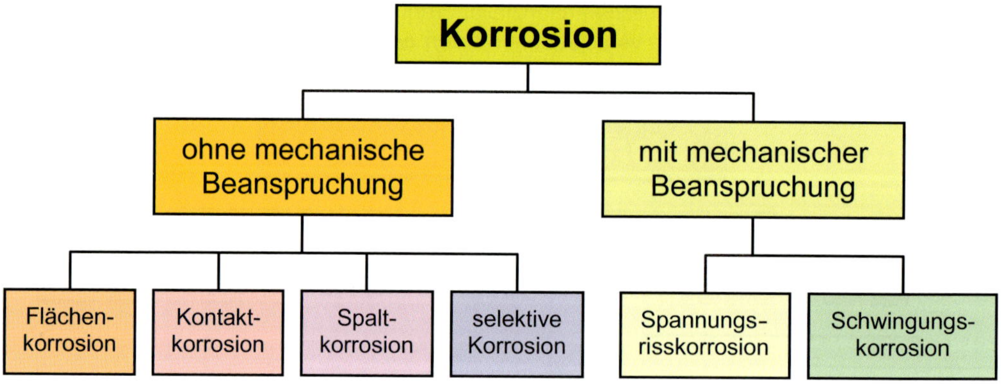

Abbildung 8-33 Einteilung der Arten von Korrosion

- **Korrosion ohne mechanische Beanspruchung**

Die **Flächenkorrosion** ist die von der Oberfläche gleichmäßig in das Material eindringende Korrosion. **Muldenkorrosion** ist gekennzeichnet durch muldenförmige Vertiefungen, die die Werkstoffoberfläche überziehen.

Beispiele Korrosion ohne mechanische Beanspruchung

unlegierter Stahl an der Luft

Abbildung 8-36 Flächenkorrosion

Zink wird von Salzsäure angegriffen

Abbildung 8-37 Muldenkorrosion

Flächenkorrosion ist sehr leicht zu erkennen und tritt am häufigsten auf. **Kontaktkorrosion** tritt auf, wenn Metalle verschiedener Art sich berühren und ein Elektrolyt, d. h. ein elektrisch leitendes Medium (z. B. Feuchtigkeit), hinzukommt. Dabei wird das unedle Metall korrodiert, das edle bleibt unverändert.

Beispiel Grundlagen der elektrochemischen Korrosion

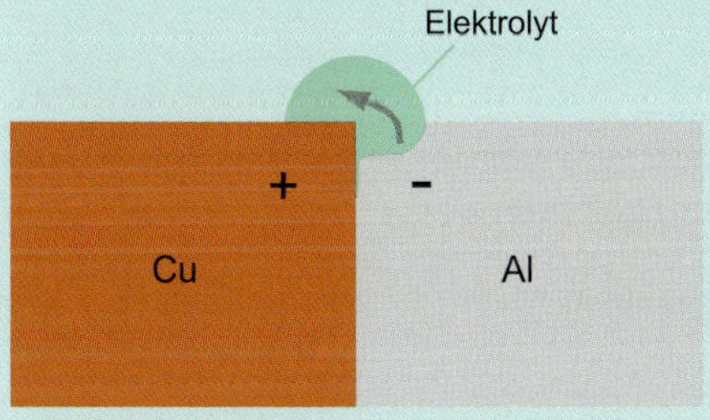

Kupfer wirkt gegenüber Aluminium positiv. Infolgedessen wird das elektronegative Aluminium durch Elektronenabgabe an das Kupfer teilweise zerstört. Es handelt sich hierbei um eine elektrochemische Korrosion (Kontaktkorrosion)

Abbildung 8-38 elektrochemische Korrosion

Zur Beurteilung der elektrochemischen Korrosion dient die Spannungsreihe der metallischen Werkstoffe (Abbildung 8-39). Die Metalle sind nach zunehmender Beständigkeit geordnet, d. h. links stehen die unedlen Metalle und rechts die edlen Metalle. Wasserstoff gilt dabei als Nullpotential. Die elektrochemische Korrosion tritt umso schneller ein, je weiter die Metalle in der Spannungsreihe auseinander liegen.

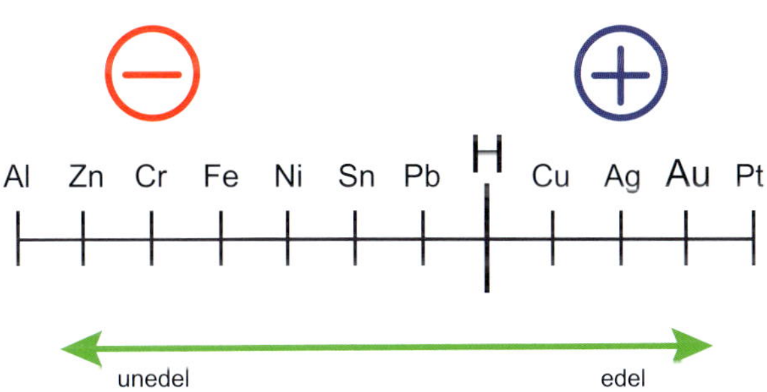

Abbildung 8-39 elektrochemische Spannungsreihe

Bei **Spaltkorrosion** kommt es zu einer örtlichen Korrosion in schmalen Spalten. Sie tritt häufig bei Metallen auf, die sich selbst passivieren. In den Spalten kann die Schutzschicht leichter gelöst und schwerer erneuert werden.

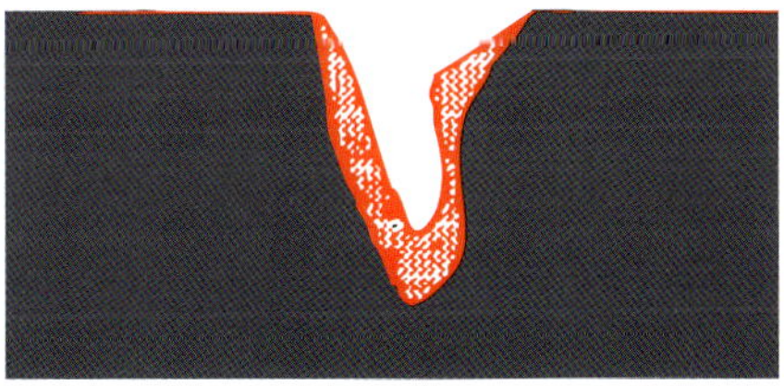

Abbildung 8-40 Spaltkorrosion

Die **selektive Korrosion** wird eingeteilt in interkristalline und transkristalline Korrosion (Abbildungen 8-41 und 8-42). Hierbei werden bevorzugt einzelne Gefügebestandteile zerstört. Der Zusammenhalt des Werkstoffes geht dabei verloren.

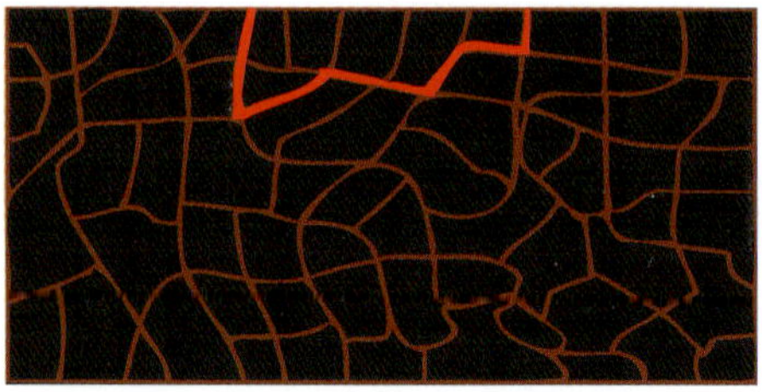

Abbildung 8-41 interkristalline Korrosion (entlang der Korngrenzen)

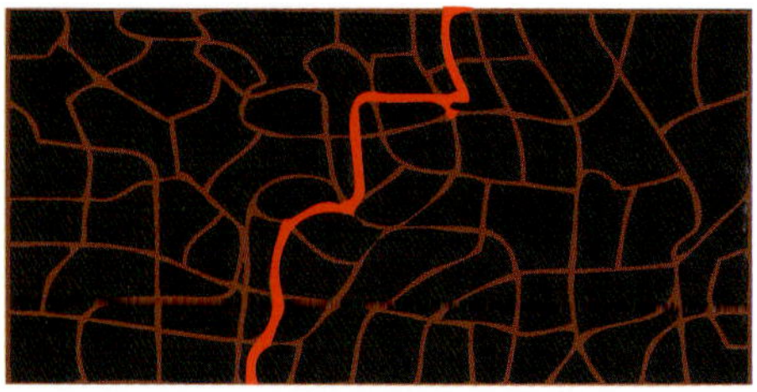

Abbildung 8-42 transkristalline Korrosion (durch die Körner)

Achtung

Die selektive Korrosion ist eine der gefährlichsten Korrosionsarten, weil sie mit dem bloßen Auge nicht erkennbar ist.

- **Korrosion mit mechanischer Beanspruchung**

Spannungsrisskorrosion ist eine verstärkte örtliche Korrosion, die durch zuvor im Werkstoff erzeugte Spannungen (z. B. durch Biegen, Ziehen, Walzen, Schweißen) gefördert wird.
Schwingungsrisskorrosion entsteht durch Krafteinwirkung bei wechselnder Belastung. Beide Korrosionsarten sind äußerlich kaum erkennbar und daher sehr gefährlich.

8.7 Fragen zum Kapitel Werkstoffe und Werkstoffzerstörung

1. Welche Eigenschaften beschreiben die Begriffe Plastizität und Elastizität? Geben Sie je ein Beispiel für einen Werkstoff.
2. Wodurch unterscheiden sich Grauguss und Baustahl am deutlichsten?
3. Wie unterscheiden sich niedrig und hoch legierte Stähle in ihren Eigenschaften?
4. Nennen Sie ein typisches Einsatzbeispiel für hoch legierten Stahl. Begründen Sie den Einsatz.
5. Nennen Sie zwei metallische Legierungen und beschreiben Sie deren Zusammensetzung.
6. Was bedeutet die Kennzeichnung Sn Sb 12 Cu 6 Pb?
7. Nennen Sie zwei organische Werkstoffe.
8. Wie kann die Härte eines Werkstoffes geprüft werden?
9. Wie unterscheiden sich Thermoplaste und Duromere in ihren Eigenschaften?
10. Von welchen molekularen Zusammenhängen lassen sich die Eigenschaften der Elastomere ableiten?
11. Welche Formen der Werkstoffbelastung kennen Sie? Erläutern Sie zwei Formen.
12. Durch welche Modifizierungen lässt sich die Belastungsfähigkeit von Werkstoffen verbessern? Nennen Sie zwei Beispiele und erläutern Sie Art und Auswirkung der Modifizierung.
13. Welches Messverfahren wird zur Ermittlung der Zugfestigkeit verwendet? Beschreiben Sie die Vorgehensweise.

14. Worin unterscheiden sich physikalische und chemische Werkstoffzerstörung?

15. Welchen Vorgang beschreibt der Begriff Korrosion?

16. Was wird unter dem Begriff Erosion verstanden?

1. Die Zerstörung von Bauteilen durch zu lange Belastung knapp unterhalb mechanisch zulässiger Grenzwerte.
2. Den mechanischen Angriff auf die Oberfläche von Bauteilen durch strömende Stoffe.
3. Die Abtragung der Oberfläche von Apparateteilen durch gegenseitige Reibung.
4. Beschädigung von Bauteilen durch zu tiefe, zu hohe oder zu schnell wechselnde Temperaturen.
5. Den zerstörenden Angriff auf Bauteile durch unerwünschte chemische Einwirkung.

17. Erläutern Sie die elektrochemischen Vorgänge, die zur Kontaktkorrosion führen.

18. Welche Einflüsse auf Werkstoffe werden unter mechanischer Werkstoffbelastung zusammengefasst?

9 Korrosionsschutz

Jährlich entstehen durch Korrosion Kosten in Milliardenhöhe. Zum Schutz vor Korrosion hat die Behandlung und insbesondere die Beschichtung von Werkstoffoberflächen besondere Bedeutung. Nach der Art der Beschichtung werden die Korrosionsschutzverfahren eingeteilt (Abbildung 9-1).

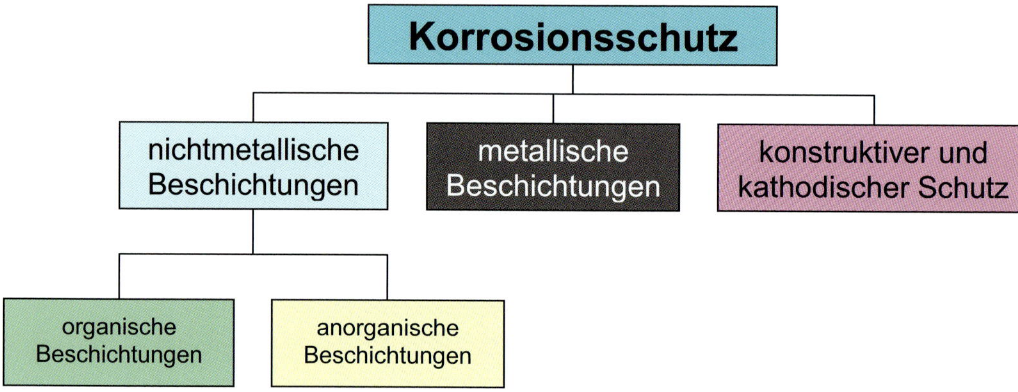

Abbildung 9-1 Einteilung zum Korrosionsschutz

9.1 Nichtmetallische Beschichtungen

9.1.1 Organische Beschichtungen

Metalloberflächen, beispielsweise die Gleitflächen bei Messgeräten, müssen mit Rücksicht auf ihren Verwendungszweck häufig metallisch blank bleiben. Dazu werden sie mit organischen Fetten oder Ölen eingerieben. Es können nur solche Fette oder Öle benutzt werden, die säurefrei sind, wie Mineral-öle oder Vaseline.

Wenn die Beschichtungen nicht durchsichtig sein müssen, werden unter anderem mehrschichtige Öl-farben, Teerfarben und Kunstharzlacke verwendet. Die Güte eines Anstriches hängt in erster Linie von der Vorbehandlung der Oberfläche ab. Soll die Beschichtung neben der schützenden Wirkung gegen Korrosion auch elektrisch isolierend wirken, werden Kunststoffbeschichtungen aufgetragen.

9.1.2 Anorganische Beschichtungen

- Beim **Phosphatieren** wird auf den Stahlteilen eine Schutzschicht aus Eisenphosphat erzeugt. Dieses geschieht durch Eintauchen der Stahlteile in eine wässrige Mangan- oder Zinkphosphatlösung. Die so behandelten Teile werden anschließend nachbehandelt, beispielsweise durch Anstreichen. Phosphatieren wirkt besonders dem Unterrosten (Rosten unter einem Anstrich) entgegen.

- Beim **Anodisieren** wird das zu schützende Werkstück aus Aluminium als Anode und eine Blei-Platte als Kathode in ein Bad mit einem Elektrolyten eingebracht. Durch Anlegen von Gleichstrom entsteht an der Anode Sauerstoff, der mit der Aluminiumoberfläche zu einer Oxidschicht (Al_2O_3) reagiert (Passivierung). Diese Schicht aus Aluminiumoxid wird Eloxal-Schicht (Eloxal = **El**ektrisch **ox**idiertes **Al**uminium) genannt. Sie ist sehr hart und widerstandsfähig gegen chemische Einflüsse. Außerdem ist sie ein tragfähiger Untergrund für Farbstoffe.

Beispiel Beschichtungen auf Metall

Abbildung 9-2 Beschichtung durch Anstrich oder galvanischen Überzug

Abbildung 9-3 Beschichtung durch Eloxieren

9.2 Metallische Beschichtungen

Für Korrosionsschutzmaßnahmen durch Metallbeschichtungen ist das elektrochemische Verhalten des Schutzmetalls zum Grundmetall wichtig. Wenn beispielsweise Stahl durch einen Metallüberzug gegen Korrosion geschützt werden soll, liegt es an der Art des Überzuges, ob bei einer Verletzung der Schutzschicht der Stahl oder der Überzug verletzt wird. Wie bei der Kontaktkorrosion besteht zwischen dem zu schützenden und dem Überzugsmetall ein Spannungsunterschied. Kommt ein Elektrolyt hinzu und verbindet die beiden Metalle elektrisch leitend, „opfert" sich das unedlere Metall und geht in Lösung, d. h. es wird korrodiert.

Beispiel Korrosionsschützende Wirkung verschiedener metallischer Überzüge

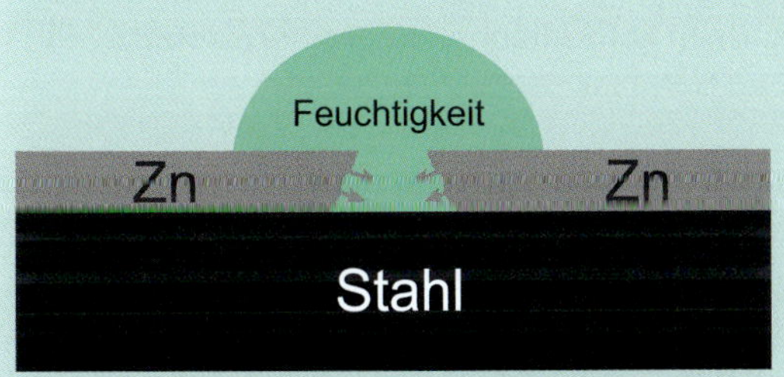

Abbildung 9-4 Beschichtung mit unedlerem Metall

Bei **Zink** als Überzugsmaterial wird bei Verletzungen der Zinkschicht die Korrosion des Grundmetalls verzögert. Das Überzugsmaterial Zink wird zerstört, da es unedler ist (siehe Spannungsreihe Abbildung 8-40).

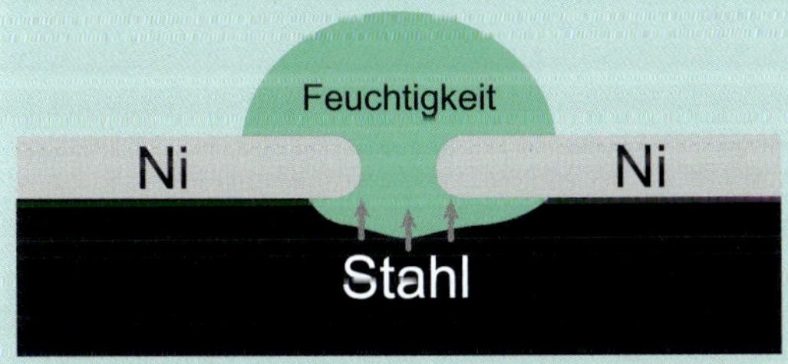

Abbildung 9-5 Beschichtung mit edlerem Metall

Eine verletzte **Nickelschicht** würde zur sofortigen Korrosion des Grundmetalls führen und die Korrosion geht unterhalb der Nickelschicht weiter (Unterrosten). Das Grundmetall wird zerstört, weil es unedler als das Überzugsmetall ist.

- Beim **Galvanisieren** werden Werkstücke aus Metall durch Elektrolyse mit einem Metallüberzug versehen. Auf diese Weise können auf Metalle Überzüge aus Chrom, Nickel, Zink, Silber, usw. aufgetragen werden. Anode ist dabei immer eine Platte des Schutzmetalls und Elektrolyt eine Salzlösung des Schutzmetalls.

Beispiel Galvanisches Verkupfern

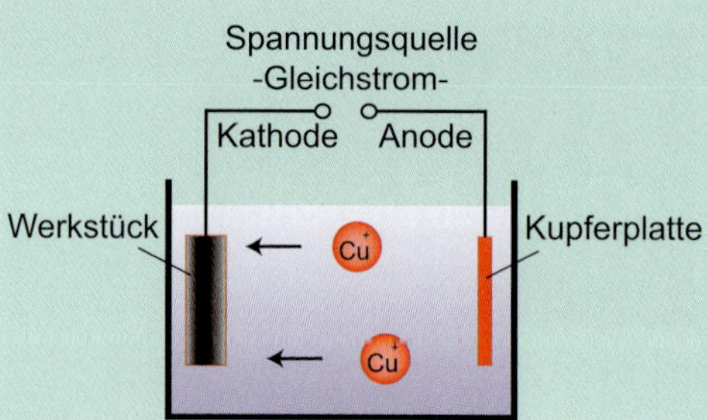

Beim Verkupfern werden die Werkstücke in eine Kupfersulfat-Lösung getaucht und an die Kathode einer Gleichstromquelle (Minuspol) angeschlossen. Die Anode (Pluspol) wird mit einer Kupferplatte verbunden. Durch die Einwirkung des elektrischen Gleichstroms werden Kupferionen aus der Kupferplatte gelöst, wandern zur Kathode und bilden auf dem Werkstück einen Überzug.

Abbildung 9-6 Galvanisieren

- Beim **Schmelztauchen** werden Überzüge aus Metall erzeugt, in dem die Werkstücke in flüssiges Metall, z. B. Zinn oder Zink, eingetaucht werden (Feuerverzinken).

- Unter **thermischem Spritzen** wird das Beschichten durch Aufspritzen von flüssigem Metall (Spritzverzinken) verstanden, vergleichbar dem Lackieren mit Spritzpistolen.

- Beim **Plattieren** werden durch Aufwalzen von Metallschichten auf einen Grundstoff Überzüge erzeugt. Diese Schichten sind meistens aus Chrom, Nickel oder Edelmetallen.

9.3 Konstruktiver und kathodischer Korrosionsschutz

Bei galvanischen Elementen wird jeweils das unedlere Element aufgelöst. Wird ein zu schützendes Metall elektrisch leitend mit einem unedleren Metall verbunden, so löst sich das unedlere Metall auf. Das unedlere Metall wird als Opfer-Anode bezeichnet. Beim **kathodischen Korrosionsschutz** werden die Vorgänge der elektrochemischen Korrosion zum Korrosionsschutz ausgenutzt.

Beispiel Kathodischer Korrosionsschutz

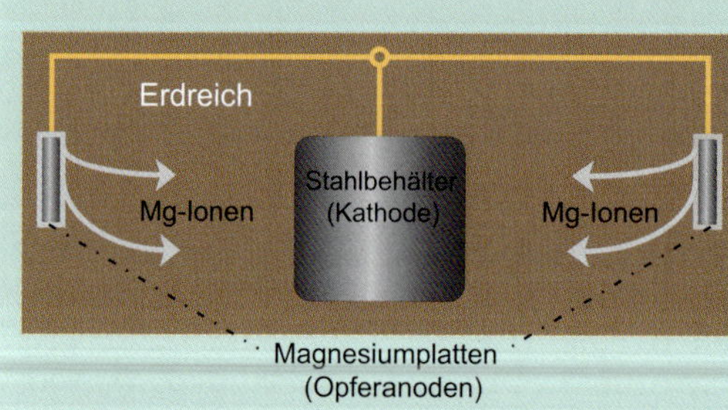

Der zu schützende Behälter aus Metall wird durch die Verwendung von unedleren Opferanoden zur Kathode. Die Feuchtigkeit im Erdreich wirkt als Elektrolyt und verursacht Korrosion an den Magnesiumplatten.

Abbildung 9-7 konstruktiver Korrosionsschutz

Als korrosionsgeschützte Konstruktion wird die Auswahl und der Einsatz von korrosionsbeständigen Werkstoffen und die korrosionsgünstige Fertigung bezeichnet. So muss bei der Konstruktion von Hohlräumen darauf geachtet werden, dass etwaiges Kondensat ablaufen kann, Behälter restlos entleerbar sind und galvanische Elemente durch nicht leitende Zwischenlagen bzw. geeignete Werkstoffpaarung vermieden werden. Auch die Entstehung von Mulden und Vertiefungen, in denen sich Wasser oder Produkt ansammeln kann, muss weitgehend ausgeschlossen werden.

9.4 Fragen zum Kapitel Korrosionsschutz

1. Erläutern Sie den Unterschied zwischen Beschichtung (Anstrich) und Eloxieren.
2. Beschreiben Sie die den Aufbau des kathodischen Korrosionsschutzes an einem Beispiel.
3. Welche korrosionsschützende Wirkung kann ein metallischer Überzug haben? Beschreiben Sie zwei gegensätzliche Möglichkeiten.
6. Welche Art des Korrosionsschutzes ist unter Phosphatieren zu verstehen?
5. Geben Sie drei Beispiele für organische Beschichtungen.

Abbildungsverzeichnis

Allweiler AG, Bottrop
Abbildung 6-8

Burgmann Industries GmbH & Co. KG, Wolfrathshausen
Abbildungen 4-27; 4-34; 4-35; 4-36; 4-37; 4-38; 4-40; 4-41; 4-43; 7-19

Evonik Industries AG, Chemiepark Marl
Abbildungen 1-1, 6-14; 6-16; 6-17 (DE-Patent 102004062165.8/19.10.2005; Schutzeinheit zur optischen und/oder visuellen Prüfung an Pumpenaggregaten)

A. Friedrich Flender AG, Bocholt
Abbildungen 6-13; 6-14; 6-15

Klaus Union GmbH, Bochum
Abbildung 7-2

KSB Aktiengesellschaft, Frankenthal
Abbildungen 4-35; 6-3, 6-11; 6-12; 7-3, 7-4

Lewa GmbH, Leonberg
Abbildungen 7-41; 7-42

Sterling SIHI GmbH, Köln
Abbildungen 6-4; 7-28; 7-31; 7-55